Album de l'Histoire Naturelle

LES MAMMIFÈRES

ALBUM DE
L'HISTOIRE NATURELLE
MAMMIFÈRES

Album de l'Histoire Naturelle

LES

MAMMIFÈRES

Ouvrage illustré de 293 gravures sur bois

PARIS

ANCIENNE LIBRAIRIE FURNE

COMBET & Cᴵᴱ, ÉDITEURS

5, RUE PALATINE (VIᵉ)

LES MAMMIFÈRES

Les mammifères sont, de tous les êtres, ceux dont l'étude offre le plus grand intérêt.

Non seulement ils ont une organisation plus parfaite que celle de la plupart des autres animaux, mais encore ils se rapprochent étrangement de nous par la structure de leur corps, la conformation et le fonctionnement de leurs organes. Leur instinct est parfois si sûr et si développé qu'ils semblent être pourvus d'intelligence; leur sensibilité enfin est si grande qu'ils éprouvent, comme nous, des sentiments profonds de joie ou de douleur.

Les mammifères sont mêlés de très près à notre vie; il en est, comme le chien et le chat, qui vivent dans la maison, d'autres comme le cheval, le bœuf, l'âne, qui habitent dans ses dépendances. Le nombre des services qu'ils nous rendent est incalculable, l'attachement qu'ils nous témoignent est des plus vifs et mérite certainement la réciprocité ou tout au moins qu'on les entoure d'égards et de soins.

C'est pour répondre à ces sentiments que nous avons en France notre société protectrice des animaux qui compte, parmi ses membres, un grand nombre de citoyens dévoués et résolus qui s'emploient journellement à prêter aide et assistance aux animaux maltraités.

Nous leur sommes aussi redevables de services nombreux.

En effet, le chien garde par sa vigilance nos maisons et nos biens, il nous défend dans le danger, il veille sur nous pendant notre sommeil; rien ne rebute son zèle, il ne se révolte jamais ni contre la chaîne qui l'attache une bonne partie de sa vie, ni contre les châtiments parfois immérités que nous lui infligeons; il reçoit les caresses avec des transports de joie, et les rend avec usure; il est le compagnon de jeux des enfants, supportant leurs taquineries avec une patience admirable. Non seulement il

a

aime et sert ses maîtres, mais il se dévoue pour eux, n'hésitant pas à risquer sa vie pour défendre la leur et on l'a vu quelquefois mourir du désespoir de les avoir perdus. C'est évidemment l'ami de l'homme par excellence.

Le chat garde nos greniers et défend nos récoltes contre les rats et les souris; il a même des fonctions plus relevées, quoique dans le même ordre d'idées; n'entretient-on pas dans les Bibliothèques des grandes villes une légion de chats pour défendre les livres et les manuscrits précieux contre la dent des rongeurs déjà cités ?

En outre, ce petit animal est la grâce personnifiée; il n'y a qu'à regarder les tableaux charmants de M. Lambert pour s'en rendre compte. Les chats, surtout dans leur jeune âge, sont amusants à observer dans leurs jeux; ils ont les pauses et les gestes d'une souplesse et d'une gentillesse inimitables. Pourquoi faut-il que la griffe sorte si vite de la patte de velours!

Les animaux de trait sont les auxiliaires de l'homme dans le travail; ils lui prêtent, avec leur concours intelligent, leurs forces, leur haute stature, leurs membres souples, leur endurance. Tels sont, parmi les plus communs, le cheval, le bœuf et l'âne. Ils aident à labourer les champs, à porter les fardeaux, à traîner les lourdes voitures. Le cheval de race, plus affiné, souvent admirable de formes et de grâce altière, rend d'autres services; il porte les cavaliers, s'attelle aux équipages et aux voitures de luxe qui, n'en déplaise aux fervents de l'automobilisme, donnent tant d'éclat et de vie à nos fêtes et à nos cérémonies.

La chair du bœuf, du mouton, du veau, du porc, alimente nos boucheries. Tous les jours nous la consommons sous les formes les plus variées, elle répare nos forces, redonne à notre sang la richesse nécessaire pour entretenir la vigueur de notre corps fatigué par l'usure de la vie ou par le travail quotidien, ou anémié par l'air des grandes villes.

Après leur mort, la peau de la plupart d'entre eux, soumise à une préparation particulière et à un travail intelligent, devient le cuir. On l'emploie sous ce nom à faire les objets les plus divers et les plus utiles, depuis le soulier épais et solide de l'ouvrier ou du chasseur, jusqu'à la fine bottine de la dame élégante, depuis la capote épaisse du cabriolet, jusqu'au porte-cartes ouvragé de la visiteuse mondaine.

La vache nous donne son lait, cet aliment précieux qui remplace pour un si grand nombre d'enfants le lait de leur mère, qui soutient et rend la santé à tant de malades et de vieillards; on sait que c'est avec le lait que l'on fait le beurre, le fromage, assaisonnement ou complément de tous nos repas.

Si de la nourriture nous passons aux vêtements, nous trouvons encore que nous devons au mouton sa laine avec laquelle nous remplissons les matelas de nos lits, que le tisserand ou plutôt le métier à tisser transforme en draps, en lainages dont nous confectionnons nos habits, en couvertures, en tissus de toutes sortes, dont nous faisons des gilets, des bas, des chaussons, etc.

La laine, après avoir subi les épreuves de la teinture et d'un travail approprié, est employée par des artistes pour tisser ces étoffes épaisses et chatoyantes dont on fait des rideaux et des tentures murales ou bien encore ces tapisseries des Gobelins admirées et recherchées du monde entier, ces tapis de Smyrne, d'Amiens, de Beauvais, chauds et moelleux, qui décorent les salons et les appartements.

Enfin nous trouvons dans la dépouille de certains animaux des pays froids des fourrures précieuses dont nous faisons des manteaux, des manchons, des pèlerines qui nous garantissent contre les températures rigoureuses de l'hiver. La martre, la zibeline, le skung coûtent fort cher et ne peuvent être portés que par un petit nombre de privilégiés, mais la nature a voulu que l'abondance règne dans toutes ses productions et elle a mis à la portée de tout le monde des fourrures à très bas prix qui tiennent aussi chaud que les autres : la peau de mouton fait de très bons tapis, les peaux de chèvres habillent et protègent contre les intempéries de la mauvaise saison les bergers et les voituriers.

Enfin et surtout nous avons notre lapin domestique, dont le poil sert à faire le feutre de nos chapeaux et avec lequel on confectionne encore des fourrures coquettes et confortables malgré leur prix modique.

Tout est utilisé parmi les dépouilles des mammifères : avec les cornes du bœuf et du bufle on fait mille objets utiles : des peignes, des poignées de parapluie ou de canne, etc.

L'éléphant a de longues défenses dont l'ivoire, objet d'un grand commerce, se prête merveilleusement au travail des artistes qui y trouvent la matière d'objets précieux, de bibelots charmants ; nos musées offrent à notre admiration une grande quantité de ces spécimens de la sculpture sur ivoire ; les Chinois excellent dans ce genre de travail ; tel carnet minuscule est couvert de quantité de petites figures ayant chacune un visage différent, il faut les regarder à la loupe pour découvrir toute la finesse et la beauté de ce travail merveilleux.

Les os mêmes des animaux, quels qu'ils soient, ne donnent-ils pas matière à de nombreuses industries : les boutons, les ronds de serviettes, les manches de brosses, les jetons, etc., etc. On tire même de la sécrétion des organes de certains animaux des parfums, voire même des médicaments. Le musc, dont l'odeur est si pénétrante, est employé avec succès en médecine.

On sait que les mammifères sont une des cinq classes de l'embranchement des vertébrés ; par conséquent ils ont tous une charpente intérieure qui porte le nom de squelette et dont une des parties, la plus importante, la colonne vertébrale, est composée d'os appelés vertèbres (d'où la dénomination de vertébrés). Leur corps a une disposition symétrique ; ils ont un cœur, leur sang est rouge, leur respiration est aérienne ou aquatique ; aérienne elle se fait par les poumons, aquatique par les branchies.

Ils ont tous la voix, excepté les poissons. Leur nom vient de *mammalia* (qui signifie en latin mamelles), parce qu'ils mettent au monde des petits tout vivants qui sont nourris par les femelles au moyen d'organes appelés mamelles.

Les mamelles sécrètent un liquide spécial appelé lait qui suffit à la nourriture des petits pendant leur jeune âge.

Nous avons dit que les mammifères étaient des animaux à sang chaud et à température constante, qu'ils respiraient au moyen d'organes spéciaux appelés *poumons*, et que leur circulation du sang s'effectuait par le cœur. Les poumons et le cœur sont placés dans une cavité appelée *thorax*, séparée par une membrane nommée *diaphragme* de la région qui renferme les intestins.

Ces animaux sont remarquables par le développement des organes des sens. Leur bouche est garnie de lèvres charnues, leur corps est habituellement couvert de poils qui les garantissent contre le froid, leurs dents, appropriées à leur genre de nourriture, sont racinées et plantées dans des alvéoles.

La classe des mammifères contient treize ordres, que l'on peut diviser en deux catégories. En effet, bien que tous soient vivipares, chez les uns, et c'est le plus grand nombre, les petits naissent avec des organes dont le fonctionnement est parfait; ce sont les *monodelphes*, tandis que chez les autres les petits, à leur naissance, n'ont encore qu'un développement incomplet qui s'achève dans une poche que porte la mère; ce sont les didelphes. Les treize ordres des mammifères monodelphes sont : les *bimanes*, les *quadrumanes*, les *chéiroptères*, les *insectivores*, les *carnivores*, les *rongeurs*, les *édentés*, les *pachydermes*, les *ruminants*, les *amphibies* et les *cétacés*.

Les mammifères didelphes comprennent les deux derniers ordres, les *marsupiaux* et les *monothrèmes*.

Les *Bimanes*. — Les bimanes ont deux mains dans lesquelles le pouce est opposable aux autres doigts; leur station est verticale, le système dentaire complet, le régime omnivore.

L'ordre des bimanes comprend un seul genre, le genre humain.

L'homme est donc le premier des mammifères et le seul représentant de l'ordre des bimanes. Mais si par ses organes et leurs fonctions il semble n'être qu'un mammifère, par le développement de son intelligence, par la culture possible de son esprit et de son cœur, par l'autorité qu'il a acquise sur toute la création, par le don qu'il a reçu de la nature de pouvoir *seul* exprimer sa pensée par la parole, il doit être placé à part des animaux, même des plus parfaits d'entre eux. Nous n'irons pas plus loin dans son étude, qui, à elle seule, mériterait de longs développements; ce serait sortir du cadre de cet ouvrage.

Les *Quadrumanes*. — Les animaux qui composent cet ordre portent aussi le nom de *singes*.

Le singe est l'animal qui ressemble le plus à l'homme comme conformation physique; il a les mamelles sous la poitrine et au nombre de deux; chez presque toutes les espèces les membres sont terminés par des mains dont les pouces sont opposables aux autres doigts; son système dentaire est presque analogue au nôtre; enfin, pour compléter l'analogie, son cerveau a, comme celui de l'homme, des lobes olfactifs plus petits que ceux des autres animaux. Le singe est frugivore.

Les *Chéiroptères*. — Les animaux de cet ordre sont appelés plus généralement *chauves-souris*; ils ont les os des membres de devant très longs et reliés entre eux par une membrane qui forme des espèces d'ailes; c'est là leur signe caractéristique « je suis oiseau, voyez mes ailes, je suis souris, vivent les rats, » leur fait dire le fabuliste. Leur toucher réside dans ces replis membraneux qui enveloppent leurs doigts, leurs yeux sont très petits et leur vue peu développée, mais l'odorat et l'ouïe le sont davantage.

Les chéiroptères sont carnivores, ils se nourrissent de rats, de mulots, etc.; ils ne sortent que la nuit et l'été; l'hiver ils dorment, au printemps ils se réveillent un peu amaigris, il est vrai, mais ne demandant qu'à reprendre de la nourriture et à recommencer à vivre comme précédemment.

Les *Insectivores*. — Comme leur nom l'indique, ces animaux se nourrissent d'insectes; ils ont en général les membres courts et vivent presque toujours sous terre comme la *taupe*, grattant le sol pour y trouver les insectes nécessaires à leur nourriture et par conséquent rendant ainsi à l'agriculture le service de les détruire. On prétend pourtant avec raison qu'ils font périr les plantes dont ils coupent et brisent les racines et de ce chef on leur fait une guerre acharnée.

Les sens des insectivores sont peu développés, leurs dents molaires ont des pointes coniques et sont ainsi appropriées à leur genre de nourriture.

Les *Carnivores*. — Les carnivores, leur nom l'indique, sont des mangeurs de chair; nous trouvons parmi ces animaux les plus grands amis de l'homme : le chien, le chat; mais aussi ses ennemis les plus féroces et les plus dangereux : le tigre, le lion, la hyène, les grands fauves dont nous pouvons voir dans les ménageries les types singulièrement adoucis par l'esclavage, l'ours, le loup, le renard, terreur de nos poulaillers. Tous ces noms évoquent à notre esprit les récits des chasses émouvantes, des battues dans lesquelles l'homme s'expose aux plus grands dangers pour détruire ces ennemis de sa vie et de son repos.

Les carnivores sont doués merveilleusement pour leur genre de vie; ils ont le corps très souple et fait pour la course, les ongles acérés; leur langue râpe la chair qu'il veulent dévorer; la plupart de leurs dents sont tranchantes; ils ont à chaque mâchoire trois paires d'incisives coupantes, tandis que leurs canines, aptes à déchirer la chair, sont saillantes et pointues.

Les ours, les chiens, les blaireaux et ceux des carnivores qui sont en même temps omnivores, c'est-à-dire qui ne se nourrissent pas exclusivement de chair, ont leurs dernières molaires aplaties à la couronne.

Les carnivores se divisent en deux catégories : les *plantigrades* qui marchent sur la plante des pieds, tels l'ours, le blaireau. Tous les autres carnivores sont *digitigrades*, c'est-à-dire marchent sur l'extrémité du pied, comme le chien et le chat.

Les *Rongeurs*. — C'est bien pour ceux-ci que le système dentaire a besoin d'être particulièrement traité; aussi la nature n'a-t-elle pas manqué de le faire.

Les rongeurs ont deux sortes de dents : les incisives et les molaires. Les incisives (deux grandes paires à chaque mâchoire) sont taillées en biseau, l'arrière, dépourvu d'émail, s'use plus vite, mais ces dents repoussent à mesure qu'elles s'usent; trois ou quatre paires de molaires complètent ce râtelier formidable; un espace vide sépare les incisives des molaires. La lèvre supérieure est fendue en bec de lièvre.

Les rongeurs sont omnivores et quelquefois végétariens; leurs intestins sont assez courts, leur système nerveux est peu développé, mais leurs instincts sont parfois remarquables, tel le cas du castor dont l'habileté de constructeur est si extraordinaire. Leurs membres antérieurs sont beaucoup plus courts que les membres postérieurs; le lapin, le lièvre sont des rongeurs connus de tous. N'est-ce pas le lapin d'Australie qui dévaste des districts entiers et qui est considéré comme une plaie après avoir été introduit dans le pays comme un animal utile à importer.

Les *Édentés*. — Le paresseux, le tatou, le fourmilier représentent cet ordre des mammifères; ils ont peu ou point de dents; leur instinct est peu développé; ils sont carnassiers.

Les *Pachydermes*. — Si les édentés ne nous sont généralement connus que par les gravures, par contre nous connaissons bien les pachydermes et quelques-uns même très familièrement.

Ce sont des animaux dont la peau est très épaisse, d'où leur vient leur nom (pachydermes, en effet, signifie peau épaisse) et qui ont les pieds munis de sabots. En général, ils sont de grande taille; mais il existe entre eux des différences assez notables qui les ont fait classer en trois groupes :

1° Les *éléphants*. — Ce sont actuellement les plus gros animaux terrestres. Ils sont munis de deux énormes dents dont l'ivoire est très apprécié. Ils ont aussi une trompe très longue qui est le prolongement de leur nez et qui leur sert aussi bien à prendre leur nourriture et les objets dont ils veulent s'emparer, qu'à se défendre lorsqu'ils sont attaqués. Les éléphants sont herbivores, ce qui ne les empêche pas d'être très friands de pain ou de gâteaux que les enfants leur donnent à profusion au jardin des plantes ou dans les ménageries.

On emploie les éléphants dans l'Inde pour porter les lourdes marchandises.

Tout le monde connaît et aime ces animaux qui par leur intelligence, leur docilité, leur taille colossale amusent les petits et même les grands.

Quelle joie pour les enfants de faire une promenade au jardin d'acclimatation de Paris, portés sur le dos de cet animal gigantesque qui obéit si bien à son conducteur, s'agenouille pour embarquer et débarquer son petit monde, le promène d'un pas grave et mesuré sans jamais faire de fugue intempestive, se contentant de rouler son petit œil d'un air bon enfant lorsqu'un des gamins qu'il porte se permet des familiarités avec la grande oreille près de laquelle il est assis. Quels cris de joie mêlés d'un peu de frayeur, surtout chez les petites filles, lorsque la trompe énorme se lève et laisse voir les grandes défenses pointues !

2° Les *porcins*, qui comprennent le porc, le sanglier et l'hippopotame. — Ils se nourrissent de grains, de racines et de légumes. Le porc est très vorace, il est engraissé dans les fermes avec tous les débris de la table, des pommes de terre cuites et le caillé du lait des vaches; tout dans le porc est utilisé, comme chacun sait, jusqu'aux soies qui couvrent sa peau qui servent à garnir les meilleures brosses. Le sanglier n'est qu'un porc sauvage, sa chair est fort appréciée.

Quant à l'hippopotame, on ne le trouve qu'en Afrique où sa chasse est souvent fort dangereuse.

3° Les *jumentés*. — Parmi les plus connus sont le cheval, l'âne, le zèbre, le rhinocéros.

Les deux premiers sont domestiqués depuis les temps les plus reculés; il nous serait difficile de nous passer des nombreux services qu'ils nous rendent.

Ce sont des animaux herbivores et qui n'ont qu'un seul doigt que l'on appelle un sabot. C'est en raison de cette particularité qu'on les appelle *solipèdes*.

Les *Ruminants*. — Ce sont des mammifères munis d'un sabot fourchu et qui se distinguent de tous les autres par la conformation de leur estomac.

Combien de fois nous est-il arrivé de nous arrêter dans les prairies pour regarder ces belles vaches qui, couchées dans l'herbe épaisse, remuent continuellement les mâchoires; elles ruminent, disons-nous. Que signifie ce mot? En voici l'explication :

Leur estomac a quatre poches : la panse qui est la plus grande, le bonnet, le feuillet et la caillette. Les aliments mis en boule descendent dans l'œsophage et tombent dans la panse et le bonnet où ils s'imprègnent d'une sorte de salive; ils sont ensuite renvoyés dans la bouche, réduits en bouillie et ne peuvent plus écarter la membrane qui ferme la panse; ils vont donc dans le feuillet et dans la caillette qui est leur véritable estomac. Leurs intestins sont très longs.

Ils n'ont pas d'incisives à la mâchoire supérieure, leurs molaires sont plates et se meuvent latéralement, comme des meules, pour broyer les aliments.

Les sens des ruminants sont assez développés; ils ont des yeux très doux qui grossissent les objets, de là la frayeur de ces animaux dès qu'on s'approche d'eux; leur langue est rugueuse.

La classe des ruminants renferme de nombreuses espèces dont un grand nombre sont les auxiliaires les plus utiles de l'homme; tels que le bœuf, la vache, le mouton, le chameau, etc. Chacun sait le parti que nous tirons de ces animaux, en particulier de la vache, cette laitière par excellence, qui transforme le plus souvent à notre profit sa provende embaumée en lait savoureux.

Les ruminants ont tous des cornes, excepté le chameau et le lama qui, eux aussi, sont des bêtes de toute utilité dans leur pays d'origine. Les cornes du cerf et du daim sont les plus remarquables; elles repoussent chaque année avec deux ramifications nouvelles qu'on appelle andouillers.

Les *Amphibies*. — On appelle amphibies les mammifères qui vivent habituellement dans l'eau mais qui peuvent aussi se mouvoir et demeurer sur terre, le *phoque* par exemple. Chez ces animaux le système dentaire est complet; ils se nourrissent d'animaux marins : crabes, poissons, etc.

Leur corps très souple, surtout dans l'eau, car sur terre leurs mouvements sont assez gauches, est fusiforme et ils ont les membres courts, transformés en nageoires. Les phoques ont beaucoup d'intelligence; ils sont très doux et vivent en société partout où ils peuvent le faire sans être inquiétés par les chasseurs; leur corps est couvert d'une couche de graisse dont les Esquimaux sont très friands, faute de mieux probablement.

Les *Cétacés*. — Nous trouvons dans cet ordre les animaux aquatiques les plus grands de la création : la baleine, le cachalot qui mesurent quelquefois dix ou douze mètres de long, ainsi que nous pouvons nous en convaincre en examinant le squelette de baleine qui est exposé à la porte du musée d'histoire naturelle du Jardin des plantes de Paris.

Les cétacés vivent entièrement dans l'eau et y élèvent leurs petits avec des soins et une tendresse dont le pêcheur est victime assez fréquemment, car lorsqu'il attaque une baleine avec son baleineau, celle-ci devient furieuse et défend son petit avec une force décuplée par l'amour maternel et qui la rend presque invincible ; l'embarcation, les hommes qui la montent sont alors bien vite renversés par les coups de sa queue vigoureuse. Bien que vivant dans l'eau, les cétacés sont obligés de venir à la surface pour respirer. Cependant ils ont les arrière-narines faites de telle sorte qu'ils peuvent prendre leur nourriture dans l'eau sans que celle-ci entre dans leur pharynx ; la cavité pharyngienne est séparée de la bouche par le voile du palais qui ne se relève que lorsque l'eau a été rejetée par les ouïes (appelés évents dans la baleine), le larynx se déplace lui-même pour remonter jusqu'aux arrière-narines où il forme comme un tube.

Les organes des sens sont peu développés ; leur intelligence est rudimentaire.

Les *Mammifères Didelphes*. — L'Europe ne possède aucun mammifère didelphe à l'état libre ; mais en Australie ils sont très nombreux et très variés de forme et d'espèce. Leurs petits naissent incomplets et si faibles qu'ils mourraient si la mère ne les mettait pas immédiatement dans une poche qu'elle a sous le ventre ; ils restent ainsi jusqu'à ce qu'ils puissent se mouvoir comme le font les autres mammifères dès leur naissance ; mais ils ne quittent leur refuge que momentanément et y reviennent comme les jeunes oisillons dans leurs nids.

Nous avons vu que les mammifères didelphes comprenaient deux ordres.

En première ligne les *marsupiaux*, qui tirent leur nom de deux os destinés à soutenir leur poche et qu'on appelle os marsupiaux.

Nous connaissons tous la sarigue, le kangourou, soit d'après nos gravures, soit pour les avoir vus au Jardin des plantes.

Les *Monothrêmes*. — Le second et dernier ordre comprend les monothrêmes dont la constitution offre les caractères les plus bizarres ; ils ont généralement des pieds palmés, un bec aplati, le corps couvert de poils raides.

Le spécimen le plus connu de ces animaux est l'ornithorhynque.

QUADRUMANES

SINGES DE L'ANCIEN CONTINENT

SINGES

Les quadrumanes comprennent deux ordres d'animaux : Les Singes et les Lemures.

Les singes sont caractérisés très nettement par leur ressemblance marquée avec l'homme, dont ils semblent vouloir offrir une caricature, aussi bien dans leur conformation physique que dans leurs gestes et leurs attitudes. Cette ressemblance est surtout accentuée chez les singes de l'ancien continent, qui sont généralement de très grande taille, se nourrissent presque exclusivement de végétaux, et sont pourvus d'une queue rudimentaire qui parfois même fait défaut.

L'*orang-outang* occupe le premier rang de cette classe de singes, moins par sa taille que par le degré élevé d'intelligence qu'il possède. L'orang-outang est originaire d'Asie; on le rencontre, surtout maintenant, dans la région de Bornéo et de Sumatra, où il habite les forêts profondes qui lui offrent un abri sûr contre les attaques de l'homme.

Il est d'une taille élevée et doué d'une force colossale, qui le rend redoutable même aux animaux féroces; en effet ses muscles sont développés par la gymnastique continuelle à laquelle il se livre parmi les arbres; au nombre de ses dents très puissantes se trouvent des canines qui semblent destinées uniquement à lui servir d'armes défensives.

Il est couvert d'un poil brun roussâtre, très épais à certains endroits, plus rare sur la paume des mains et sur le visage, qui est encadré d'une barbe assez fournie chez l'animal adulte.

La marche sur le sol lui est pénible, ses jambes trop courtes n'ayant pas la vigueur nécessaire pour lui permettre la station verticale, à moins qu'il n'use de ses bras comme balanciers; mais il retrouve une agilité incomparable dans les arbres où il monte aisément de branche en branche, en s'accrochant avec ses pieds fort bien disposés pour cet usage.

L'orang-outang, capturé dans son jeune âge, est d'un naturel assez doux et sa grande intelligence le rend propre à recevoir une éducation relativement complète; il s'attache aux personnes qui prennent soin de lui, manifeste des préférences fort curieuses, et s'applique docilement à profiter des leçons qu'on lui donne. Mais, lorsqu'il se développe à l'état de liberté, il témoigne au contraire d'une sauvagerie et même d'une férocité peu communes; il vit à peu près isolé, même de ses congénères, et passe la plus grande partie de son temps à sommeiller quand la nécessité de se nourrir ou de se défendre ne le tire pas de son apathie.

Le célèbre naturaliste Buffon a publié sur un orang-outang qu'il a observé des détails bien curieux.

« L'orang-outang que j'ai vu marchait, dit-il, toujours debout sur ses deux pieds, sa démarche était grave, ses mouvements·mesurés… le signe et la parole suffisaient pour le faire agir. J'ai vu cet animal présenter sa main pour reconduire les gens qui venaient le visiter, se promener gravement avec eux et comme de compagnie. Je l'ai vu s'asseoir à table, déployer sa serviette, s'en essuyer les lèvres, se servir de la cuiller et de la fourchette pour porter à sa bouche; verser lui-même sa boisson dans un verre, le choquer lorsqu'il y était invité, aller prendre une tasse et une soucoupe, l'apporter sur la table, y mettre du sucre, y verser du thé, le laisser refroidir pour le boire, et tout cela sans autre instigation que les signes ou la parole de son maître et souvent de lui-même. Il ne faisait de mal à personne, s'approchait même avec circonspection comme pour demander des caresses… Il ne vécut à Paris qu'un été et mourut l'hiver suivant à Londres. »

Plusieurs fois, d'ailleurs, des explorateurs et des marins furent assez habiles pour s'emparer de jeunes orangs-outangs et les conserver en captivité pendant un laps de temps suffisant pour bien étudier leurs mœurs et leurs habitudes. Un de ces animaux, capturé à Bornéo et emmené en Angleterre par un médecin, fit preuve d'un naturel particulièrement doux et intelligent; on put le laisser en liberté sur le vaisseau sans qu'il commît durant toute cette longue traversée un seul acte de méchanceté ou de sauvagerie; bien au contraire, il égayait les passagers par ses jeux fantaisistes, et témoignait à certains d'entre eux une affection touchante.

Durant les premiers jours de son voyage, on avait voulu, par mesure de prudence, le tenir enfermé dans une cage : il avait eu facilement raison des barreaux, cependant solides, qui entouraient sa prison; on avait essayé ensuite de l'attacher, mais il avait dénoué sa chaîne, l'avait enroulée autour de son corps pour ne pas en être gêné dans sa marche et tenait constamment l'extrémité dans sa bouche afin de ne pas se la laisser reprendre. On finit par lui laisser sa liberté dont, comme nous l'avons dit, il ne fit jamais mauvais usage. Il se plaisait particulièrement dans le gréement du navire, où il circulait sans difficulté, s'y livrant aux exercices les plus bizarres et les plus audacieux.

Comme beaucoup de ses pareils, il avait pris fort aisément le goût des boissons alcooliques et ne se faisait pas faute de dérober à

ORANG-OUTANG

l'occasion du thé, du café et surtout du vin.

Le *chimpanzé*, qui vient en seconde ligne dans l'échelle des singes, est très répandu dans l'A-frique occidentale et principalement dans les contrées avoisinant le Gabon.

Son poil est presque entièrement noir, sauf

CHIMPANZÉ

quelques touffes blanches près de la bouche; son museau proéminent et son nez aplati lui donnent une physionomie bestiale dont l'expression est rendue surtout par les mouvements des lèvres; la barbe est courte, les oreilles sont très développées.

Au rebours de l'orang-outang, les chimpanzés montrent entre eux une grande sociabilité; ils se réunissent en groupes nombreux, et se li-vrent sans doute alors à de grandes conversations, car ils font retentir le voisinage de cris discordants; ils n'oublient point néanmoins de prendre des mesures de précaution contre tout ennemi possible et sont toujours gardés par une sentinelle chargée de les avertir en cas de danger.

Ils n'habitent point les arbres, mais choisissent de préférence leur abri dans les rochers;

CHIMPANZÉ

leur nombre et leur force leur permettent d'ailleurs de ne redouter aucune agression.

Inutile d'ajouter qu'ils sont intelligents et peuvent se civiliser; mais ils meurent en général assez rapidement quand on les exile de leur pays natal, le climat de l'Europe étant trop humide et trop froid pour des organismes habitués à la température des tropiques.

La capture du chimpanzé est relativement facile et peu dangereuse, car il éprouve une certaine crainte en présence d'hommes armés et cherche son salut dans la fuite au lieu de combattre ouvertement; ce n'est qu'à la dernière extrémité qu'il se décide à faire usage des armes solides dont la nature l'a pourvu. Sa marche est lourde et disgracieuse; il se tient rarement debout et est obligé pour avancer de s'accrocher avec les mains aux aspérités du sol, car il lui est impossible de soulever les talons naturellement; en revanche il se meut dans les arbres avec une grande facilité, exécutant les gambades les plus extravagantes à travers les branches dont il se saisit tour à tour.

Le chimpanzé vivant en liberté n'est point carnivore et se nourrit surtout de fruits et de maïs; en captivité, il accepte à peu près tous les genres d'aliments, mais recherche de préférence les mets sucrés et les boissons alcooliques.

La plupart des singes prennent d'ailleurs les mêmes goûts au contact des gens civilisés, qui se font souvent un jeu de les exciter à user de choses dont ils ignoraient l'existence et qui leur deviennent aisément nuisibles, surtout parce qu'ils en jouissent avec excès.

GORILLE

Le *gorille*, supérieur comme taille et comme force aux deux espèces précédentes, leur est bien inférieur au point de vue de l'intelligence. Il ressemble, comme couleur et comme forme, au chimpanzé, mais sa physionomie est plus bestiale. Il vit ordinairement isolé dans les forêts de l'Afrique, redouté des indigènes qu'il attaque souvent par férocité et qu'il exterminerait facilement s'il était assez intelligent pour se rendre compte de sa force et la mettre en œuvre.

Les hommes les plus courageux et les mieux armés n'ont jamais pu réussir à capturer un gorille adulte; quelques jeunes ont pu être pris après des luttes dangereuses, mais ils ont succombé presque immédiatement.

Non seulement il est impossible de s'emparer d'un gorille vivant et de le maîtriser, mais il est également fort difficile et fort périlleux de s'attaquer à lui. La vue seule d'un homme suffit à exciter chez lui une colère violente qui se traduit d'abord par une série de rugissements formidables, puis il s'avance résolument sur son adversaire en balançant son corps énorme sur ses jambes ramassées, tandis que sa face aplatie se contracte et s'anime d'une expression féroce. Point ne lui est besoin de se servir des dents puissantes dont sa bouche est garnie; un seul coup de son bras long et vigoureux est capable d'abattre un homme et de lui écraser la tête ou la poitrine, tandis que les griffes qui arment cette main monstrueuse lui déchirent le corps. Aussi le chasseur qui ne parvient pas à mettre le gorille hors de combat au premier coup de feu n'a-t-il que bien peu de chances d'échapper à la vengeance d'un ennemi aussi redoutable; l'aisance avec laquelle celui-ci se tient debout

fait de plus perdre à l'homme la supériorité qu'il conserve vis-à-vis des fauves par exemple, obligés à un effort considérable pour se dresser et lui faire face.

La femelle du gorille est d'humeur moins agressive, elle préfère ordinairement prendre la fuite, à moins qu'elle n'ait des petits à défendre, car l'amour maternel est chez elle très développé et elle entoure sa progéniture des soins les plus touchants. Heureusement, comme nous l'avons déjà dit, l'intelligence de ces animaux n'est pas à la hauteur de leur cruauté et de leur force physique; s'ils étaient capables de raisonner les moyens de mettre leur vigueur au service de leurs mauvais instincts, ils seraient les maîtres despotiques et incontestés des contrées qu'ils habitent.

L'aspect du gorille est lourd et d'autant plus disgracieux que ses membres sont fort mal protionnés, les jambes étant beaucoup plus courtes que les bras qui acquièrent un développement considérable. Sa tête est massive et semble attachée directement au tronc, sans cou apparent; sa face large, son nez épaté, sa bouche largement fendue, sa lèvre inférieure épaisse et souvent pendante, ses petits yeux où s'allument parfois des lueurs fauves, forment un ensemble féroce et repoussant.

Les gorilles vivent sur les hauteurs peu accessibles ou au milieu des forêts impénétrables.

GIBBON ARGENTÉ

Les *gibbons* n'ont point l'intelligence surprenante des trois types de singes que nous avons déjà examinés, mais en revanche leur caractère est plus souple, moins sauvage et reste tel, même dans l'âge adulte.

On peut ranger parmi les spécimens de cette espèce le *siamang* qui vit exclusivement à Sumatra. C'est un animal de grande taille, protégé par une épaisse toison noire, pourvu de longs membres terminés par des mains disgracieuses. D'un naturel doux et craintif, il ne sait ni attaquer, ni même se défendre, sauf quand le danger menace sa progéniture. L'instinct paternel ou maternel est en effet très développé chez lui; le père et la mère se partagent les soins à donner à leurs petits et veillent surtout à leur propreté avec un souci fort curieux chez des animaux de ce genre. Les siamangs se réunissent par troupes et ont l'habitude de saluer le lever et le coucher du soleil par les cris les plus discordants.

D'autres espèces de gibbons sont surtout remarquables par leur extrême facilité à se mouvoir au milieu des arbres; tel est le *gibbon à mains blanches*, ainsi appelé parce que son poil, noir ou brun foncé sur le restant du corps, est d'une teinte beaucoup plus pâle sur les mains. On le rencontre au pays de Siam et dans la presqu'île de Malacca. Son seul aspect suffirait

à faire comprendre qu'il lui est infiniment plus facile de se mouvoir à l'intérieur d'une forêt qu'à la surface du sol; la longueur de ses membres, la forme particulière de ses mains dont le pouce, moins opposable aux autres doigts que chez les autres espèces, a plus de force pour s'accrocher aux branches; son corps aux formes élancées, la vigueur de ses poumons, tout lui permet de se livrer sans fatigue à une gymnastique incessante.

Plus souple et plus adroit encore est le *gibbon agile* qu'on a surnommé quelquefois l'hirondelle des singes; et il est bien vrai qu'il semble créé pour vivre dans les airs plus que nombre d'oiseaux aux formes lourdes et aux ailes impuissantes. Rien n'est plus curieux à voir que cet animal lorsqu'il s'élance au sommet d'un arbre, saisit une branche, s'y balance deux ou trois fois et, ayant acquis ainsi l'élan voulu, se jette à travers l'espace vers une autre branche souvent fort éloignée qu'il atteint cependant à coup sûr, et telle est l'aisance de ses mouvements qu'il lui est facile de saisir au vol un objet placé sur son passage, sans interrompre ni même ralentir sa course. Cette mobilité, jointe à un caractère craintif, rendent le gibbon agile fort difficile à observer; aussi ne connaît-on guère ses mœurs; quant à son aspect extérieur il rappelle celui des autres gibbons; mais la cou-

KAHAU

SIMPAÏ

leur de sa toison est très variable, tantôt noire, tantôt brune, tantôt de nuance claire ; ses cris sont assourdissants par leur acuité, bien qu'ils présentent dans leur succession une sorte d'harmonie musicale.

Le *gibbon argenté* tire son nom de la couleur gris argent de son poil, tellement épais autour de la tête qu'il cache presque complètement les oreilles. Pour le reste, il présente d'ailleurs les mêmes caractères que les autres gibbons.

Nous en dirons autant du *gibbon deuil,* ainsi appelé par Geoffroy Saint-Hilaire en raison de la couleur noire que son poil court et feutré présente dans les parties inférieures du corps et le devant de la tête ; les autres parties sont d'un gris cendré.

On compte encore quelques autres espèces de gibbons, assez peu différentes les unes des autres, car les mêmes particularités essentielles se retrouvent chez tous les membres de cette tribu. Tous ont les bras et les jambes un peu grêles, mais très longs et très fortement musclés, la poitrine large, la tête petite, arrondie et dépourvue de cette expression féroce si répugnante chez les grands singes, dont nous avons parlé précédemment. Ces animaux, en effet, sont d'un naturel doux et craintif ; ils vivent au milieu des bois, par couple ou par famille, et s'alarment au moindre bruit nouveau pour eux ; ils conservent en captivité cette humeur paisible et s'apprivoisent assez facilement. Il est fort difficile de les capturer quand ils ont réussi à gagner les

arbres, leur refuge habituel, mais à terre ils perdent la plus grande partie de leur agilité et sont alors d'une capture relativement aisée.

Après les gibbons, nous trouvons un autre groupe de singes qui diffèrent de ceux-ci d'une façon très apparente par une queue souvent plus longue que leur corps.

Parmi eux citons le *simpaï*, gracieux petit animal qui s'éloigne déjà beaucoup des précédents par ses formes extérieures ; ses membres antérieurs sont bien proportionnés et il marche presque toujours à quatre pattes ; ses organes intérieurs présentent aussi des particularités notables, surtout l'estomac qui se rapproche de celui des ruminants. Sa fourrure est soyeuse et offre des teintes variées depuis le brun à reflets dorés jusqu'au gris très doux ; elle devient d'un beau noir chez certains individus adultes et est fort estimée des fourreurs à cause de la longueur et du brillant éclat de son poil soyeux.

Sa queue, remarquable par sa longueur, est couverte de poils courts, d'un brun roux sur la face supérieure, de teinte blanchâtre sur l'autre face ; elle est terminée par une touffe de poils roux. Cette espèce est caractérisée en outre par une grosse houppe de poils très longs qu'elle porte à la partie postérieure et supérieure de la tête ; d'où le nom de singe à crête noire qui lui est donné quelquefois ; le dessus des yeux est marqué d'une bande de poils noirs qui se prolonge sur la partie supérieure des tempes et complète bizarrement la physionomie de l'animal

2

COLOBE URSINE   **COLOBE NOIR**

Le *kahau* est nommé aussi singe à trompe à cause du développement exagéré que son nez acquiert au bout de quelques années. Les naturels de Bornéo, son pays d'origine, affirment que, dans le but de préserver cet organe important, il le couvre de ses mains pendant ses courses à travers les arbres. L'aspect grotesque que cet appendice donne à son visage est compensé par la richesse de sa fourrure, très épaisse et d'un coloris varié. La face, les épaules et la partie inférieure du corps sont d'un beau jaune doré et le reste d'un rouge vif qui fait ressortir à merveille les autres nuances.

Chez les *colobes*, la main subit une transformation notable, elle se trouve réduite à quatre doigts par la disparition à peu près complète du pouce.

Ces animaux vivent exclusivement en Afrique, plus particulièrement en Abyssinie et dans la Guinée. Leur taille est souvent élevée, leur crâne est assez volumineux, leur museau allongé, leur nez à peine saillant; leurs membres, plutôt grêles, sont bien proportionnés: les doigts de la main sont bien développés, sauf le pouce dont la place est à peine indiquée par un léger prolongement de la peau; le pied, au contraire, est pourvu d'un pouce vigoureux, préhensible et par conséquent séparé des autres doigts. A l'exception de la face, de la paume des mains et de la plante des pieds, parties ordinairement dépourvues de poils chez toutes les espèces, leur corps est couvert d'une fourrure soyeuse et recherchée pour son éclat.

Les singes rangés sous la dénomination générale de colobes sont assez nombreux. Citons le *colobe ursine*, qui, ainsi que son nom l'indique, présente avec l'ours quelque ressemblance, tant comme aspect d'ensemble que comme genre de fourrure. Son corps est couvert de longs poils noirs, mélangés de quelques poils blancs sur la tête, le cou et les épaules; les joues et le menton sont blancs. Il est pourvu d'une queue superbe, noire à la base, blanche dans presque toute sa longueur et terminée par une belle touffe blanche également.

Le *colobe noir*, lui, est souvent désigné sous le nom de colobe satanique, en raison de la couleur de ses poils et de l'aspect de sa physionomie. Sa fourrure en effet est longue et complètement noire; une sorte de crête se dresse sur son front et se recourbe parfois jusque sur les yeux qui brillent, dans l'enfoncement ainsi formé, d'un éclat vraiment diabolique.

Le *colobe vrai* habite également la côte occidentale de l'Afrique; il diffère des espèces précédentes par une taille plus petite et son pelage est à la fois plus court et de nuances plus variées. Les poils du dos et des flancs sont d'un roux olivâtre; ceux de l'abdomen, de la poitrine et des membres d'un gris foncé; la queue est grise également, plus claire sur sa face inférieure et ne se termine pas par une touffe volumineuse.

GUÉRÉZA

Le *colobe guéréza* est originaire de l'Abyssinie, dont il habite les montagnes les plus élevées; on le rencontre surtout dans le voisinage des cours d'eau, par groupe de dix à douze individus. Il se nourrit de fruits, de bourgeons, de graines et d'insectes, qu'il se procure pendant le jour, car il circule rarement la nuit; aussi fait-il peu de dégâts dans les plantations, que son naturel timide le porte du reste à éviter. A l'encontre de la plupart des autres singes, il ne fait point ces grimaces bizarres connues pour un des signes distinctifs de cette race d'animaux, et ne pousse point ces cris discordants dont ses congénères font ordinairement retentir la forêt qu'ils habitent.

Malgré son caractère doux et inoffensif, le colobe guéréza fait l'objet d'une chasse acharnée de la part des indigènes qui le recherchent beaucoup en raison de la beauté de sa fourrure. Celle-ci, en effet, ne présente pas d'autre couleur que le blanc et le noir, mais ces deux teintes sont mélangées d'une façon originale qui rend leur contraste aussi frappant que gracieux. La partie supérieure de la tête, la presque totalité du dos, les membres et l'abdomen sont d'un beau noir velouté; mais sur les côtés du corps les poils, excessivement longs, passent brusquement du noir au blanc, formant ainsi une sorte de frange bien fournie qui retombe sur les flancs.

Une rangée de poils blancs forme diadème sur le front et encadre presque complètement une face brune, éclairée par de grands yeux doux et brillants. La queue est noire à sa base, devient blanche au tiers environ de sa longueur et se termine par un beau panache également blanc.

Les Abyssins se servent de la peau du guéréza pour recouvrir leurs boucliers et la considèrent comme un objet de grande valeur.

Les *cercopithèques*, qui portent aussi le titre de *guenons*, sont des singes de très petite taille, fort communs dans les forêts de certaines régions africaines. Ils ont ordinairement des formes gracieuses, des membres sveltes, une queue allongée et lisse, des mains pourvues d'un pouce très développé, de plus, ils sont munis d'abajoues, sortes de poches situées près des joues (d'où leur nom) et susceptibles d'acquérir en se dilatant une si grande capacité que l'animal peut y conserver en réserve la nourriture nécessaire à plusieurs repas.

Le pelage de ces sortes de singes, sans présenter les couleurs voyantes qui embellissent celui de certaines espèces, est cependant assez agréable d'aspect; on y remarque tantôt des nuances sombres mais disposées d'une façon harmonieuse, tantôt des reflets chatoyants difficiles à définir et cependant d'un heureux effet. Cette dernière particularité existe lorsque les

SINGE A NEZ BLANC PATAS SINGE DE DIANE

poils, considérés dans toute leur longueur, sont alternativement jaunes et noirs ; de plus cette dernière couleur présente souvent une teinte bleutée qui, mélangée au jaune, produit un ensemble verdâtre ; d'où le nom de singe vert que l'on donne parfois aux cercopithèques.

Ces petits animaux pullulent littéralement dans les pays à leur convenance, où ils se réunissent par bandes innombrables, remplissant les bois du vacarme de leurs cris et de leurs évolutions. D'un naturel vif et curieux, ils sont toujours en mouvement, toujours occupés à se livrer dans les arbres à une gymnastique extravagante, à jouer entre eux, se taquinant et se caressant tour à tour avec la même impétuosité, à se livrer aussi à une guerre acharnée contre les perroquets, leurs ennemis naturels, aussi turbulents et aussi bruyants qu'eux-mêmes. Si quelque intrus vient troubler leurs ébats par sa présence, il est bientôt obligé de fuir devant la grêle de projectiles qui l'assaillent de toutes parts.

Malheureusement, le voisinage des colonies de cercopithèques est particulièrement dangereux pour les plantations, qu'ils envahissent et saccagent de fond en comble pendant la nuit.

Ce sont des singes de cette espèce qui figurent ordinairement dans les ménageries et les théâtres d'animaux savants ; leur docilité ordinaire, leur intelligence éveillée les rendent propres à recevoir aisément une éducation suffisante. De plus, ils sont fort enclins à imiter d'eux-mêmes les actions qu'ils voient accomplir en leur présence, et cette disposition se manifeste parfois d'une manière imprévue et fort comique.

On connaît l'histoire de ce prédicateur qui possédait un petit singe de cette sorte ; un jour l'animal s'introduisit dans l'église, grimpa audessus de la chaire occupée alors par son maître, et s'amusa à contrefaire chacun de ses gestes ; hilarité de l'auditoire et irritation du bon père, fort étonné de l'effet insolite que produisait son sermon ; il fallut enfin lui donner l'explication de l'aventure et expulser le délinquant.

La gravure ci-jointe nous montre différents types de cercopithèques sur lesquels nous allons dire quelques mots.

Le *singe à nez blanc*, dont le nom s'explique de lui-même, est un petit animal très gracieux, très vif, presque toujours en mouvement, très sensible à l'admiration qu'on lui témoigne généralement pour l'aisance qu'il met toujours dans ses ébats. Il se laisse néanmoins difficilement approcher, à moins que l'offre de quelque friandise ne parvienne à triompher de sa timidité.

Le *patas*, un peu plus élevé de taille, appelé quelquefois *singe rouge* à cause de la couleur de son poil, pullule principalement au Sénégal où il cause mille soucis aux explorateurs. Triste et taciturne en captivité, il se distingue à l'état libre par une effronterie que rien ne déconcerte. Perché au sommet des arbres, le long des fleuves, il se plaît à faire pleuvoir sur les embarcations qui passent à sa portée une grêle d'objets les plus disparates, opération qu'il accompagne de cris assourdissants.

Le *singe de Diane* doit son nom à une sorte de croissant blanc tracé sur son front et pouvant être comparé, de très loin il est vrai, au croissant qui ornait la chevelure de la Diane antique. Il porte aussi, attribut moins poétique, une longue barbe blanche dont il prend grand soin ; ce singe pratique d'ailleurs des habitudes de propreté fort rares chez ses congénères.

SEMNOPITHÈQUES

Les *semnopithèques* présentent des caractères analogues à ceux des cercopithèques, bien qu'ils ne vivent pas sur le même continent que ces derniers; en effet, c'est exclusivement en Asie que l'on peut les rencontrer, et surtout dans l'Hindoustan, l'Indo-Chine et la presqu'île de Malacca.

Ils peuvent atteindre une taille assez élevée; ils ont le corps grêle, les membres longs et délicats, la tête haute, le crâne proéminent, le museau court, tout au moins dans les premières années de leur existence, les lèvres minces, les mâchoires courtes et le menton peu accusé; les abajoues leur font ordinairement défaut. Leur estomac affecte une forme particulière; il a une grande capacité et se divise en plusieurs compartiments, se rapprochant ainsi un peu de celui des ruminants.

Leurs membres sont bien proportionnés, bien qu'ils s'harmonisent assez mal avec la forme générale du corps; leurs mains antérieures sont longues, effilées, pourvues de quatre longs doigts et d'un pouce rudimentaire; le pouce de leur pied est mieux développé et se termine par un ongle plat, tandis que les quatre autres doigts sont munis d'ongles recourbés en forme de griffes. Leur queue, dont la longueur dépasse souvent celle de leur corps, est ordinairement

tombante et garnie d'une touffe de poils à son extrémité; cette partie, d'autre part, n'est jamais préhensible.

Ces singes sont remarquables par la beauté de leur pelage, qui se compose de poils longs et très fins; les différentes parties du corps présentent souvent des couleurs fort belles dont le mélange, toujours harmonieux, forme un ensemble étrange mais non dépourvu d'élégance et de richesse.

Les semnopithèques vivent par troupes nombreuses dans les bois où ils trouvent en abondance les fruits, les bourgeons et le feuillage dont se compose en majeure partie leur nourriture; ils ne craignent pas le voisinage des hommes et s'établissent volontiers à proximité des villages indigènes. Ils se tiennent souvent accroupis sur les branches des arbres, immobiles, la queue pendante, l'air engourdi, mais au moindre bruit suspect ils s'animent, s'élancent de branche en branche avec une vivacité extraordinaire, exécutant des bonds prodigieux en se servant de leur queue comme d'une sorte de gouvernail.

Leur caractère est doux, craintif, on pourrait presque dire mélancolique; ils éprouvent une véritable frayeur non seulement en présence des animaux dangereux mais même vis-à-vis de leurs congénères d'autres espèces; lorsqu'ils se

MANGABEY NOIR

trouvent enfermés avec eux dans une même cage, ils sont presque toujours victimes de taquineries sans nombre de leur part; aussi est-il assez rare d'en voir des spécimens dans les ménageries.

Les indigènes des pays qu'ils habitent se livrent contre eux à des poursuites acharnées dans le but de s'emparer de leur fourrure, qu'ils emploient à la confection de leurs vêtements, ou vendent aux Européens à titre de curiosité.

Les semnopithèques comprennent un assez grand nombre d'espèces. Citons le *semnopithèque nasique*, qui, ainsi que son nom l'indique, est surtout remarquable par le développement exagéré de son appendice nasal; c'est le seul membre de la tribu qui présente cette singulière particularité, et le seul aussi dont le pouce de la main ne soit pas rudimentaire. On le trouve en abondance dans l'île de Bornéo. Son aspect général est conforme aux caractères que nous avons indiqués précédemment; son corps est assez trapu, sa queue très longue et très fine; ses membres sont bien proportionnés et terminés par des mains munies de cinq doigts. Il a le front large, les yeux fort grands et très rapprochés l'un de l'autre, des touffes de poils noirs et raides en guise de sourcils; son nez, qui est petit dans son jeune âge, s'allonge ensuite pour former une espèce de petite trompe légèrement recourbée, percée de deux grandes narines que sépare seule une mince cloison. Il est ordinairement couvert de longs poils qui présentent toutes les teintes du jaune, pâles ou foncées,

brunâtres ou tirant sur le roux; un collier de grande barbe jaune entoure sa face; sa queue est garnie de poils blanchâtres qui contrastent avec la couleur foncée du dos.

On rencontre dans certaines parties des Indes orientales d'autres semnopithèques, connus sous le nom d'*entelles*, et particulièrement vénérés par les disciples de Brahma qui, de tout temps, ont raconté à leur sujet maintes légendes merveilleuses. Le respect dont ces singes sont entourés et l'impunité dont ils jouissent les rendent fort audacieux : ils circulent sans embarras dans les villages, pénètrent dans les habitations et font main basse sur les objets à leur convenance, particulièrement sur les provisions de grains et de riz que les Hindous déposent dans leurs greniers. Ces pauvres gens n'osent point s'opposer par la force aux déprédations dont ils sont victimes, et se contentent de ruser avec leurs hôtes encombrants pour les éloigner sans s'attirer leur colère. Ils les protègent même contre les Européens lorsque ceux-ci veulent se livrer à la chasse de ces animaux.

Le *mangabey noir* appartient à un groupe de singes qui se rattache aux précédents, mais se distingue par un caractère plus sociable. Faciles à apprivoiser, ces animaux exécutent volontiers force tours d'acrobatie qui ne sont qu'un jeu pour leurs membres souples et adroits; comme on les en récompense le plus souvent par le don de quelques friandises, ils saisissent toutes les occasions de montrer leur savoir-faire et n'oublient jamais d'en réclamer le prix.

MAGOT

Les *macaques* se rapprochent beaucoup des
guenons, malgré quelques différences de détail ;
ils ont le museau plus ramassé, le corps et la
tête plus larges, la queue plus courte et les
membres plus fortement musclés.

Parmi eux, citons le *magot*, seul spécimen du
singe qui ait pu s'acclimater en Europe et y
vivre en liberté ; on trouve ces animaux en grand
nombre dans les rochers de Gibraltar où ils organisent des bandes sous l'autorité reconnue
d'un chef.

Établis dans les creux des rochers les plus
inaccessibles, ils n'en sortent que pour opérer
quelque razzia dans des champs cultivés, car
ils se nourrissent surtout de végétaux. Ils sont
également friands d'insectes et bouleversent
toutes les pierres à leur portée pour s'emparer des scorpions auxquels elles servent de
refuge. A défaut d'autres insectes, ils recherchent minutieusement la vermine que peut
renfermer la fourrure de leurs congénères. En
captivité, le magot s'abrutit rapidement ; il est
pourtant susceptible d'attachement et on l'a vu
entourer de soins de jeunes animaux qu'il avait
pris sous sa protection.

Mais à mesure qu'il avance en âge il devient
sale et morose, prompt à entrer, pour le motif
le plus futile, dans de terribles accès de colère,
pendant lesquels il pousse des cris aigus en
exécutant des grimaces horribles ; il est prudent de ne pas l'approcher à ces moments-là,
sous peine de porter la marque de ses dents et
de ses ongles.

Le magot se distingue des autres espèces du
même groupe par l'absence complète de queue.
Sous les autres rapports, il présente les caractères généraux communs à tous les macaques.
Son corps est trapu, sa tête forte et pesante ;
ses yeux sont enfoncés profondément sous des
sourcils touffus, ses oreilles terminées en pointe,
ses dents longues et acérées, ses ongles solides
et pointus comme de véritables griffes.

Son pelage gris clair est mélangé de jaune
verdâtre et plus foncé sur le dos que sur les
autres parties du corps ; le ventre, la poitrine
et la face interne des membres offrent une
teinte blanchâtre, ainsi que la barbe qui encadre son visage. Lorsqu'il est à terre, il marche
ou court en s'appuyant sur la paume de ses
quatre mains ; mais son allure est gauche, embarrassée et pénible. En revanche, grâce à la
disposition de ses mains et la vigueur de ses
ongles, il grimpe avec une extrême facilité, non
seulement le long des arbres, mais encore sur
n'importe quelle surface verticale pourvue de
quelques aspérités.

Le magot est assez rusé et assez prudent pour
déjouer pendant le jour les attaques de ses
ennemis ; cependant, quand il est profondément
endormi, il devient souvent la proie des nombreux carnivores qui lui font la guerre.

Le *macaque à queue de cochon* ressemble
beaucoup au magot dont il a à peu près la taille
et l'aspect général ; il doit son nom à la forme
particulière de sa queue, qui est courte, effilée
et légèrement recourbée à son extrémité.

MACAQUE

Le macaqne à queue de cochon est fort intelligent et les habitants de Sumatra ont coutume de capturer cet animal pour le dresser à la cueillette des noix de coco; il apprend à distinguer les plus mûres et les fait très adroitement tomber des arbres. Il montre un goût marqué pour les objets brillants ou de couleur voyante et déploie, pour s'en emparer, une ruse et une patience incroyables.

On raconte à ce sujet quelques anecdotes amusantes, telle l'aventure arrivée à ces deux dames dont les chapeaux, ornés de magnifiques plumes blanches, attirèrent un jour l'attention de deux macaques qu'elles examinaient curieusement à travers les barreaux de leur cage. Les rusés animaux se gardèrent bien de manifester leur admiration et continuèrent à casser et à croquer ensuite des noix que leur offrait le public, non sans jeter de temps à autre un regard furtif sur l'objet de leur convoitise. L'un d'eux, choisissant le moment où les dames sans défiance se rapprochaient de lui, saisit adroitement la plume, l'arracha et courut se réfugier dans un coin avec son trophée, qu'il exa-mina d'abord de tous côtés et dont il se para ensuite, imitant d'une façon comique la disposition qu'il avait remarquée sur la tête de la visiteuse. Son compagnon accourut pour s'emparer à son tour du jouet tant désiré, et il en résulta une bataille en règle, qui se termina enfin par un accord mutuel dont la malheureuse plume fit tous les frais.

Le *macaque à crinière* est ainsi appelé en raison de la masse de poils longs et épais, véritable perruque qui couvre sa tête et ses épaules; une barbe blanche très fournie achève de lui donner un aspect vénérable. On assure qu'il jouit en effet d'une grande autorité parmi les autres espèces de singes avec lesquelles il est en rapport.

Il est originaire de la côte de Malabar. Quelques spécimens de cette race ont été importés en Europe et y ont vécu en captivité; mais dans ces conditions leur caractère, doux et caressant au début, devient rapidement maussade, capricieux, violent, et les vieux mâles se font remarquer par leur extrême brutalité, qui souvent même devient dangereuse.

CYNOCÉPHALES

Les *cynocéphales*, ou singes à tête de chien, forment une tribu très importante. On les appelle ainsi parce qu'ils ont le museau allongé et les narines placées à son extrémité; cette disposition s'accentue avec l'âge, cette partie de la tête se développant bien plus que la boîte crânienne. Ce sont d'ailleurs les moins intéressants des singes; outre leur caractère désagréable, ils ont des manières d'une grossièreté répugnante et dont on ne peut parvenir à les corriger; leur démarche même est déplaisante à observer par l'air de fatuité stupide répandue sur leur personne.

Les cynocéphales portent aussi le nom de *babouins*. Ils atteignent une grande taille et sont doués d'une vigueur qui, jointe à leur bru-

GÉLADA

talité, les rend fort redoutables. Leur corps, gros et trapu, est recouvert d'un poil épais, d'un brun plus ou moins foncé, formant crinière autour du cou et ne laissant à découvert que la face et les callosités postérieures, très développées chez cette espèce. Leurs membres robustes sont terminés par des mains aux doigts bien conformés et nettement séparés les uns des autres. Leur crâne aplati présente en arrière une sorte de crête transversale, qui sert de point d'appui aux muscles énormes par lesquels les mâchoires sont mises en mouvement. Leur bouche est grande, pourvue de lèvres épaisses et très mobiles, et de dents comparables pour la force et l'acuité à celles des grands carnassiers. Leurs abajoues sont de dimensions considérables.

Les cynocéphales sont très nombreux dans une grande partie du continent africain et dans les régions de l'Arabie qui avoisinent le golfe Persique. Ils s'établissent ordinairement dans quelque endroit rocailleux et couvert de buissons, où leur communauté peut s'organiser librement sous l'autorité d'un chef.

Ils sortent de ces repaires pour organiser de véritables expéditions contre les plantations et les champs voisins, où ils trouvent les fruits et les graines qu'ils préfèrent à toute autre nourriture. Ils se divisent en ce cas en plusieurs groupes, dont les uns sont chargés de récolter le butin, les autres de le transporter en lieu sûr pendant que quelques individus dispersés font l'office de sentinelles et donnent l'alarme en cas de surprise.

Le *gélada*, ainsi que la gravure ci-jointe en témoigne, présente tous les caractères des cynocéphales. Il vit dans les rochers et les arbres; il n'attaque pas ordinairement les intrus qui viennent troubler sa retraite, mais, quand il est acculé, il se défend avec une énergie terrible.

CHACMAS

Le *chacma* atteint la taille d'un gros dogue et présente des formes massives analogues à celles de l'ours. Il utilise généralement sa force et son intelligence à commettre des vols audacieux ; les maisons les mieux gardées ne sont pas à l'abri de ses méfaits, et il n'est pas rare de les voir entourées la nuit par une bande de chacmas ; deux ou trois d'entre eux pénètrent seuls à l'intérieur, s'emparent silencieusement des objets convoités, et leurs compagnons, se les passant de main en main, ont vite fait de les mettre en lieu sûr. Leur ingéniosité est parfois utilisée par les voyageurs pour se procurer de l'eau dans les contrées désertes ; ils attachent une longue corde au collier de l'animal afin de pouvoir le suivre de loin sans le perdre de vue ; poussé par la soif et par son instinct, celui-ci finit toujours par découvrir l'endroit où se trouve cachée une source.

Le chacma est regardé à juste titre comme un des animaux qui vivent le plus longtemps. Il n'est pas commode de suivre la vie d'un chacma depuis sa naissance jusqu'à sa mort, et il n'y a pas encore de livre d'état civil parmi les tribus des quadrumanes ; cependant il y a un certain registre écrit par la main de la Nature et qui n'est pas sujet à erreur, c'est la proportion qui existe entre le temps de croissance d'un animal et le terme entier de sa vie. Or il est prouvé que le chacma arrive à son plein développement à l'âge de huit ou neuf ans, et la durée de sa vie peut être calculée à quarante ans à peu près.

Cet animal, lorsqu'il est capturé jeune et convenablement traité, témoigne d'un assez bon naturel ; il est doux, intelligent, et suffisamment docile pour s'accoutumer à rendre à son maître certains petits services analogues à ceux que nous demandons à nos chiens ; on a vu des chacmas apprivoisés garder fidèlement les maisons et venir en aide aux indigènes dans quelques-uns de leurs travaux. Cependant, comme la plupart des singes, il redevient sauvage en vieillissant et profite alors de la liberté qu'on lui laisse pour jouer de méchants tours à son propriétaire. Ses instincts de ruse et de pillage se développent beaucoup quand il vit à l'état naturel au milieu de ses congénères, et il les emploie ordinairement dans la recherche des fruits et des insectes dont il compose sa nourriture et qu'il choisit avec un soin judicieux.

Les chacmas vivent surtout dans les environs du cap de Bonne-Espérance ; ils se réunissent par petites troupes de dix à vingt individus et se retirent de préférence dans les régions montagneuses.

CHACMAS

On désigne plus particulièrement sous le nom de *babouin* une espèce de cynocéphale que l'on rencontre en Abyssinie et dans quelques localités de l'Afrique centrale. Cet animal de taille assez élevée, vêtu d'un pelage mélangé de gris, de jaune et de noir analogue à celui des cercopithèques, pourvu d'une queue allongée, présente à peu près l'aspect et les mœurs de la plupart des cynocéphales. Il est intelligent, docile, facile à apprivoiser; aussi capture-t-on une grande quantité de spécimens de cette espèce, destinés le plus souvent à tomber aux mains des faiseurs de tours qui exploitent leurs aptitudes variées.

On raconte à leur sujet plusieurs anecdotes dont l'authenticité n'est certes pas incontestable, mais qui, en tout cas, sont bien en rapport avec ce que l'on connaît de leur caractère.

L'un d'eux, appartenant à un bateleur égyptien, avait été dressé par son maître aux soins de la cuisine et chargé certain jour de surveiller la confection du pot au feu. Tout alla bien d'abord; le singe entretenait le feu et ne quittait pas des yeux la marmite; malheureusement l'odeur alléchante qui s'en échappait ne tarda pas à susciter à la fois sa curiosité et sa convoitise; après une courte hésitation, il se décida à soulever le couvercle, puis s'enhardit jusqu'à flairer le contenu et détacha enfin un morceau de la volaille qui s'y trouvait. Le morceau fut trouvé bon, on en reprit un second, puis un troisième, si bien qu'enfin la poule entière y passa. Alors le babouin réfléchit aux conséquences fâcheuses pour lui que ne manquerait pas d'amener la découverte de son larcin et chercha un moyen de les éviter. Il eut bientôt fait un plan; sortant dans la cour de la maison, il se roula dans la poussière, puis se blottit dans un coin et s'y tint immobile de façon à présenter l'aspect d'une masse inanimée; des oiseaux de proie, fort communs dans ces parages, volaient à l'entour, ils s'approchèrent sans défiance, attirés eux aussi par l'odeur de la cuisine, et le singe, bondissant à l'improviste, saisit l'un d'eux, l'emporta malgré sa défense et le plongea dans la marmite au lieu et place de la volaille disparue. Mais l'intelligence d'un singe a ses limites, et le nôtre ne songea point à un détail fort important : il oublia de plumer l'oiseau et c'est ainsi que l'aventure fut connue.

MANDRILL

Le *mandrill* présente l'extérieur à la fois le plus féroce et le plus grotesque. Son corps est bariolé de toutes les couleurs de l'arc-en-ciel et sa face est ornée de chaque côté du museau de deux protubérances bleuâtres du plus bizarre effet; il porte de plus une barbe jaune qui fait ressortir le rouge flamboyant de l'extrémité du museau. C'est un des singes les plus féroces et les indigènes de la Guinée le redoutent si fort qu'ils évitent de traverser les bois qu'il habite.

Il est difficile aux Européens de se rendre compte du véritable aspect d'un mandrill, car, en raison de ses mauvais instincts et de sa férocité, cet animal est très rarement conservé en captivité, et, d'autre part, les couleurs de sa chair et de son pelage s'altèrent si rapidement après sa mort qu'il est à peine reconnaissable.

Sa peau prend une teinte grisâtre, toute différente des colorations violentes, rouges ou violacées, que l'afflux du sang y fait paraître de son vivant; sa physionomie perd en partie cette expression sauvage qu'elle doit à l'éclat des yeux, aux mouvements des lèvres et aux rides profondes qui sillonnent les joues, et qui dépendent non de la contraction des muscles mais de sillons creusés dans les os de la face.

Le *drill* ressemble beaucoup au mandrill avec lequel on l'a confondu longtemps; il est de plus petite taille et d'aspect moins étrange, car les excroissances des joues sont moins accentuées, les couleurs du poil moins vives; la queue est aussi très courte et dressée verticalement. Il est d'autre part tout aussi peu sociable bien qu'un peu moins féroce.

GROUPE DE SINGES DU NOUVEAU CONTINENT

SINGES DU NOUVEAU CONTINENT.

Les singes du nouveau continent diffèrent de ceux de l'ancien sous beaucoup de rapports : ils sont de plus petite taille, ont une queue très longue, souvent prenante, les narines séparées par une cloison épaisse ; ils montrent un caractère doux et sociable et peuvent même être laissés impunément en liberté. On leur donne souvent le nom de *cébins* ou de *sapajous*.

ATÈLE COAITA

Les particularités anatomiques qui distinguent les singes américains de ceux que nous venons d'étudier sont trop nombreuses pour pouvoir être énumérées en détail. Nous avons dit qu'ils n'atteignaient pas de grandes proportions; leur corps, un peu grêle, est ordinairement élégant; leurs membres et surtout leur queue sont très développés, leur tête est arrondie, leur cerveau petit; leur système dentaire se compose de trente-six dents, grâce à l'addition des molaires supplémentaires qui apparaissent chez les adultes seulement; ils sont dépourvus d'abajoues et de callosités postérieures.

D'après la structure de ces animaux, il est facile de comprendre qu'ils doivent être à la fois très agiles et très indolents. Leur existence se compose en effet d'alternatives d'activité violente et de repos complet. Ils vivent dans les arbres et ne descendent à terre que dans de rares occasions; lorsqu'ils veulent se déplacer, ils se suspendent à une branche par l'extrémité de leur queue enroulée en spirale, imprimant à leur corps un balancement marqué jusqu'à ce qu'ils aient acquis une force d'impulsion suffisante, et, quittant alors leur premier point d'appui, atteignent dans leur élan une autre branche, souvent fort éloignée, qu'ils saisissent avec leurs mains. Ils répètent cet exercice plusieurs fois de suite avec une rapidité surprenante; mais au bout d'un certain temps cette gymnastique trop violente les fatigue, leurs poumons resserrés dans leur poitrine trop étroite ne peuvent suffire à l'accroissement des mouvements respiratoires, et ils retombent alors subitement dans un engourdissement profond, durant lequel ils demeurent suspendus par leurs quatre membres, la tête pendante et les yeux fixes.

Pour servir ainsi d'instrument de préhension et de suspension, leur queue doit présenter une structure particulière; elle se compose en effet d'un grand nombre de vertèbres, qui s'articulent de manière à jouer l'une sur l'autre avec une grande facilité, un peu comme les anneaux d'une chaîne, et qui sont mises en mouvement par des muscles vigoureux; de plus, elle est ordinairement dénudée sur la face intérieure de sa partie terminale, afin d'adhérer plus fortement aux objets qu'elle saisit. C'est grâce à cette disposition qu'elle peut s'enrouler fortement autour des branches et supporter le poids de l'animal.

MIRIKI

Les singes américains sont admirablement bien conformés pour leur existence quasi aérienne; en revanche, dès qu'ils touchent le sol, leur allure devient gauche et leur marche difficile; ils marchent de côté, trébuchent à chaque pas, et semblent des araignées gigantesques avec leur corps velu, leur petite tête et leurs longues pattes. Aussi s'empressent-ils de regagner au plus vite leur séjour favori au milieu des arbres.

Leur naturel paisible et affectueux permet de les capturer et de les domestiquer aisément; mais leur intelligence est peu développée et leur humeur mélancolique.

Parmi les diverses tribus rangées sous le titre général de singes du *nouveau continent*, celle des *atèles* est une des plus nombreuses et des plus intéressantes.

Les atèles sont remarquables par la longueur extrême de leur queue fortement préhensible et calleuse à son extrémité inférieure. Ils n'ont pas de pouce aux mains antérieures. Leur corps maigre et efflanqué est couvert de poils longs, épais et soyeux qui en augmentent beaucoup le volume apparent. Leur crâne est arrondi et volumineux; leurs yeux, très enfoncés dans de profondes orbites, sont vifs, largement ouverts et brillent d'un éclat particulier. Leurs mains postérieures sont conformées normalement et pourvues d'un pouce opposable aux autres doigts.

Ces animaux sont très nombreux dans les forêts de l'Amérique tropicale, où ils vivent paisiblement de végétaux, de mollusques, d'araignées, d'œufs d'oiseaux et de petits poissons.

Citons parmi eux l'*atèle coaïta*, qui habite plus particulièrement la Guyane. Son corps menu est couvert d'une épaisse toison de poils grossiers, d'un noir luisant, assez longs sur les épaules; sa face est d'un rouge foncé aux reflets cuivrés, avec la lèvre inférieure saillante, les yeux bruns et très vifs. Il se sert de sa queue qui est plus longue que son corps avec une adresse incomparable, et l'emploie même à se saisir des objets, un peu comme l'éléphant avec sa trompe.

Le *miriki* se distingue par la possession de pouces assez bien conformés aux pattes de devant; sa fourrure est courte mais très épaisse et presque imperméable à l'eau, propriété que les chasseurs brésiliens mettent à profit en confectionnant avec la dépouille du miriki de solides étuis pour leurs armes.

SINGE HURLEUR OU ARAGUATO

Une autre tribu est celle des *singes hurleurs* qui compte également de nombreux spécimens. Un des plus connus est l'*araguato* chez lequel l'os hyoïde, qui sert de support à la langue, présente une disposition particulière à laquelle la voix est redevable d'une puissance extraordinaire. Pendant la nuit ces animaux se réunissent pour exécuter un concert capable de tenir éveillé leur voisinage à une grande distance; chacun y fait sa partie sous la direction d'une sorte de chef d'orchestre et cherche à surpasser son voisin, d'où une émulation qui redouble le tapage; ils excellent aussi à imiter les cris des autres animaux et surtout du jaguar.

Les habitants de l'Amérique centrale les considèrent comme un gibier assez estimable et usent, pour s'en emparer, d'un stratagème assez curieux: ils jonchent le sol de grosses noix évidées au moyen d'une étroite ouverture et y introduisent du sucre; les singes, attirés par cette friandise inespérée, introduisent leur main à l'intérieur et l'emplissent de sucre, mais elle augmente ainsi de volume et ne peut plus repasser par l'orifice. L'animal, ne voulant pas lâcher sa proie, s'épuise en efforts infructueux pour se dégager et c'est le moment que les chasseurs embusqués aux environs choisissent pour le surprendre.

Les singes hurleurs, qui portent également le nom d'*alouates*, ont, comme les espèces précédentes, la queue prenante et calleuse en dessous dans sa partie terminale; ils rappellent un peu les babouins par leur corps trapu, et se distinguent d'ailleurs de tous les autres singes par la forme pyramidale de leur tête; de plus, le développement de leur os hyoïde a pour conséquence un écartement inusité des branches de la mâchoire inférieure, et les poches pleines d'air qui communiquent avec le larynx produisent extérieurement une gibbosité pareille à un goitre. Leurs membres sont de longueur moyenne et terminés par cinq doigts vigoureux et bien conformés; cependant le pouce de la main antérieure n'est pas facilement opposable aux autres doigts. Une sorte de barbe encadre leurs joues et retombe sous leur menton. On trouve des singes hurleurs dans toutes les forêts humides de la Colombie, du Brésil et des contrées avoisinantes. Ils se nourrissent de fruits et de feuilles et se tiennent ordinairement sur les branches élevées auxquelles ils restent souvent suspendus par leur queue comme les atèles. C'est une des raisons pour lesquelles les indigènes ne les tuent pas ordinairement à coups de flèches, ce qui leur serait cependant facile, étant donnés le nombre et le caractère indolent de ces animaux; mais lorsqu'on les blesse par ce moyen, ils restent souvent accrochés, même après leur mort, aux branches qui les supportent et qui sont inaccessibles aux chasseurs. Ces derniers les recherchent à cause de leur chair qui est, dit-on, fort succulente, et se conserve

CAPUCIN ET SAPAJOU

très longtemps quand elle est desséchée par une préparation d'ailleurs fort simple.

Les *sapajous*, appelés aussi singes pleureurs en raison de leur voix grêle et plaintive, sont en général moins petits et plus robustes que les atèles et les singes hurleurs. Ce sont de gracieux animaux dont la mine éveillée est plaisante à voir; leur tête arrondie et proéminente en arrière présente en avant un petit museau plat et large, dont les lèvres, en s'écartant, laissent à découvert des incisives bien rangées et plus grandes à la mâchoire supérieure qu'à la mâchoire inférieure; leurs oreilles sont de grandeur moyenne et bien conformées; une barbe épaisse garnit leur menton et leurs joues. Leurs membres, assez développés, sont terminés par cinq doigts bien distincts, le pouce des mains est difficilement opposable aux autres doigts. Leur queue est longue, garnie de poils dans toute son étendue, et ne peut s'enrouler que par sa partie terminale. Tout leur corps est revêtu d'une fourrure soyeuse et abondante qui dessine sur leur tête une sorte de capuchon.

Ces singes vivent en troupes dans les forêts de la Guyane et du Brésil, où ils trouvent en abondance les fruits, les insectes, les petits mollusques, les œufs d'oiseaux dont ils aiment à se nourrir. S'ils étaient plus forts ils commettraient même beaucoup de dégâts dans les plantations, car ils savent fort bien, comme les macaques, se concerter pour le pillage d'un champ ou d'un verger. Ils redoutent non seulement les animaux féroces, mais encore et surtout les serpents dont la vue leur cause une frayeur insurmontable.

Les sapajous sont faciles à apprivoiser et s'attachent rapidement à leurs maîtres; ils conservent néanmoins l'humeur fantasque et rancunière et n'oublient pas aisément les moqueries dont ils sont parfois l'objet ou les contrariétés qu'on leur inflige. Ils prennent ordinairement grand plaisir à imiter les gestes et les manières des personnes au milieu desquelles ils vivent.

Citons parmi les singes de cette tribu le *capucin*, qu'on trouve à la Guyane, surtout dans les forêts dont le sol est dépourvu de broussailles. Son aspect change beaucoup avec l'âge, car les couleurs de son pelage se modifient à mesure qu'il grandit. Les petits, en effet, ont le visage couleur de chair, les pieds et les mains d'un rouge violacé, le dos d'un jaune brun, la tête et les membres brun foncé; les adultes, par contre, ont le front, les côtés du cou, la poitrine, l'abdomen et une partie des membres tirant sur le gris, le dos brun, la tête ornée d'une sorte de calotte plus sombre qui se détache sur un fond jaunâtre, les épaules, le cou et la barbe blanchâtres.

Ces petits animaux errent perpétuellement à travers les arbres et n'ont point de demeure fixe; ils se réunissent le plus souvent par petits groupes pour procéder à la recherche de leur nourriture, qui se compose surtout de larves d'insectes récoltées sous l'écorce du bois. Ils se servent de leur queue pour grimper et se suspendre, bien qu'elle n'ait pas la force, la souplesse et la sensibilité de celle des atèles.

Leur vue, leur odorat, leur ouïe et leur goût ne semblent pas très développés; mais ils suppléent à l'insuffisance de ces sens par l'adresse prodigieuse avec laquelle ils se servent de leurs mains.

Les deux grands défauts des singes de cette espèce sont la malpropreté et l'instinct du vol.

SAKI

Les *saïmiris*, originaires du Brésil, sont de gentils petits animaux dont la délicatesse et l'impressionnabilité ont quelque chose d'enfantin : ils sont très sensibles à la façon dont on leur parle, suivent attentivement du regard le mouvement des lèvres et, parfois même, y posent leurs petits doigts comme pour l'étudier de plus près.

Le *saïmiri à collier* est pourvu, comme son nom l'indique, de longs poils plantés de chaque côté du visage et retombant sur son cou en larges touffes. Il possède une queue très fournie qu'il enroule souvent autour du corps pour se tenir chaud.

Le *saïmiri commun* est celui dont les mœurs sont le mieux connues, car c'est lui que l'on importe le plus souvent dans nos pays ; un pelage élégant, un caractère aimable et doux, des manières gracieuses en font un charmant petit animal domestique ; malheureusement notre climat, trop rigoureux pour lui, lui est rapidement fatal et ce n'est qu'au prix de mille précautions minutieuses qu'on peut le conserver quelques années en bonne santé.

Sa taille ne dépasse guère celle d'un écureuil, bien que les poils touffus dont il est revêtu le fassent paraître plus volumineux ; sa tête est petite et arrondie ; de grands yeux vifs, abrités par d'épais sourcils, donnent beaucoup d'expression à sa physionomie.

Les membres grêles sont terminés par des mains bien conformées. Sa queue est longue, mince et non préhensible.

Les saïmiris sont très nombreux dans la Guyane, la Colombie, le Brésil et une partie du Pérou ; ils vivent en troupes dans les forêts qui avoisinent les grands cours d'eau.

Les *sakis* forment une autre tribu de singes dont nous citerons deux spécimens : le *saki à tête blanche* qui a la face encadrée d'un épais collier blanc tout différent du restant de la fourrure qui est d'un brun foncé. Cette fourrure très épaisse semble destinée à prémunir l'animal contre la piqûre des abeilles dont le miel entre pour une grande part dans son régime alimentaire. Le *saki à tête noire*, qui se distingue par la couleur des poils qui lui couvrent la tête et par la forme de ses oreilles qui rappellent l'aspect des oreilles humaines, est un autre échantillon du même groupe de singes.

LÉMURES

PROPITHÈQUE A DIADÈME

Les *ouistitis* habitent à peu près les mêmes régions. Ils se distinguent des singes que nous venons d'étudier par l'absence de callosités et d'abajoues, par la forme des ongles et des dents et par la disposition de leur queue. Leurs habitudes sont aussi quelque peu différentes.

Le *ouistiti*, quelquefois appelé *marmouset*, est petit, gracieux de formes, revêtu d'une jolie fourrure rayée ; il a une queue bien fournie, et porte de chaque côté de la tête une houppe de poils blancs. Il supporte gaiement la captivité pourvu qu'on le préserve du froid et qu'on le laisse se divertir à sa manière. Il est très friand de mouches et les chasse volontiers, mais il préfère encore, quand on le lui permet, jouer avec les cheveux ou la barbe de ses visiteurs. Il est plus remuant que vraiment intelligent.

Les *lémures* ont été pendant longtemps con-fondus avec les singes proprement dits, sous la dénomination générale de quadrumanes ; tous les naturalistes s'accordent maintenant à sépa-rer nettement ces deux ordres d'animaux, et quelques-uns même ont voulu rapprocher les lémures des ruminants, avec lesquels ils offrent en effet quelques lointaines affinités.

Ils ressemblent surtout aux singes par la con-formation de leurs membres, dont les extré-mités sont de véritables mains, pourvues d'un pouce opposable aux autres doigts. Ils ont en général la tête petite, le museau allongé, les oreilles assez grandes, les yeux très écartés, les narines enfoncées dans un petit espace dénudé. Leur système dentaire s'éloigne de celui des singes par le nombre et la disposition des dents, qui varie d'ailleurs sensiblement suivant les espèces. Leur cerveau est faiblement développé.

CHIROGALE MURIN　　　　　AVAHI

Les lémures, tout en conservant les caractères distinctifs des quadrumanes, s'éloignent déjà beaucoup des singes proprement dits par la forme allongée de leur museau, par la transformation des ongles en griffes et par l'attitude générale du corps, sans parler des modifications que présentent les organes intérieurs.

Ils sont tous originaires de Madagascar.

Le *lémure à fraise* est particulièrement commun dans cette île; il est facile de remarquer la forme particulière de ses yeux dont la pupille se dilate dans l'obscurité, ce qui lui permet d'y voir distinctement même la nuit. Il est doux, craintif et s'apprivoise aisément.

Le *propithèque* ou *lémure à diadème* se rattache à la tribu des *indris;* il est plutôt de haute taille et ses mains sont pourvues de pouces qui lui permettent de grimper très facilement.

L'*avahi* est beaucoup plus petit, couvert d'une fourrure épaisse et laineuse; sa queue est courte, sa voix plaintive ressemble un peu au cri d'un enfant.

Le *tarsier* habite l'Inde et les îles qui en dépendent et vit presque constamment dans les arbres où il se meut avec une grande aisance.

On rattache aux *lémures* une famille d'animaux singuliers qui portent le nom de *cheiromys* et dont le système dentaire rappelle beaucoup celui des rongeurs. On les trouve exclusivement dans l'île de Madagascar; ils ne se montrent que la nuit; c'est le moment qu'ils choisissent pour chercher leur nourriture; ils dorment tout le jour, suivant la coutume des animaux dont l'existence est en très grande partie nocturne.

Le type des cheiromys est l'*aye-aye* qui ressemble un peu aux écureuils par ses incisives robustes et sa queue touffue, mais se rapproche en outre des makis par la conformation de ses mains postérieures, et des tarsiers par ses larges oreilles. Ses pattes antérieures se terminent par cinq doigts assez singulièrement conformés; tous sont armés de véritables griffes et, de plus, le médius est d'une longueur et d'une gracilité insolites. Cet animal est lent dans ses mouvements et mène une vie assez indolente; il est d'ailleurs d'un caractère doux, timide et craintif.

L'ordre des lémures comprend encore beaucoup d'autres animaux, différant les uns des autres par des particularités plus ou moins importantes. Celui que notre gravure représente sous le nom de *chirogale murin* avait été appelé par Buffon rat de Madagascar, parce qu'il est sensiblement de la même taille que ce rongeur. Il est revêtu d'un pelage brun roux, avec l'abdomen jaunâtre, le front gris clair et un trait brun de chaque côté du nez. Il se nourrit de fruits, d'amandes, et ne sort que la nuit.

Nous arrêterons ici l'étude de la grande famille des quadrumanes, si intéressante à tous les points de vue.

CHAUVES-SOURIS DANS UNE CAVERNE

CHEIROPTÈRES

L'ordre des *Cheiroptères* prend rang immédiatement après celui des quadrumanes à cause de l'analogie que les animaux des deux groupes présentent dans quelques-uns de leurs organes.

Cependant les cheiroptères ont tous un aspect nettement caractérisé qui ne permet pas de les confondre avec les représentants des autres groupes. Chez tous, en effet, certaines parties des membres antérieurs, et plus spécialement celles qui correspondent à la main, ont subi une modification profonde. Les os se sont allongés en baguettes menues qui soutiennent des membranes se rattachant d'autre part aux flancs de l'animal. Cet ensemble constitue des organes de locomotion aérienne qui, sans être aussi parfaits que les ailes de l'oiseau, laissent bien loin derrière eux les parachutes grossiers que l'on remarque chez certains autres animaux; ces appareils permettent aux chauves-souris de donner la chasse aux insectes ou d'aller d'arbre en arbre chercher les fruits nécessaires à leur nourriture.

Cette singulière disposition entraîne d'autres modifications dans la structure générale du corps. Ainsi les membres postérieurs, qui chez l'homme supportent tout le poids du corps, et qui chez les quadrupèdes concourent à la locomotion, ne jouent plus ici qu'un rôle tout à fait secondaire; aussi sont-ils beaucoup moins développés que les membres antérieurs, lesquels sont très longs et munis de muscles puissants.

Les cheiroptères présentent une autre particularité physiologique également remarquable : ce sont des animaux hibernants, c'est-à-dire qu'ils passent l'hiver dans une immobilité à peu près complète, suspendus dans les cavernes qui leur servent de refuge, et ne donnant d'autre signe de vie qu'une respiration à peine sensible. Ce phénomène est dû à la faible quantité de calorique qu'ils sont capables de produire par eux-mêmes; lorsque la température extérieure se refroidit, ils en subissent immédiatement le contre-coup, leurs fonctions se ralentissent et ils tombent bientôt dans un engourdissement qui peut seul les préserver d'une mort complète, en faisant durer plus longtemps les ressources vitales dont ils disposent.

Les cheiroptères, plus communément appelés

VAMPIRE

chauves-souris, comprennent un certain nombre d'espèces dont une faible partie seulement vivent en Europe; les autres sont répandues dans les diverses parties du monde.

En Amérique nous trouvons le *vampire*, si redouté des anciens voyageurs. On racontait autrefois qu'il s'approchait sans bruit des hommes endormis et, qu'après les avoir piqués légèrement, il suçait leur sang par cette blessure jusqu'à ce que la mort s'ensuivît; la vérité est que leurs blessures ne sont pas très dangereuses, sauf quand une cause étrangère vient les envenimer. Les vampires s'attaquent de préférence aux animaux, et les troupeaux ont souvent à souffrir de leurs piqûres. A défaut de leur nourriture favorite, ils se contentent d'insectes.

Comme les autres chauves-souris, ils ne sortent que la nuit, se dirigeant facilement dans l'obscurité; ils sont maladroits pour se mouvoir à terre, mais grimpent avec facilité, prenant leur vol à une certaine hauteur au-dessus du sol.

Le vampire porte à l'extrémité du museau une curieuse membrane redressée comme une corne.

Voici, à titre de curiosité, le récit qu'un voyageur du siècle dernier, le capitaine Henri Stedman, ayant été victime d'un vampire, fait de son aventure :

« Me réveillant à quatre heures du matin, je fus extrêmement effrayé de me trouver couché dans du sang coagulé, quoique cependant je ne ressentisse aucune douleur. Je me levai précipitamment et courus trouver le chirurgien, un brandon à la main : ce sang, ce flambeau, ma pâleur, mes cheveux coupés, mes vêtements en désordre, pouvaient lui suggérer cette question : Es-tu un être vivant, ou un spectre sorti des tombeaux? Es-tu enveloppé de l'air pur du ciel ou des exhalaisons de l'enfer? Tout le mystère était que j'avais été mordu ou piqué par le vampire, ou le spectre de la Guyane, qu'on appelle aussi le chien volant de la Nouvelle Espagne et que les Espagnols nomment perro-voladar. Cet animal n'est autre qu'une chauve-souris d'une forme monstrueuse, qui suce le sang des hommes et des bestiaux, quand ils sont endormis, et même jusqu'à leur causer la mort. Comme la manière dont ces animaux s'y prennent est vraiment étonnante, j'essayerai de la décrire en détail.

« Le vampire, quand la personne qu'il veut attaquer est endormie, ce qu'il connaît par instinct, s'abaisse généralement près des pieds. Il y reste supporté par ses énormes ailes, qu'il agite continuellement; et pendant ce temps, il suce le bout du grand orteil; mais le trou qu'il fait est si petit, qu'une tête d'épingle aurait peine à y entrer, et qu'il ne cause pas la moindre douleur. Au moyen de cette ouverture, il continue néanmoins à sucer le sang jusqu'à ce qu'il soit forcé de regorger. Il recommence ensuite et continue ainsi à sucer et à regorger tellement qu'il ne peut plus s'envoler que très difficilement, et que souvent sa victime a passé du sommeil naturel à celui de l'éternité. C'est ordinairement à l'oreille qu'il pique les bestiaux, et toujours quelque part où le sang puisse couler aussitôt, peut-être est-ce à quelque ar-

RHINOLOPHE FER A CHEVAL

tère. Après qu'on m'eût appliqué des cendres de tabac sur la plaie, comme le remède le plus sûr, je revins me laver, ainsi que mon hamac, au-dessous duquel j'aperçus beaucoup de sang caillé; le chirurgien l'ayant examiné, jugea que je devais en avoir perdu treize ou quatorze onces pendant la nuit. »

Le *rhinolophe fer à cheval* doit son nom à une bizarre particularité. Ses narines sont entourées, comme son nom l'indique, d'une sorte de fer à cheval surmonté d'une crête pointue au milieu du front; on prétend que cet étrange ornement a pour but d'augmenter les facultés olfactives. Cet animal témoigne d'une répulsion extrêmement vive pour la lumière et habite des cavernes sombres où nul autre être vivant ne pénètre jamais.

Il y dort tout le jour et n'en sort qu'au moment du crépuscule, pour se mettre, de son vol bas et lent, à la poursuite des insectes nocturnes qui composent sa nourriture. L'hiver l'immobilise pour de longs mois au fond de sa retraite.

On trouve des rhinolophes dans toutes les contrées chaudes et tempérées de l'hémisphère oriental, depuis l'Irlande jusqu'au Japon et depuis le Cap de Bonne-Espérance jusqu'en Australie.

Il y a en Europe quatre espèces de ce genre qui fréquentent même les districts montagneux, mais qui naturellement ne s'élèvent pas à des altitudes aussi considérables que les espèces vivant sous les tropiques. Grâce aux endroits retirés dans lesquels ils cherchent asile et grâce aussi à leurs habitudes nocturnes, les rhinolophes ont pu quelquefois vivre durant fort longtemps dans une contrée sans que personne soupçonne leur présence. Lorsque par hasard on pénètre dans leur retraite avec une lumière, ils éprouvent un véritable affolement et cherchent à s'enfuir sans même se préoccuper de leurs petits; ceux-ci voyagent ordinairement accrochés sous le ventre de leur mère à l'aide de leurs petites griffes.

La *barbastelle* est une sorte de chauve-souris de taille moyenne et de couleur sombre. L'attitude dans laquelle la gravure la représente montre combien son allure est lourde et disgracieuse quand par hasard elle se meut à la surface du sol.

Ses jambes sont grêles, ses ailes assez étendues mais de largeur moyenne, et sa queue, un peu plus longue que son corps, est entièrement prise dans la membrane qui réunit les membres. Elle a la face courte, le crâne arrondi en arrière, les narines ouvertes à l'extrémité du nez, les oreilles assez longues, droites et velues à l'extérieur. Tout son corps est abondamment couvert de poils. Son vol est rapide et élevé et elle semble hiberner moins sévèrement que les autres espèces de chauve-souris.

Une barbastelle commune, capturée en Angleterre, au fond d'une mine, vécut quelques semaines en captivité; elle se nourrissait de viande et buvait de l'eau.

OREILLARD VULGAIRE

BARBASTELLLE

L'*oreillard* est caractérisé par d'immenses oreilles à l'intérieur desquelles se trouvent deux pavillons plus petits appelés oreillons ou tragus; l'animal donne à ces organes les attitudes les plus variées et, pendant son sommeil, les rabat complètement sur son dos. Il est doué d'un gentil caractère et on en cite qui ont vécu plusieurs années après avoir été apprivoisés, divertissant leurs possesseurs par leurs manières curieuses.

Les oreillards sont très communs en France et se tiennent même presque toujours à proximité des habitations; mais leur présence passe le plus souvent inaperçue, car ils ne se montrent que pendant l'été et lorsque la nuit est tout à fait close. On peut les voir alors voleter autour des maisons, décrivant dans l'espace des zigzags capricieux et si rapides qu'on a peine à en suivre la succession. C'est le sens de l'ouïe, très aiguisé chez eux en raison de la conformation de leurs oreilles, qui les avertit de l'approche des insectes dont ils veulent se saisir, car leurs yeux microscopiques, à demi enfouis sous les poils de leur front, ne sauraient leur être d'aucun secours.

Ces animaux sont plus agiles sur le sol que les autres chauves-souris; ils grimpent facilement le long des vieux murs en s'appuyant sur leur queue et en se hissant au moyen des fortes griffes qui arment le premier doigt de chacun de leurs membres antérieurs.

Le *noctule* est une espèce de chauve-souris dont la taille est assez variable. En règle générale, sa tête est large et déprimée, ses oreilles divergentes et un peu plus courtes que la tête sont triangulaires, avec leur sommet arrondi et le bord externe prolongé au-dessous de l'angle de la bouche, l'oreillon s'épanouit en un large croissant recourbé du côté interne. Ses ailes, longues et étroites, sont de couleur noirâtre et abondamment recouvertes de poils dans la portion correspondant au bras, à l'avant-bras et même à la base des doigts. Sa queue, bien plus courte que son corps, n'est libre qu'à son extrême pointe sur une longueur de 3 ou 4 millimètres. Le pelage, de longueur médiocre, n'est pas très fourni et affecte généralement une teinte uniforme, d'un brun noirâtre ou même verdâtre chez les très jeunes individus et d'un brun rougeâtre chez les adultes.

Le noctule est aussi très répandu sur l'ancien continent; on le trouve depuis l'Angleterre jusqu'au Japon, et depuis la Scandinavie jusqu'au cap de Bonne-Espérance d'une part, et aux îles Malaises d'autre part.

Son voisinage n'est guère agréable; son odeur choque l'odorat, tandis que son cri discordant fatigue l'oreille. Ces animaux s'assemblent en grand nombre dans les lieux isolés, bâtiments abandonnés, rochers ou cavernes, qu'ils ne tardent pas à encombrer de détritus d'insectes dont ils composent leur nourriture. Ils se montrent très effrayés quand on les trouble dans leur retraite, voletant en tous sens et heurtant la figure de l'intrus que ce déplaisant contact met rapidement en fuite.

ROUSSETTE OU RENARD VOLANT

La *roussette* est le seul chéiroptère qui atteigne une grande taille ; on lui donne encore le nom de *renard volant* à cause de la forme de sa tête qui rappelle celle du renard et de la couleur rougeâtre de sa fourrure. Il se nourrit exclusivement de végétaux et par conséquent n'attaque pas les animaux, mais c'est un ennemi dangereux pour les récoltes et les fruits ; il est bien difficile de se défendre contre ce maraudeur qui a pour lui sa force, son mode de locomotion, qui a la faculté d'agir dans les ténèbres et que rien n'arrête dans ses déprédations. Dans les contrées qu'il visite, on n'arrive à préserver les fruits qu'en les enveloppant dans un filet assez solide pour résister à ses attaques.

Les ailes de la roussette sont puissantes et, comme elle ne chasse guère d'insectes, elle vole en ligne droite jusqu'à de grandes distances, au lieu de décrire les zigzags familiers aux autres chauves-souris. Elle a coutume, pour dormir, de se suspendre la tête en bas à quelque branche d'arbre et garde ainsi une immobilité absolue.

Les chauves-souris de cette espèce ne semblent pas rechercher autant que leurs congénères des retraites obscures et peu accessibles aux autres animaux ; cependant elles redoutent aussi la lumière du jour et témoignent une grande agitation quand elles s'y trouvent exposées inopinément. Elles choisissent avec soin l'emplacement qui leur paraît le plus convenable pour dormir et ce choix donne souvent lieu entre elles à des disputes bruyantes, analogues à celles des oiseaux lorsqu'ils se préparent à se coucher.

Rappelons, pour terminer, que les chéiroptères sont des animaux hibernants ainsi que nous l'avons déjà expliqué.

CHAMP REMUÉ PAR LES TAUPES

INSECTIVORES

Les *Insectivores,* leur nom l'indique tout naturellement, se nourrissent d'insectes. Ils nous rendent de grands services puisqu'ils chassent les principaux destructeurs de nos jardins ; mais ils bouleversent la terre pour creuser leurs trous et par conséquent brisent les racines et les jeunes pousses ; ils sont donc honnis pour leurs méfaits et cependant ils empêchent, en somme, plus de dommages qu'ils n'en causent.

La *taupe* est un des insectivores les plus communs dans nos contrées : des formes lourdes, un museau pointu, des yeux fort petits mais non dépourvus de regard comme on le prétendait autrefois, point d'oreilles externes. Ce portrait, on le voit, n'est guère séduisant ; mais les pattes sont intéressantes par leur conformation : courtes et aplaties comme des rames, pourvues de muscles solides, d'ongles durs et pointus, elles offrent toutes les qualités nécessaires pour entreprendre les travaux de terrassement que leur propriétaire doit leur faire exécuter.

La taupe, en effet, s'établit dans un terrier souterrain qu'elle quitte seulement quelques heures par jour pour creuser autour de son nid des galeries dont le but est de remuer le sol afin de s'emparer des bestioles qu'il renferme et dont elle se nourrit ; tout en creusant elle rejette la terre au dehors, formant ainsi ces monticules que tout le monde connaît et qui décèlent sa présence. Elle rend de grands services à l'agriculture puisqu'elle détruit ainsi nombre d'insectes nuisibles ; et cependant elle-même est chassée par tous les agriculteurs dont elle bouleverse souvent les champs de fond en comble.

La taupe, accoutumée à déployer une grande énergie dans le travail pénible qu'il lui faut accomplir chaque jour, ne montre pas moins de courage quand il s'agit de défendre son existence ; elle emploie griffes et dents à cet usage et on ne vient pas facilement à bout de sa résistance. Elle témoigne d'ailleurs avec ses congénères d'un caractère peu sociable et peu endurant et les combats de taupe sont fréquents et acharnés.

En dépit des apparences, la taupe possède des sens très développés, surtout l'ouïe dont la finesse est proverbiale et qui joue un grand rôle dans la recherche des insectes ; le toucher est

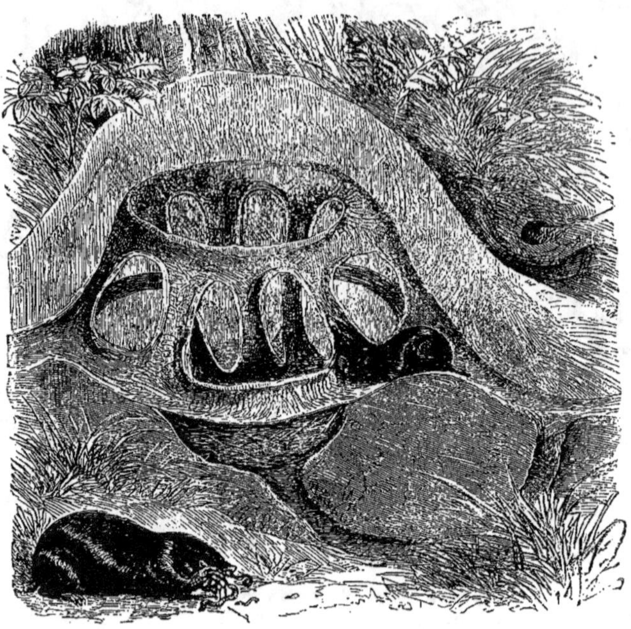

NID DE TAUPE

également très délicat et réside surtout dans son nez long et flexible. La vue seule est imparfaite, affaiblie par un séjour presque continuel dans l'obscurité.

Ces animaux, qui paraissent si gauches et si peu agiles quand on les expose à la lumière du jour, mènent au contraire une existence fort active dans le milieu qui convient à leurs aptitudes. Ils se meuvent à l'intérieur de terrains meubles avec une merveilleuse rapidité, creusant, grattant, rejetant prestement les débris qui gênent leur marche, contournant les obstacles trop importants pour être écartés, franchissant même à la nage les cours d'eau qu'ils rencontrent sur leur chemin. La couche de graisse qui protège leur corps les aide en effet à se maintenir à la surface de l'eau et ils se servent fort adroitement de leurs pattes élargies en guise de rames.

Les taupes n'ont pas trop de toute leur prudence et de toutes les ressources que leur offre un champ d'action choisi spécialement pour elles pour échapper aux ennemis qui les guettent un peu partout. Elles sont en butte tout d'abord aux poursuites des cultivateurs, qui disposent souvent dans leurs champs labourés des pièges que les pauvres bêtes évitent difficilement. Des chiens d'une espèce particulière sont même parfois employés à les traquer. Enfin les petits carnassiers, tels que le putois et la belette, s'introduisent dans leurs terriers et les poursuivent jusque dans ce suprême refuge, tandis que certains oiseaux de proie les guettent à la sortie de leur trou.

Le *condylure à museau étoilé* vit exclusivement aux États-Unis et au Canada; il rappelle par son aspect général notre taupe d'Europe, mais s'en distingue par la façon bizarre dont son museau est terminé. Il s'épanouit, pour ainsi dire, formant une sorte de corolle charnue, dont les dentelures semblent des pétales de fleur et qu'on pourrait comparer à une anémone de mer dont elle a la belle couleur rose. On pense que c'est là un délicat organe où réside le sens du toucher et qui, presque toujours en mouvement, avertit l'animal de la présence des insectes dont il a besoin pour sa nourriture. D'ailleurs la plupart des bizarreries de la nature ont, chez les animaux, un but certain d'utilité.

CLASSIFICATION PARALLÉLIQUE DES INSECTIVORES ET DES RONGEURS

HÉRISSONS D'EUROPE

Nous trouvons ensuite au nombre des insectivores un animal qui nous est tout aussi connu que la taupe; c'est le *hérisson*. Il n'est guère plus favorisé que celle-là par la nature, car ses formes sont lourdes et disgracieuses, ses pattes trop courtes, son corps ramassé, arrondi au-dessus et garni de piquants. Au premier abord il semble privé de queue, car cet appendice est très réduit et disparait sous les aiguilles qui couvrent la partie postérieure.

Ses pattes se terminent par cinq doigts armés d'ongles robustes. Sa tête conique se prolonge pour former une sorte de grouin; ses oreilles sont ordinairement bien développées, son système dentaire est propre à un régime omnivore, et en effet il se nourrit aussi bien de petits animaux que de substances végétales.

Les piquants qui constituent au hérisson une armure si caractéristique sont de trois couleurs : blancs à la base, noirâtres au milieu et jaunâtres à la pointe; vus de près, ils présentent sur leur surface une vingtaine de sillons longitudinaux. Ils sont mis en mouvement par une couche de muscles particuliers, situés immédiatement sous la peau et fort bien développés; la force de ces muscles est telle qu'ils peuvent maintenir les piquants redressés pendant un temps considérable, sans que nul effort puisse diminuer leur tension.

Pendant la belle saison, le hérisson passe la majeure partie de ses journées à l'abri des buissons dont il affectionne le voisinage; il en sort au crépuscule pour trottiner au hasard à travers les champs ou les jardins qui l'entourent, afin d'y trouver les insectes, les reptiles et autres animaux dont il est friand. Il court le nez contre terre, à la façon des chiens de chasse, et sans doute, comme eux, pour mieux suivre les pistes qu'il recherche; il fait entendre fréquemment un petit grognement particulier, suffisant pour déceler sa présence; dès qu'il croit entendre un bruit suspect, il s'arrête subitement, les oreilles dressées, les narines largement ouvertes, et, si son odorat ou son ouïe, plus aiguisés que sa vue, lui indiquent quelque danger, il prend la fuite avec une rapidité dont on supposerait ses petites pattes incapables, ou mieux encore se retire complètement sous sa carapace.

Dès que l'hiver approche, le hérisson cherche un abri dans une crevasse de rocher, un trou creusé sous un arbre, ou même un terrier de lapin abandonné par son légitime propriétaire. Il entasse dans cette retraite de la mousse, des feuilles et des herbes sèches avec lesquelles il confectionne un lit moelleux où il passe toute la mauvaise saison dans une torpeur profonde. Néanmoins, lorsque quelques belles journées viennent interrompre le cours de la saison rigoureuse, il se hasarde à sortir de sa demeure, pour retomber, dès que la température s'abaisse de nouveau, dans une léthargie à peu près complète.

On connaît un petit nombre d'espèces de hérissons, dont les spécimens sont répandus en Europe, en Asie et en Afrique.

HÉRISSON A LONGUES OREILLES

Le hérisson commun est bien connu dans nos contrées; il a le dos couvert de poils durs et pointus, semblables à des épines, qui peuvent en se redressant, former une cuirasse impénétrable. Quand il se voit menacé par quelque danger, l'animal se hérisse, rentre sa tête et ses pattes sous cette carapace protectrice et prend l'aspect d'une boule hérissée de dards dont les animaux renoncent bien vite à approcher; rien ne saurait rendre l'étonnement et la terreur d'un chien quand il voit un de ces animaux, poursuivi par lui, se transformer ainsi. Ces piquants ne servent pas seulement à éloigner les ennemis du hérisson, ils le protègent aussi contre les chocs et lui permettent de se laisser tomber d'une certaine hauteur sur le sol sans se faire aucun mal. Le hérisson s'apprivoise facilement; il vit sans difficulté dans tout endroit où un abri chaud et tranquille lui est assuré, et rend grand service aux jardiniers en contribuant à la destruction rapide des vers, des chenilles et des autres insectes nuisibles. Il s'attaque même aux vipères, et non sans succès, car il possède une immunité complète contre le venin, aussi bien du reste que contre la plupart des poisons; on peut donc pardonner à ce précieux auxiliaire son goût trop prononcé pour les œufs qu'il dérobe souvent au poulailler et qu'il mange fort adroitement; malheureusement ses méfaits ne s'arrêtent pas là, et sa voracité est si grande qu'il enlève parfois les petits des oiseaux et même de jeunes lapins qu'il croque sans difficulté, étant pourvu de dents assez dures pour broyer les os.

Bien qu'il ne semble doué ni d'une intelligence très vive ni d'une sensibilité très profonde, le hérisson cependant ne se contente pas de vivre en étranger dans nos jardins; lorsqu'on s'occupe quelque peu de lui et qu'on lui témoigne de l'intérêt, il est fort capable d'attachement; il apprend vite à connaître ses maîtres, recherche volontiers leur société, et leur manifeste à sa manière sa reconnaissance pour les soins qu'il reçoit d'eux.

Il y a plusieurs autres variétés de hérissons. Nous voyons ici le *hérisson à longues oreilles* qu'on rencontre dans la Russie d'Asie et aussi en Égypte; un peu plus petit que celui d'Europe, il a les membres plus élancés, des piquants plus courts et surtout de grandes oreilles auxquelles il doit son nom.

Ses oreilles très développées et assez pointues, son museau plus effilé lui donneraient quelque ressemblance avec un jeune pourceau, si les piquants dont il est revêtu ne suffisaient à différencier son aspect. Sa taille est légèrement inférieure à celle du hérisson commun, sa coloration est jaune ou brunâtre.

On joint souvent à cette espèce des hérissons vivant en Afrique, au Sénégal, au Gabon, en Égypte et dans la région du Nil blanc.

Citons encore le *hérisson noirâtre*, dont la taille est encore plus petite et la couleur plus sombre, et qui vit dans l'île de Madagascar.

L'Afrique australe possède aussi deux espèces un peu différentes : le *hérisson frontal* et le *hérisson du Cap*.

MUSARAIGNES

La *musaraigne* est un petit animal qui ressemble à la souris, mais s'en distingue pourtant par son museau long et flexible; on en compte plusieurs espèces.

La *musaraigne des champs* vit dans de petits terriers qu'elle creuse dans le sol, et où elle dépose ses réserves de nourriture; il n'est pas rare de voir son élégante petite personne se faufiler entre les herbes et, avec un peu d'adresse, on peut s'en emparer facilement, car elle ne peut guère se défendre que par la fuite. C'est bien à tort que l'on considérait autrefois comme venimeuse sa morsure, aussi inoffensive que la piqûre d'une épingle; ce préjugé prenait vraisemblablement sa source dans l'odeur forte et désagréable qui s'exhale du corps de la musa-

MUSARAIGNE AQUATIQUE

raigne. Elle se nourrit exclusivement d'insectes et ne peut, par conséquent, être nuisible en aucune façon à nos récoltes.

Que de charmants petits animaux nous trouvons ainsi et combien nous éprouvons de plaisir à observer leurs mœurs et leurs instincts, surtout quand ils sont inoffensifs comme cette jolie petite bestiole.

D'une manière générale, on peut dire que les différentes espèces de musaraignes présentent toutes un certain nombre de caractères communs qui les distinguent des insectivores que nous avons étudiés jusqu'ici. Toutes sont de petite taille, revêtues d'une fourrure douce et égale, mais moins brillante et moins lustrée que celle des taupes; elles ont le museau pointu, le nez proéminent, les yeux petits mais bien ouverts, le corps svelte, les membres de longueur moyenne terminés chacun par cinq doigts bien conformés et non élargis en forme de pattes. Leurs habitudes sont aussi bien différentes des mœurs des taupes; elles ne se creusent pas de terriers à galeries compliquées, mais se contentent ordinairement de s'approprier des gîtes abandonnés par d'autres animaux. Elles cherchent leur nourriture plutôt sur le sol ou dans l'eau qu'à l'intérieur de la terre, de plus elles sortent très volontiers en plein jour, bien qu'elles préfèrent attendre la nuit pour se livrer à la chasse des insectes. Elles ne connaissent pas le long repos léthargique des mois d'hiver. Elles exhalent pour la plupart une odeur musquée, due à une substance huileuse que sécrète une glande placée de chaque côté de leur corps et dissimulée dans l'épaisseur des poils.

La *musaraigne aquatique* est plus gracieuse encore; sa fourrure, noire sur la partie supérieure du corps, blanche partout ailleurs, est douce, soyeuse et imperméable. Elle vit près des rivières et des étangs, trottant de ci de là sur les berges avec une vivacité charmante, ou plongeant dans l'eau avec non moins d'entrain pour y poursuivre les insectes et les menus poissons. Elle reste rarement en repos, passant des jeux à la chasse pour recommencer ensuite de nouveaux ébats qu'on peut facilement s'amuser à observer, car elle a la vue très basse et ne soupçonne la présence d'intrus que lorsqu'ils se trahissent par quelque bruit.

Le *desman*, lui, est un être franchement aquatique, ainsi que certaines particularités physiques en témoignent : ses pattes sont courtes, ses doigts réunis par une membrane pour faciliter la natation; sa queue est large et peut lui servir de gouvernail; enfin son nez est assez long pour mériter le nom de trompe. Ce curieux appendice lui est d'une grande utilité, surtout en hiver lorsque, emprisonné sous une couche de glace, il l'emploie à rechercher quelque fente qui lui permette de puiser au dehors l'air qui lui est indispensable, car il habite des galeries souterraines dont l'embouchure est submergée; on le voit rarement sur la terre ferme.

Le *desman de Moscovie* a longtemps été considéré, en raison de ses habitudes et de la forme de ses pattes et de sa queue, comme une sorte de castor. Sa fourrure, d'ailleurs, ressemble beaucoup à celle de cet animal : elle est formée d'une couche moelleuse de duvet duquel émergent de grands poils soyeux; sa couleur varie suivant les individus, mais en général elle est d'un brun foncé sur les parties supérieures du corps et d'un blanc argenté sur les parties inférieures. Durant la vie de l'animal elle présente un éclat lustré et ne se mouille que très difficilement, grâce à la matière graisseuse qui

TUPAYA-TANA

en lubréfie la surface. Malgré les faibles dimensions auxquelles se trouve réduite la dépouille quand la tête, les pattes et la queue ont été enlevées, cette fourrure est encore très estimée; aussi le desman est-il activement recherché par les chasseurs. On se sert ordinairement pour le capturer de grands filets que l'on traîne au milieu des roseaux et que l'on a soin de retirer fréquemment si l'on veut s'emparer des animaux vivants.

Comme son nom l'indique, le desman moscovite habite la plus grande partie de l'empire russe; il est particulièrement répandu dans les provinces comprises entre le Don et le Volga. Les lacs, les étangs, les canaux et les rivières au cours lent, aux berges escarpées constituent ses séjours de prédilection; c'est là qu'il fait la chasse aux sangsues, aux mollusques, aux larves d'insectes et aux poissons. Il ne quitte guère l'élément liquide, même pendant les rigueurs de l'hiver, si ce n'est pour se retirer dans son terrier.

Le *desman des Pyrénées* se distingue du précédent par ses dimensions, sa couleur et la conformation de ses membres. Il ne mesure guère en effet que 25 à 26 centimètres de long, y compris la queue qui représente à elle seule la moitié de cette longueur. Son pelage brun est soyeux et brillant sur la tête et sur le dos : il prend une teinte grise sur les flancs et le ventre. Sa queue, cylindrique ou quadrangulaire à sa base, se termine en pointe; elle est couverte de poils très fins et d'espèces de petites écailles. Les pattes ne sont palmées qu'en partie, les doigts conservent une certaine indépendance les

uns des autres. Cette espèce n'habite que les contrées montagneuses, elle se creuse de longs terriers dans les berges des lacs et des torrents, et mène une existence essentiellement aquatique; c'est pendant la nuit qu'elle prend ses ébats à l'intérieur des eaux, glissant avec rapidité au milieu des plantes aquatiques pour surprendre les insectes et même les truites, dont elle est très friande. On la trouve dans les Pyrénées françaises ou espagnoles.

On donne parfois au *desman* le nom de *rat musqué*, parce qu'il porte dans le voisinage de la queue une série de petites glandes sécrétant un produit dont l'odeur rappelle tout à fait celle du musc.

L'ordre des Insectivores comprend encore plusieurs espèces inconnues en Europe et qui présentent des particularités bizarres.

Citons le *tupaya-tana* que l'on rencontre à Sumatra et dans les Indes. Il a le museau allongé et la mâchoire supérieure plus longue que la mâchoire inférieure; les oreilles placées très en arrière accentuent la forme fuyante de la tête; sa queue magnifique ressemble à celle de l'écureuil; il se rapproche encore de cet animal par une certaine aptitude à grimper.

Cette ressemblance est encore plus marquée chez un autre individu de la même famille, le *tupaya ferrugineux*, qui doit ce nom à son poil couvert de rouille; il n'est pas exclusivement insectivore et recherche certaines espèces de fruits; il s'empare même des petits oiseaux qu'il peut atteindre dans les branches dont il fait facilement l'ascension.

MACROSCÉLIDES DE ROZET

C'est en Afrique que nous trouvons les *macroscélides*; leurs pattes postérieures sont beaucoup plus longues que les autres et leur offrent un point d'appui suffisant pour leur permettre de se tenir debout en équilibre: vus ainsi avec l'espèce de petite trompe qui termine leur museau ils ont un aspect presque grotesque.

Ils se meuvent très rapidement et échappent à toute poursuite en se réfugiant dans leurs terriers avant qu'on puisse les atteindre.

Aussi est-il assez difficile de les observer: cependant, si on a la patience de rester pendant longtemps dans leur voisinage, en gardant une immobilité suffisante pour leur faire oublier la présence d'étrangers, on peut avoir la chance d'assister à leurs ébats, spectacle fort curieux et suffisant pour dédommager l'observateur de sa pénible attente. En effet on les voit sortir un à un de leurs retraites ordinairement dissimulées dans quelque endroit rocailleux où ils trouvent aisément des crevasses naturelles ou des terriers abandonnés dont ils prennent possession. Ils regardent d'abord de tous côtés avec inquiétude, puis, s'ils ne découvrent rien de suspect, s'en vont en sautillant, furetant dans les moindres recoins, happant au passage une mouche ou une araignée: enfin, lorsque la chasse a été fructueuse et leur appétit amplement satisfait, ils s'étendent sur les pierres exposées au soleil et digèrent en se chauffant voluptueusement.

Les macroscélides présentent tous à peu près le même aspect. Leur corps, bien que de petites dimensions, est trapu, on pourrait presque dire obèse; le pelage qui l'enveloppe est touffu et laineux, de couleur brune ou roussâtre sur les parties supérieures, d'un blanc pur ou d'un jaune pâle sur la poitrine et l'abdomen. Leur queue est longue, assez mince, garnie de poils toujours couchés. Leurs pattes se terminent par cinq doigts armés d'ongles crochus, et paraissent d'autant plus frêles que les poils recouvrant leur partie terminale sont très courts. Leur tête est de forme conique, elle est prolongée par une trompe assez grêle, dénudée à l'extrémité et garnie de chaque côté de sa base de poils très longs, sortes de moustaches dirigées obliquement en arrière. Leurs oreilles sont toujours apparentes, à peu près dépourvues de poils, et leurs yeux sont beaucoup plus gros que ceux de la plupart des insectivores.

Les macroscélides représentés sur la gravure portent le nom de *macroscélides de Rozet*; ils habitent spécialement l'Algérie où on les désigne parfois sous le qualificatif de rats à trompe.

GALÉOPITHÈQUES

Disons enfin quelques mots des *galéopithèques* dont les pattes sont réunies par une membrane formant un véritable parachute qui se replie le long du corps et devient invisible quand l'animal n'a pas besoin de son aide.

Mais, lorsqu'il veut sauter d'une branche à une autre plus basse, il écarte ses pattes, développe ainsi sa précieuse membrane et n'a plus qu'à se laisser tomber sans effort, ni appréhension.

Les galéopithèques actuellement connus appartiennent à la faune africaine; ils vivent dans les forêts, si nombreuses dans ces régions, grimpant sur les arbres à l'aide de leurs griffes et y circulant sans difficulté, grâce à leur conformation spéciale.

RAT GÉANT

RONGEURS

Les *Rongeurs* comprennent un grand nombre d'espèces dont nous allons examiner quelques échantillons. Tout le monde connaît le *rat* qui, importé d'Orient en Europe au moyen âge, s'y est multiplié à un tel point qu'on en rencontre maintenant dans tous les pays sans exception; l'Océan même ne peut arrêter sa marche envahissante, les cales des navires lui offrant un moyen de transport commode et sûr. Il se reproduit en si grand nombre que le lieu où il débarque devient bientôt son domaine après qu'il en a expulsé les espèces moins résistantes et moins prolifiques. Si le rat est fort connu ce n'est certes pas sous un jour bien favorable; on peut encore pardonner à la souris les dégâts qu'elle occasionne en faveur de sa faiblesse et de sa mine fûtée, mais nous devons chercher à détruire le rat comme un de nos plus détestables parasites.

Il joint à sa voracité des instincts sanguinaires que la puissance de ses dents rend redoutables même à l'homme; il n'épargne même pas ses congénères, car il n'est pas rare de voir un rat, pris au piège et mis dans l'impossibilité de se défendre, dévoré par ses compagnons: aussi est-on forcé d'organiser de véritables chasses dans les endroits tels que les égoûts, où les rats pullulent en grand nombre; on emploie à cet usage des chiens terriers qui ont quelquefois grand'peine à sortir victorieux de la lutte.

Les rats présentent encore un autre danger par la facilité avec laquelle ils contractent des maladies épidémiques dont la peste est l'exemple le plus fameux. Ces animaux prennent la maladie, puis, se répandant dans les pays avoisinant le foyer de l'épidémie, y apportent des germes mortels qui ne tardent pas à propager le fléau.

Redoutés à juste titre, ces ennemis de nos provisions et de nos demeures remplissent cependant dans les villes un rôle d'une certaine utilité. Grâce à leur appétit insatiable, ils absorbent une grande partie des détritus animaux et végétaux qui encombrent nos rues et nos

RATS NOIRS

égoûts et contribuent ainsi au nettoyage quotidien, indispensable à notre salubrité. On utilise aussi la peau des rats pour confectionner un cuir assez solide ; leur poil remplace parfois celui du castor dans la fabrication des chapeaux.

Les principaux types sont le *rat brun,* le *rat noir* et le *rat blanc* qui est beaucoup plus rare que les deux autres.

Le rat brun, qui porte aussi le nom de surmulot, est de forte taille, car son corps et sa tête réunis mesurent environ 25 centimètres de longueur et sa queue 10 à 20 centimètres. Son museau est pointu, orné de grandes moustaches nuancées de brun et d'un blanc douteux ; ses oreilles sont de dimensions moyennes, un peu arrondies au sommet et couvertes seulement de poils ras, ses yeux sont gros et saillants, ses pattes postérieures sont plus longues que ses pattes antérieures, dont les pouces sont presque toujours rudimentaires. Sa queue, grossièrement annelée et parsemée de poils extrêmement rares, offre, au-dessus, une teinte brunâtre qui devient livide sur l'autre face ; elle est relativement épaisse mais, comme chez tous les rats, s'atténue graduellement de la base à l'extrémité. Sur les parties supérieures du corps le pelage est plus rude et plus brillant que sur les parties inférieures, grâce à la présence de soies rigides qui émergent de la masse de la fourrure ; il est aussi de couleur plus foncée, le sommet de la tête, la nuque et le dos étant d'un gris brunâtre ou fauve qui va en s'éclaircissant sur les flancs et la gorge, la poitrine et l'abdomen ainsi que la face interne des membres étant au contraire d'un blanc jaunâtre. Ces nuances varient d'ailleurs d'intensité suivant les individus.

Il y a relativement peu de temps que le surmulot est connu en France ; son importation date, selon toute probabilité, du XVIIIᵉ siècle, car Buffon le décrit comme une espèce nouvelle et encore rare. Mais il ne tarde pas à rattraper le temps perdu et à se multiplier avec assez de rapidité pour supplanter à peu près les autres espèces déjà existantes. A présent il pullule littéralement dans certains quartiers des grandes villes et notamment de Paris, dont les égoûts, les halles, les entrepôts sont infestés par des armées de rats de grande taille dont on a grand peine à se rendre maître.

Il est d'autant plus difficile de détruire ces animaux qu'ils sont aussi agiles que robustes ; ils peuvent courir rapidement sur des pentes glissantes, grimper le long de parois abruptes en s'accrochant avec leurs griffes aux moindres aspérités, descendre même la tête en bas ; ils franchissent tous les obstacles, creusent des galeries dans le sol, traversent à la nage ruisseaux et rivières et plongent aussi bien qu'ils nagent.

Le *rat ordinaire* ou rat noir est sensiblement plus petit que le surmulot ; sa tête est plus large et plus bombée que celle du dernier ; ses yeux sont plus gros et plus saillants, ses oreilles plus minces, plus glabres et relativement plus développées, ses moustaches plus longues ; ses doigts sont plus indépendants les uns des autres, grâce à l'absence d'une membrane qui, chez le surmulot, les réunit jusqu'à la deuxième phalange. En outre, comme son nom l'indique, son pelage est ordinairement de nuance foncée, ses poils sont assez longs, très serrés et parsemés sur le dos de longues soies noires qui donnent à cette partie du corps des reflets soyeux ou argentés.

Les rats noirs se sont répandus en France à une époque déjà lointaine, probablement sous

RATS DES MOISSONS

CHASSE AUX RATS DANS LES ÉGOUTS DE PARIS

le moyen âge; ils se multiplièrent rapidement jusqu'à l'arrivée des surmulots qui, plus forts et mieux armés, restreignirent leur nombre à leur profit. Les deux espèces, d'ailleurs, ont sensiblement les mêmes mœurs.

Les rats blancs ne se distinguent de leurs congénères que par la couleur claire de leur pelage; ce sont simplement sans doute des spécimens albinos comme il s'en rencontre un certain nombre dans presque toutes les familles d'animaux.

La souris se distingue du rat, non seulement par ses dimensions qui sont beaucoup plus faibles, mais encore par la gentillesse de ses manières et l'expression mutine de sa physionomie, bien différente de la dureté qui caractérise celle de ce rongeur. Sa petite tête conique se termine par un museau pointu orné de fines et longues moustaches.

Ses yeux sont petits mais très brillants et sans méchanceté, ses oreilles sont larges et arrondies.

Sa fourrure bien fournie présente généralement une teinte grise assez uniforme, bien que plus foncée sur les parties supérieures du corps; les albinos sont d'ailleurs nombreux dans cette espèce et tout le monde connaît les petites souris blanches exhibées par les dresseurs d'animaux.

La souris est répandue à peu près sur toute la surface du globe, car elle s'immisce partout à la suite de l'homme; elle est connue en Europe depuis des temps fort reculés et les premiers naturalistes, qui ignoraient l'existence du rat, en font déjà mention. Il va sans dire que, de nos jours, elle est familière aux habitants de nos moindres villages.

Les souris sont fort adroites et construisent, pour recevoir leurs petits, des nids microscopiques, habilement composés des matériaux les plus divers, et placés dans les endroits les plus étranges; on en a trouvé dans des pots à fleurs, dans des bouteilles et jusque dans des pains fraîchement cuits.

HAMSTER

La *souris commune* n'est pas à beaucoup près aussi nuisible que le rat; de petite taille, peu de chose suffit à sa subsistance et les dégâts qu'elle occasionne sont généralement insignifiants, sauf dans les greniers contenant les grains des céréales dont elle est très friande. C'est une petite bête vive et gracieuse qu'on peut apprivoiser facilement en ayant soin d'entretenir autour d'elle une propreté méticuleuse, car elle est fort exigeante sous ce rapport.

Le *hamster*, si répandu dans le nord de l'Europe et surtout en Allemagne, est un ennemi bien plus redoutable encore pour les moissons; dès l'approche de l'automne, il commence à faire ses provisions d'hiver en emplissant ses larges bajoues d'une certaine quantité de grains qu'il transporte ainsi dans des galeries souterraines; il recommence ce manège jusqu'à ce qu'il ait emmagasiné une réserve suffisante pour lui permettre de se nourrir pendant les temps froids. Il habite une seconde cavité communiquant par une sorte de couloir avec sa chambre aux provisions; il change de domicile chaque année. Il est d'un caractère très irritable, et son peu d'intelligence entre pour une grande part dans son intrépidité, car il s'acharne avec autant de rage sur un objet inanimé qui l'a blessé par hasard que sur un ennemi véritable; on l'a vu mordre à belles dents une pierre et même une barre de fer rougie au feu, sans que rien lui fasse lâcher prise.

Au point de vue physique, le hamster est généralement de petite taille, mais de formes lourdes et massives; ses pattes sont courtes, terminées par cinq doigts bien conformés, cependant les membres antérieurs n'ont que quatre doigts et un pouce rudimentaire, tous pourvus de griffes solides. Sa queue est peu développée et garnie seulement de poils clairsemés. Sa tête est forte et enfoncée dans les épaules, son museau n'est ni très pointu, ni très épais et porte souvent de longues moustaches; ses oreilles sont arrondies, et presque membraneuses; ses yeux sont très brillants.

L'espèce la plus connue de ce genre de rongeurs est le *hamster commun*, qui pullule dans toute l'Europe septentrionale et orientale et même dans une partie de l'Asie, depuis le Danemark, la Belgique et l'Alsace jusqu'aux provinces occidentales de la Sibérie. Il présente tous les caractères que nous venons d'énumérer ci-dessus; la coloration du pelage varie beaucoup suivant les individus; en général le front est gris, le dos d'un fauve grisâtre plus ou moins clair et tacheté de noir, les autres parties du corps d'un brun noirâtre, sauf le côté extérieur des pattes qui est d'un blanc pur.

Le hamster se nourrit principalement de substances végétales, fruits, tubercules, graines légumineuses et de céréales dont il consomme malheureusement des quantités considérables aux dépens des cultivateurs dont il ravage les champs; cependant, quand la faim le presse et qu'il ne trouve pas d'autres aliments à sa convenance, il se contente d'insectes, de reptiles, de souris ou de petits oiseaux.

C'est pendant l'été et principalement pendant la nuit et au moment du lever du soleil qu'il procède à l'emmagasinement de ses provisions, et la quantité de graines qu'il réussit à recueillir pendant ce court espace de temps semble invraisemblable; on prétend qu'elle s'élève pour une

SOURIS DES CHAMPS   CAMPAGNOLS

seule saison à plus de cinquante kilogrammes par animal. Dès que l'hiver s'annonce, le hamster se retire dans son terrier, dont il a soin de boucher les orifices avec de la terre, moins pour se garantir du froid que pour mettre obstacle aux incursions des fouines, ses plus dangereuses ennemies. Après qu'il a pris toutes ces précautions et qu'il a absorbé une forte dose d'aliments, il s'installe en boule sur un lit de feuilles sèches, ramène ses pattes de derrière contre son museau, cache sa tête inclinée sur sa poitrine entre ses pattes de devant, et s'endort d'une sorte de sommeil léthargique, qui n'est cependant ni si durable, ni si profond que celui des animaux vraiment hibernants. De temps à autre, en effet, il sort de sa torpeur pour faire quelque courte promenade au dehors ou du moins pour puiser dans ses réserves de provisions, destinées évidemment à suppléer au manque de vivres frais.

Dans certaines provinces de l'Allemagne où ils sont le plus abondants, les hamsters sont poursuivis continuellement par les paysans, désireux tout d'abord de restreindre quelque peu le nombre de ces dangereux visiteurs; de plus leurs peaux, bien que de très petites dimensions, ont une certaine valeur commerciale. Enfin les graines emmagasinées dans leurs terriers sont le plus souvent en parfait état de conservation, et leur quantité est telle que leur recherche n'est pas à dédaigner.

La *souris des champs* est une des plus jolies variétés; agile et légère, elle grimpe le long des tiges de blé ou de plantes analogues et s'y construit de charmants petits nids tout ronds, formés d'herbes entrelacées et suspendus habilement à leur fragile appui. Elle n'est pas sans prélever sa part sur la récolte du cultivateur, mais elle préfère encore se nourrir d'insectes.

Les dégâts commis dans nos champs par les *campagnols* sont plus terribles encore que ceux dont les hamsters se rendent coupables, car ces derniers s'attaquent seulement aux grains mûrs, tandis que les premiers détruisent les semences dès qu'on les a déposées dans le sol. Ils ne pénètrent point dans les maisons où ils ne trouveraient nul aliment à leur goût, mais ils s'introduisent fréquemment dans les granges et dans les moulins et y causent des dommages considérables. Non contents de piller les grains qui s'y trouvent enmagasinés, ils s'attaquent aux axes des meules lorsque ceux-ci sont en bois et ont vite fait de les mettre hors d'usage. La facilité avec laquelle ils rongent branches et racines

CAMPAGNOLS RAVAGEANT UNE PLAINE

ne les rend pas moins redoutables aux forêts qu'aux champs cultivés ; dans les unes comme dans les autres, ils se répandent en troupes innombrables qui manœuvrent avec tant de prudence et de dextérité qu'il est difficile à un œil non exercé de distinguer leurs mouvements à la surface du sol ; ils tranchent les nouvelles pousses et creusent le sol pour atteindre les racines les moins profondes, faisant ainsi périr nombre de jeunes arbres. Ces animaux sont si prolifiques qu'on ne peut espérer en débarrasser nos contrées, quelque soin que l'on apporte à les détruire ; on emploie à cet effet des pièges tels que celui qui consiste en une sorte de trappe creusée dans le sol et que l'on amorce avec quelques épis de céréales ; on a même essayé de les asphyxier à l'aide de gaz délétères qu'un soufflet spécial répandait dans les champs où la présence des campagnols était signalée, mais tous ces moyens n'ont qu'une efficacité relative.

Les campagnols sont généralement de petite taille, avec un corps épais et cylindrique, une tête relativement courte, un museau large, une queue de dimensions variables, presque toujours couverte de poils qui s'épanouissent à l'extrémité pour former une sorte de pinceau ; leurs membres sont robustes et mieux proportionnés que ceux de beaucoup de rongeurs, car la différence de longueur entre les pattes postérieures et les pattes antérieures est moins considérable ; leurs oreilles sont courtes et arrondies au sommet ; les yeux sont plus petits que ceux des rats ; leurs moustaches sont fortes ; leur système dentaire présente certaines particularités distinctes.

Les campagnols diffèrent également par leurs habitudes et leurs mœurs des rongeurs classés sous le titre de rats : ils se nourrissent plus exclusivement que ceux-ci de substances végétales, et ne grimpent pas avec autant d'agilité ; en revanche ils fouillent le sol avec plus d'adresse pour y creuser les terriers dans lesquels ils passent une grande partie de leur existence. Ils pénètrent rarement dans l'intérieur des villes et préfèrent s'établir dans les bois et les champs

CAMPAGNOL SOUTERRAIN

CAMPAGNOL DE LEBRUN

sur le bord des étangs et des cours d'eau; quelques-uns même ont des habitudes franchement aquatiques. Pendant la mauvaise saison ils tombent rarement dans un sommeil léthargique et continuent à sortir comme en été pour chercher leur nourriture; certaines variétés effectuent de lointaines migrations, tandis que les autres restent toujours attachées aux mêmes endroits.

Les campagnols sont moins universellement répandus que les rats, car ils n'ont point comme ceux-ci suivi en tous lieux les expéditions des hommes, dont ils recherchent peu le voisinage immédiat. Ils sont inconnus dans tout l'hémisphère méridional, aussi bien en Afrique et en Australie que dans l'Amérique du Sud, mais on les trouve en grande quantité dans tous les autres pays et ils sont peut-être, parmi tous les mammifères, ceux qui s'élèvent le plus haut sur le versant des montagnes.

Les variétés de campagnols sont très nombreuses; citons le *lemming*, bien connu dans les pays du nord de l'Europe qu'il parcourt en tout sens, émigrant par bandes entières quand il a épuisé les ressources alimentaires de son territoire; rien ne peut alors arrêter sa course, pas même les rivières qu'il traverse aisément. En général, d'ailleurs, les campagnols sont amis de l'eau et la sécheresse prolongée de certains étés est leur plus sûr ennemi.

L'un d'eux, qui porte le nom caractéristique

de *rat d'eau*, s'éloigne à peine des rivières et des étangs sur le bord desquels il installe sa demeure; il fait parfois de courtes incursions dans les champs plus éloignés, mais se nourrit de préférence de plantes et de racines aquatiques. C'est le plus gros de nos campagnols européens, car il mesure souvent de 25 à 30 centimètres de longueur; ses oreilles sont courtes et ses yeux fort petits; son pelage est généralement d'un brun roussâtre, mélangé de noir et de gris. Il est très répandu dans l'Europe septentrionale, notamment en Suède, en Allemagne, en Angleterre, en Belgique, en France, en Autriche, en Suisse et on le rencontre en Sibérie et même au Kamtchatka.

Ses mœurs varient quelque peu suivant la nature du pays qu'il habite; elles sont d'ailleurs peu faciles à observer, car, dès qu'on tente de l'approcher, il plonge et disparaît au milieu des herbes qui dissimulent l'entrée de son terrier. On sait cependant qu'il est doué d'une intelligence relativement vive et de sens fort développés, et qu'il se déplace dans l'eau ou sur la terre ferme avec une égale aisance.

Le *campagnol souterrain* se distingue des autres espèces par la petitesse de ses yeux et de ses oreilles qui sont entièrement cachées dans sa fourrure, et par la lourdeur de ses formes, en rapport d'ailleurs avec le genre de vie qu'il mène. C'est un petit animal dont la longueur

CAMPAGNOLS AMPHIBIES

atteint à peine 15 centimètres; les nuances de son pelage sont très variables et présentent parfois des teintes gris foncé, presque noires et parfois au contraire des couleurs beaucoup plus claires; sa queue offre toujours un mélange des deux teintes dominantes de sa fourrure.

Le campagnol souterrain est connu dans la plus grande partie de l'Europe occidentale et centrale, à l'exception de l'Angleterre et de la Suisse; il vit aussi bien à une altitude élevée que dans les basses plaines. Chaque famille s'isole ordinairement dans un petit territoire où elle installe ses terriers et une sorte de magasin destiné à recevoir les provisions en réserve. Une seule nuit suffit ordinairement au campagnol pour creuser les galeries assez compliquées de sa demeure, et on ne saurait trop admirer l'énergie et la patience qui lui sont nécessaires pour obtenir ce résultat, quand on connaît les faibles moyens que la nature a mis à sa disposition. En effet, ses membres antérieurs, loin d'être organisés pour fouiller comme ceux de la taupe, sont grêles et pourvus d'ongles assez peu résistants; il réussit cependant, en les faisant mouvoir avec une rapidité prodigieuse et en s'aidant de son museau pour écarter les obstacles, à entamer et émietter peu à peu un sol compact; ses pattes postérieures sont employées à rejeter au dehors les débris provenant de ce travail. Il ne se trouve vraiment à l'aise que dans ce labyrinthe obscur dans lequel il circule beaucoup plus aisément qu'à la surface du sol et en pleine lumière; il a peine à marcher en effet sur un terrain qui n'a pas été battu d'une certaine manière.

C'est en creusant ses galeries souterraines que ce campagnol trouve les racines et les bulbes qui composent sa nourriture; il les coupe et les transporte ensuite dans sa demeure pour les manger en toute tranquillité; les aliments en excès sont rangés soigneusement dans le magasin, et trouveront leur emploi lorsque le sol durci par les fortes gelées ou par une sécheresse prolongée ne pourra plus être fouillé aisément. Leur mode d'approvisionnement explique pourquoi ces animaux fréquentent surtout les terrains humides dans le voisinage de prairies ou de maraîchers.

Le *campagnol de Lebrun* est couvert d'un pelage assez clair et porteur d'une queue blanche qui le distingue des autres espèces. Il appartient spécialement à la faune française, il est très commun dans certaines parties des Alpes et des Pyrénées. Il a l'humeur assez vagabonde, change fréquemment de demeure et, au lieu de se donner la peine de creuser un terrier, se contente souvent comme retraite des crevasses qu'il trouve dans les rochers ou les vieux murs.

CASTOR

Le *castor* est un des plus intéressants parmi les rongeurs; il devient malheureusement de plus en plus rare dans nos régions et la France en possède seulement encore quelques tribus établies sur les bords du Rhône, aux environs d'Avignon.

Cet animal est célèbre par l'art ingénieux avec lequel il construit de véritables villages lacustres ; il édifie d'abord une digue destinée à lui amener en tout temps un niveau d'eau suffisant et à diminuer la violence du courant du fleuve ; il emploie à cet usage des troncs d'arbres rangés les uns au-dessus des autres et reliés par des pierres et de la terre en guise de mortier.

C'est à l'abri de cette digue, à laquelle ils ont eu soin de donner une plus grande résistance en la cintrant légèrement, que les castors élèvent leurs demeures. Ce sont des espèces de huttes arrondies, composées également de branches, de mousses et de terre amalgamées avec grand soin et formant des murs très épais; elles sont habitées en commun par cinq ou six individus, ayant chacun leur couchette séparée : à proximité de la maison principale, d'autres loges plus petites servent à emmagasiner les provisions d'hiver. Si l'on considère que ces travaux compliqués sont exécutés dans l'eau, sans autres instruments que des dents, très résistantes il est vrai, et l'extrémité aplatie de la queue en guise de truelle, si l'on se rend compte

que la solidité de ces constructions doit être calculée de façon à résister à l'action du courant toujours variable, on ne pourra qu'admirer sans réserve l'intelligence et la patience de ces industrieux animaux.

Les castors sont de mœurs douces et paisibles ; ils vivent, nous l'avons vu, en tribus étroitement unies, ne demandant qu'à mener loin des importuns leur existence laborieuse. Il est regrettable à tous égards que des chasseurs imprudents, poussés par le désir de s'emparer de leur fourrure si estimée, aient exterminé presque totalement ces animaux si intéressants et si inoffensifs. Ce n'est plus qu'en Sibérie et au Canada qu'on peut en rencontrer encore de nombreux spécimens.

La conformation physique des castors répond naturellement au genre de vie qu'ils sont appelés à mener : ils sont le plus souvent d'assez forte taille, avec un corps massif, élargi dans la région postérieure, une tête large, aplatie, terminée en avant par un museau dénudé, des membres courts, une queue en forme de palette et garnie d'écailles noirâtres. Leurs pattes postérieures ont cinq doigts reliés l'un à l'autre dans toute leur longueur par une membrane analogue à celle des palmipèdes; l'un d'eux est souvent armé d'une double griffe; les pattes antérieures ont cinq doigts également, mais indépendants les uns des autres et munis d'ongles robustes, un peu crochus. Leurs yeux sont

PORC-ÉPIC

petits, leurs oreilles courtes et presque entièrement cachées dans l'épaisseur des poils.

La fourrure des castors est fort belle ; elle
présente des nuances harmonieusement fondues, d'un brun rougeâtre plus ou moins foncé
sur les parties supérieures du corps, et d'un
brun tirant sur le gris sur les parties inférieures ; elle est de plus très soyeuse et très chaude ;
aussi est-elle très recherchée et d'un usage
agréable. Autrefois, les poils de castor étaient
employés à la fabrication du feutre et par suite
à la confection des chapeaux ; mais aujourd'hui
on utilise d'autres matières moins rares et par
conséquent d'un prix beaucoup moins élevé.

Ces animaux sécrètent d'autre part, au moyen
de plusieurs glandes placées à la partie postérieure de leur corps, une matière sirupeuse,
dégageant une forte odeur, et connue sous le
nom de castoréum. Cette substance jouissait
autrefois d'une réputation merveilleuse, on lui
attribuait toutes sortes de vertus curatives et la
médecine en faisait un fréquent emploi ; inutile
de dire que son usage est depuis longtemps à
peu près complètement abandonné.

Grâce à la douceur de leur caractère et à leur
instinct de sociabilité, les castors sont faciles à
apprivoiser, et il est regrettable qu'on n'ait
point utilisé cette aptitude pour repeupler certaines rivières avec ces charmants animaux,
dont on pourrait tirer grand profit s'ils se multipliaient en grand nombre. Plusieurs spéci

mens ont vécu parfaitement en captivité, sans
renoncer à leur goût pour la construction, qui
se manifestait souvent d'une manière singulière. Citons-en un exemple.

Le Jardin des Plantes possédait, il y a nombre
d'années, un castor, enlevé à son village des
bords du Rhône et devenu fort indolent depuis
qu'on pourvoyait régulièrement à son logement
et à sa nourriture. Un soir d'hiver, le gardien
omit de clore le devant de sa logette, qui se
trouva ainsi exposée à un ouragan de neige qui
sévit justement durant la nuit. Cependant le
lendemain on retrouva l'animal sain et sauf à
l'intérieur de son logis, dont il avait lui-même
bouché l'entrée avec un entrecroisement de
brindilles de bois, utilisant aussi les carottes
destinées à son repas pour boucher les interstices et consolidant le tout avec de la neige
battue. La pauvre bête avait suppléé, par son
intelligence et son adresse, à la négligence de
l'homme.

Les *porcs-épics* composent une autre tribu
également curieuse de l'ordre des rongeurs.
Leur corps est couvert de longs et durs piquants
qui leur donnent un aspect des plus rébarbatifs, leur tête même est ornementée d'une sorte
de crinière hérissée et leur museau agrémenté
de moustaches touffues. Cette cuirasse d'un
nouveau genre, que l'animal en colère redresse
et agite avec un cliquetis menaçant, est cependant trop faible pour contribuer efficacement à

PORC-ÉPIC DU BRÉSIL

sa défense; ses véritables armes sont des piquants beaucoup plus courts mais plus résistants, capables d'occasionner de graves blessures, car ils pénètrent très profondément dans la chair, jusqu'à s'y enfoncer complètement si on ne les arrache tout de suite.

Le porc-épic peut résister victorieusement aux attaques des animaux les plus féroces; il ne redoute guère que l'homme, et encore est-il difficile de venir à bout de lui, lorsqu'il a la précaution de mettre son museau, fort sensible au moindre choc, sous la protection de son manteau d'épines. D'ailleurs il ne recherche pas les occasions de combattre, étant d'un naturel sauvage et ne quittant guère, pendant le jour, le terrier qui lui sert de logis.

Si les chasseurs s'exposent à ses coups, c'est dans le but de s'emparer de ses piquants fort recherchés dans le commerce, grâce à leurs rayures noires et blanches et à leur beau poli; ils servent à faire de jolis objets de fantaisie et surtout des porte-plumes élégants, originaux et légers.

On rencontre des porcs-épics à peu près dans toutes les contrées du globe. L'Amérique du Sud nous en offre un assez singulier, le *porc-épic du Brésil*, qui possède, entre autres particularités, une queue prenante.

Grâce à cet appendice et à ses pattes pourvues de griffes acérées, il se meut beaucoup plus facilement dans les arbres que sur le sol, il grimpe de branches en branches en quête de sa nourriture qui se compose surtout de feuilles, de fleurs, de fruits et même de jeunes pousses d'arbre. Ses piquants sont noirs au milieu et blancs à chaque extrémité, sa queue est couverte d'écailles noires qui la protègent sans lui ôter sa souplesse.

AGOUTI D'AZARA

L'*agouti* est également originaire de l'Amérique méridionale, mais on ne le rencontre plus qu'en petit nombre dans des pays, tels que les Antilles, où il pullulait autrefois, les chasseurs lui faisant une guerre acharnée, non sans raison d'ailleurs; il est très friand de raisins et de fruits et cause des ravages incalculables dans les plantations de cannes à sucre.

C'est un ennemi dont il est néanmoins facile de triompher; il est craintif, timide, aussi inhabile à échapper par la fuite qu'à se défendre quand il est pris; son caractère à cet égard rappelle celui du lièvre; comme lui, il a toujours l'oreille tendue, l'œil inquiet, il épie tous les bruits, prêt à détaler à la moindre alerte; malheureusement sa course n'est jamais de longue durée, et à moins qu'il puisse trouver asile dans quelque taillis, il est bien vite rejoint et capturé.

Sa chair est assez estimée et les habitants des pays où il vit en font des rôtis savoureux.

Au point de vue de la conformation physique, les agoutis ne ressemblent guère aux rongeurs que nous avons étudiés jusqu'à présent. Ils sont hauts sur pattes, fort gracieux de formes et d'allures; leur tête allongée est terminée par un mufle épais et surmontée de petites oreilles arrondies, ouvertes et garnies extérieurement de poils très courts.

Leurs yeux, assez grands et placés à fleur de tête, sont généralement noirs et d'une douceur qui modifie heureusement l'expression de leur physionomie. Leurs membres sont conformés pour la course, c'est-à-dire que les pattes postérieures sont beaucoup plus longues que les pattes antérieures; de plus elles se terminent seulement par trois doigts allongés, tandis que les dernières sont munies de quatre doigts normaux et d'un pouce rudimentaire; elles sont plutôt grêles et délicates aux articulations, ce qui indique que les agoutis ne sont pas faits pour creuser le sol à une grande profondeur, et en effet ils se contentent d'en gratter la surface pour déterrer les racines dont ils se nourrissent. Leur queue est généralement rudimentaire; leur fourrure est grossière, composée de poils rudes et cassants, qui vont en s'allongeant du côté de la croupe et qui sont pour la plupart annelés de fauve et d'un noir verdâtre; elle est cependant très brillante.

Ces jolis animaux sont encore très nombreux dans la partie centrale du continent américain; ils peuvent monter, paraît-il, jusqu'à une altitude très élevée, mais ils préfèrent ordinairement le séjour des plaines couvertes de broussailles et des bois situés le long des cours d'eau. Ils ont un régime alimentaire exclusivement végétal, composé d'herbes, de fruits et de racines de toutes sortes.

L'espèce que nous connaissons le mieux est l'*agouti vulgaire* dont la plupart de nos jardins zoologiques possèdent de nombreux spécimens; cet animal, en effet, supporte fort bien la capti-

DOLICHOTIS DE PATAGONIE

vité et devient même assez familier pour prendre sa nourriture des mains des gardiens ou des visiteurs. Il a la curieuse habitude d'enfouir soigneusement dans un coin de son enclos une partie des friandises qu'on lui donne, afin d'aller plus tard les rechercher et les manger tout à loisir. Il n'est pas rare que des petits naissent de parents ainsi apprivoisés; ils sont entourés par leur mère de soins touchants, mais trop souvent malmenés par leur père qui n'hésite même pas quelquefois à causer leur mort.

L'*agouti d'Azara* ne se distingue guère de l'agouti vulgaire que par la coloration de son pelage, qui est d'un jaune vif tiqueté de brun, et annelé de noir sur la partie postérieure du dos; les extrémités des pattes sont toujours d'une nuance plus foncée que le corps, la face interne des oreilles est d'un jaune citron et les incisives ont une couleur rappelant celle du safran.

Cette espèce est particulièrement commune dans le sud du Brésil; on la rencontre également dans la Bolivie et le Paraguay, mais elle ne paraît pas s'étendre plus au nord. On prétend que les Indiens réussissent à les apprivoiser suffisamment pour leur laisser une liberté complète, leur permettant d'aller eux-mêmes chercher leur nourriture dans les bois environnants, pour revenir régulièrement prendre leur

temps de repos et s'abriter pour la nuit dans la demeure de leur maître.

Le *dolichotis de Patagonie*, comme on peut s'en rendre compte, se rapproche encore plus du lièvre, dont il a les oreilles si caractéristiques; il est également doux et sans défense, si bien qu'on peut le joindre à la course et s'en emparer sans difficulté.

Il s'apprivoise suffisamment pour vivre dans les maisons avec les autres animaux domestiques; en liberté il vit par couples, dans quelque repli de terrain, car il ne s'organise pas de demeure fixe. La taille de cet animal est assez élevée, sa tête est forte, terminée en avant par un museau obtus dont la lèvre supérieure est légèrement incisée au milieu; ses oreilles sont larges à la base, rétrécies au sommet et très longues; sa queue est, par contre, fort courte; ses pattes de devant sont beaucoup moins développées et moins fortes que celles de derrière, ce qui explique son allure bondissante.

Les dolichotis se plaisent surtout dans les contrées désertes et parsemées de petits buissons, ils quittent souvent leur retraite pour entreprendre, par petits groupes de deux ou de trois, des excursions assez lointaines, pendant lesquelles ils causent quelques dégâts dans les plantations qui se trouvent sur leur passage et qu'ils traversent sans scrupule.

HYDROCHÈRE CAPYBARA OU PORC D'EAU

L'*hydrochère capybara*, qui porte encore le nom de *porc d'eau*, est le plus grand des rongeurs de notre époque, celui aussi dont l'extérieur présente le moins de ressemblance avec la généralité des animaux qui composent cet ordre. Son extérieur est des plus disgracieux : un corps lourd sur de courtes pattes presque palmées, une tête fuyante, un museau épais, de tout petits yeux, une toison rugueuse et terne ; les dents fort grosses rappellent celles de l'éléphant et sont destinées à broyer suffisamment les herbes dont il se nourrit pour leur permettre de franchir un gosier étroit.

On rencontre cet animal par troupes, sur le bord des rivières qui lui offrent le seul refuge qu'il puisse espérer contre bêtes et gens, tous attirés par l'appât de sa chair, très délicate, paraît-il.

C'est un excellent nageur, capable de plonger pendant longtemps et qui retrouve dans l'eau l'agilité qui lui fait complètement défaut sur la terre ferme.

Ses pattes sont d'ailleurs conformées de façon à lui faciliter une existence en partie aquatique. En effet, les doigts qui les terminent et qui sont au nombre de quatre pour les membres antérieurs et de trois seulement pour les membres postérieurs, sont courts, dénudés sur leur face inférieure et réunis les uns aux autres par une membrane, en outre, les ongles dont ils sont armés s'élargissent un peu en forme de sabots, au lieu d'être pointus comme chez les animaux destinés à grimper ou à creuser le sol.

Le capybara, beaucoup moins répandu aujourd'hui qu'autrefois, habite la région de l'Amérique du Sud comprise entre la Guyane et le Rio de la Plata d'une part, l'océan Atlantique et la chaîne des Andes de l'autre.

Son régime alimentaire est végétal, et il consomme aussi bien les herbes terrestres que les plantes aquatiques.

Il est peu favorisé sous le rapport de l'intelligence et des sens ; l'ouïe et la vue en particulier sont peu développées ; il mène ordinairement une existence très apathique et ne se livre même pas avec ses congénères aux jeux qui font la joie de la plupart des animaux. Son allure est lente et disgracieuse, sauf quand il se sent menacé par quelque danger ; il se sauve alors en bondissant, mais sa course n'est jamais de longue durée. Cependant les petits sont très attachés à leur mère qui, de son côté, leur témoigne la plus grande affection.

Les capybaras s'apprivoisent aisément ; ils se montrent dociles et semblent prendre plaisir à être caressés par leurs maîtres ; mais ils restent sujets à des accès de colère sans motif pendant lesquels ils peuvent devenir extrêmement dangereux, grâce à leur vigueur et aux incisives formidables dont leur mâchoire est pourvue. Aussi est-il prudent de ne pas les approcher dans ces circonstances.

COCHONS D'INDE

Les *cochons d'Inde* ou *cobayes*, en dépit de leur nom, appartiennent aussi à l'ordre des rongeurs ; ce sont de petits animaux généralement blancs tachetés de brun ou de noir ; ils sont vifs et gracieux, s'effarouchent au moindre bruit ; ils se multiplient avec une rapidité incroyable.

Certaines personnes les apprivoisent et les gardent dans leur habitation, mais leur sort le plus commun est de servir aux études des savants qui font sur eux des expériences de tout genre ; ils nous rendent ainsi des services d'une nature toute particulière et qui ne laissent pas que d'être fort importants.

Lorsque nous lisons dans les revues ou dans les journaux le récit des expériences faites sur ces jolies petites bêtes dans le laboratoire de M. Pasteur ou dans celui de M. Claude Bernard par les successeurs de ces maîtres illustres, nous éprouvons un vif sentiment de reconnaissance pour les savants qui ont trouvé dans leurs études acharnées le moyen de guérir ou de prévenir un si grand nombre de maladies ; mais nous donnons aussi une pensée de gratitude aux êtres inconscients, il est vrai, mais sensibles pourtant, qui ont coopéré à leurs travaux, souffrant et mourant pour aider la science à trouver des remèdes à nos maux.

Tous les cobayes sont originaires de l'Amérique, où plusieurs espèces sauvages vivent encore à l'état de liberté. Ils ont le corps renflé et arrondi en arrière, les pattes et la queue fort courtes, la tête relativement volumineuse, le museau obtus avec la lèvre supérieure fendue, les yeux ronds, les oreilles courtes et étalées. Leur pelage est tantôt court, brillant et serré, tantôt long et fin, avec des nuances assez variées. Ils ne sont pas difficiles sur le choix de leur nourriture qui se compose de graines, de racines, de feuilles ou de fruits ; ajoutons qu'ils ont une prédilection particulière pour le lait. Ils vivent bien en captivité pourvu qu'on ait soin de les garantir contre le froid et l'humidité.

Ils passent beaucoup de temps à se faire réciproquement leur toilette, et sont, comme la plupart des rongeurs du reste, très soigneux de leurs petites personnes. Leur cri habituel est assez aigre et plutôt désagréable ; ils témoignent ordinairement leur contentement par une sorte de petit grognement.

CHINCHILLAS

Le *chinchilla* vit dans certaines parties de l'Amérique du Sud; mais il n'habite que les régions montagneuses, à une altitude très élevée où la température se maintient toujours basse; il a donc besoin d'être armé pour supporter le froid. A cet effet son corps est recouvert d'une fourrure très fine et très chaude que les amateurs apprécient en outre pour sa jolie couleur grise délicatement nuancée de blanc, ses longs poils brillants, sa nature moelleuse.

Le chinchilla est une des fourrures les plus chères car l'animal, étant de petite taille, ne fournit que des peaux d'une faible dimension, dont il faut employer un grand nombre pour confectionner un vêtement de quelque importance; aussi l'emploie-t-on surtout comme garniture de pelisse, manchon ou pèlerine.

Étant donnée la valeur de sa fourrure, on chasse le chinchilla avec un acharnement tel qu'il devient de plus en plus rare dans les régions où il pullulait autrefois.

Il se creuse des terriers dans le sol et passe son temps à déterrer les racines qui composent principalement sa nourriture; il a coutume de s'asseoir pour les manger sur ses pattes de derrière, ses pattes antérieures beaucoup plus courtes lui servant à porter ses provisions à sa bouche; il est peu intelligent, mais très soigneux de sa petite personne.

En général, les chinchillas sont, nous l'avons dit, de très petite taille; ils ont la tête volumineuse, ornée de larges oreilles arrondies et presque dénudées, la queue assez touffue, les pattes fines et terminées par des doigts déliés.

Ceux-ci sont armés de griffes pointues, mais qui ne dépassent guère les pelotes charnues dont les extrémités des doigts sont pourvues, et qui sont accompagnées aux pattes postérieures de petites touffes de poils rigides.

Bien qu'on n'ait guère à cet égard de données très précises, il est fort probable que ces animaux passent l'hiver dans une léthargie à peu près complète; on se demande en effet quelle sorte de nourriture ils pourraient se procurer à cette époque, dans des régions arides qui, même en été, ne leur fournissent que de maigres ressources alimentaires, composées d'herbes, d'oignons et de lichens.

A mesure que les poursuites dont ils sont l'objet se font plus pressantes et plus audacieuses, les chinchillas se trouvent dans la nécessité de monter à des altitudes de plus en plus élevées, dont l'accès difficile arrête dans une certaine mesure les progrès des chasseurs; on ne les rencontre guère maintenant que sur les hauts plateaux, à trois ou quatre mille mètres au-dessus du niveau de la mer, là où l'existence, on le comprend sans peine, leur devient pénible, en dépit de la facilité avec laquelle ils grimpent le long des parois les plus abruptes. C'est surtout pendant la nuit ou tout au moins au crépuscule qu'ils explorent les diverses parties de leur domaine.

Ils sont pourtant d'un naturel très curieux, car, aussitôt qu'un étranger s'approche de leur retraite, ils surgissent de toutes parts, pour disparaître, il est vrai, avec la même rapidité à la moindre manifestation hostile.

LAGOTIS

On connaît plusieurs espèces de chinchillas, qui se rapprochent d'ailleurs énormément les unes des autres et présentent les mêmes caractères généraux que nous venons d'énumérer.

Le *chinchilla lanigère* se distingue par l'abondance de sa fourrure; tout son corps est revêtu de poils extrêmement serrés qui mesurent souvent plus de deux centimètres de longueur et qui offrent une jolie teinte gris ardoise, gris cendre ou gris perle, presque blanche sous le dessous du corps. La queue est garnie d'une fourrure semblable, dont les poils sont plus longs encore, mais moins fins, moins souples et d'une couleur moins délicate, ordinairement brunâtre; un panache plus foncé termine la queue. Les pattes antérieures, plus courtes que les pattes postérieures, possèdent quatre doigts bien développés et un pouce très rudimentaire, les autres membres n'ont que quatre doigts distincts, pourvus chacun à l'extrémité d'un bouquet de poils rigides.

Cette variété de chinchilla habite principalement les hauts plateaux du Chili et certaines régions désertes de la République Argentine.

On trouve dans le Pérou et la Bolivie une race de taille plus forte dont le pelage est plus rude, et qui est désignée sous le nom de *grand chinchilla*, de *chinchilla vulgaire* ou encore de *chinchilla à courte queue*. Sa fourrure est moins estimée que celle de son congénère chilien, bien qu'elle atteigne des dimensions supérieures, mais la qualité en est moins fine, ce qui diminue notablement sa valeur commerciale.

Le *lagotis* ressemble au chinchilla; cependant ses pattes de devant n'ont que quatre doigts au lieu de cinq et ses oreilles sont bien plus longues, semblables plutôt à celles du lièvre, qu'il rappelle d'ailleurs par d'autres caractères. Sa queue est longue et touffue, sa fourrure grisâtre, trop courte de poils et trop laineuse pour offrir une grande valeur commerciale. Il vit principalement au Pérou, dans les creux de rochers où il se réfugie à la moindre alerte et où il se cache pour mourir quand il est blessé.

Les chasseurs le poursuivent surtout comme gibier, car sa chair délicate et tendre est assez appréciée.

On rencontre dans les Andes de la Bolivie septentrionale et jusque vers l'Équateur une variété de lagotis qui est d'une taille un peu inférieure à celle de son congénère péruvien, qui a les oreilles plus courtes et les pattes d'une nuance plus claire. Ces animaux vivent en petites communautés sur des plateaux élevés, rocailleux, à peine couverts d'une maigre végétation; ils sont obligés de faire souvent de longs et pénibles trajets pour se procurer les maigres végétaux dont se compose leur nourriture habituelle; ils passent les heures les plus chaudes du jour à l'ombre de quelque rocher et ne sortent guère de leur retraite qu'au crépuscule et peu après le lever du soleil.

La fourrure des lagotis n'est guère estimée; cependant les poils laineux dont elle se compose sont susceptibles d'être tissés et servent, dans leur pays d'origine, à fabriquer des plaids et des écharpes d'un aspect original et assez gracieux.

GERBOISES

Au premier abord les *gerboises,* qui composent une des nombreuses espèces de rongeurs, semblent plutôt appartenir au même ordre que les kangourous.

Elles ont comme ces animaux les pattes postérieures extrêmement longues, ce qui leur permet de franchir en un seul bond une distance considérable; elles s'en servent également comme point d'appui pour se tenir dressées de toute leur hauteur, position qu'elles affectionnent surtout pendant leur repas; leur queue longue et touffue les aide aussi, dans ce cas, à conserver leur équilibre, car elles s'appuient sur cet appendice comme sur un autre membre.

GERBOISE DU CAP

La *gerboise* du Cap, ainsi nommée parce qu'on la rencontre en grand nombre dans la partie sud de l'Afrique, est recherchée des indigènes pour lesquels sa chair est un mets de choix ; ils s'en emparent d'une façon assez singulière en inondant le terrier qu'elle ne quitte guère pendant le jour, de façon à la forcer d'en sortir ; un autre chasseur, posté à l'entrée, n'a plus qu'à abattre l'animal sans défiance au moment où il passe à sa portée.

Il est facile de découvrir la retraite des gerboises, car elles choisissent de préférence des terrains sablonneux et elles s'y réunissent souvent en colonies importantes. Tout autre mode de chasse risque de demeurer infructueux, leur conformation spéciale leur permettant de se mettre à l'abri de toute poursuite.

L'Afrique du Nord possède encore une espèce de *gerboise*, analogue à la précédente, mais de plus petite taille car elle n'est guère plus grosse qu'un gros rat. Elle paraît cependant plus volumineuse grâce à son immense queue, véritable balancier qui lui est de la plus grande utilité dans sa marche bondissante. On a remarqué en effet qu'un animal privé accidentellement de cet organe perdait en grande partie la rapidité et l'aisance de ses mouvements.

Quand il saute, il ramène si bien ses petites pattes antérieures contre son corps, qu'elles disparaissent presque entièrement, ce qui lui a fait donner le nom générique de *dipus* (deux pieds). L'extrémité de ses pattes, si indispensable pour lui, qu'il s'agisse soit de se mouvoir, soit de creuser son habitation dans la terre, est protégée par une couche de poils durs et résistants qui lui évitent les blessures que pourrait lui occasionner la marche dans les terrains rocailleux ou la brûlure d'un sol surchauffé.

Les mœurs de la gerboise du nord ne diffèrent guère de celles de sa congénère méridionale ; elle vit de racines qu'elle déterre au moyen de ses griffes et de ses dents tranchantes, au cours de ses expéditions nocturnes ; pendant le jour, elle ne sort de son trou que pour s'étendre au soleil ou prendre quelques ébats avec ses compagnes, sans s'éloigner beaucoup de son habitation.

L'Amérique possède aussi quelques variétés de cette curieuse tribu. La plus connue est la *gerboise du Canada*, que l'on rencontre aussi dans certaines parties des États-Unis. Elle ne mesure guère plus de dix centimètres, sans tenir compte de la queue qui représente à elle seule une longueur au moins égale ; elle a, comme toutes les gerboises, le train de derrière très fortement constitué et les pattes postérieures d'une longueur considérable ; son pelage est rude, hérissé, peu brillant et de couleur assez variable.

Elle vit principalement dans les prairies couvertes de broussailles ou sur la lisière des bois, cachée durant le jour à l'intérieur de son terrier, errant pendant la nuit à la recherche de sa nourriture ; c'est à ce moment qu'elle devient quelquefois la proie de rapaces nocturnes, auxquels son allure, d'une rapidité extraordinaire cependant, est impuissante à la soustraire.

LOIR

LÉROT

Le *loir* est plus connu comme spéci- bu de rongeurs dont ment hivernal est le tinctif; on dit souvent « dormir comme un loir » pour indiquer un sommeil profond.

généralement men de cette tri- l'engourdisse- caractère dis-

Cet animal passe les mois les plus froids dans son nid, construit avec des herbes, de la mousse et des feuilles sèches à l'abri d'un buisson épais ou d'un petit arbre; ses provisions hivernales sont déposées aux environs, dans des cachettes soigneusement closes où il va puiser mais seulement en cas de besoin extrême; le plus souvent il vit sur la réserve considérable de graisse qu'il a acquise pendant la belle saison et ne vide ses magasins qu'au printemps, alors qu'il a déjà repris sa vie active et que d'autre part la végétation n'est pas encore en état de lui fournir sa subsistance. Pendant l'été, ce petit animal est fort vif et sautille prestement parmi les branches d'arbres à la recherche des fruits dont il est friand comme tous ses pareils.

Au point de vue physique, le loir est de petite taille et de formes un peu lourdes; sa tête est relativement volumineuse, ses oreilles sont longues et larges, ses yeux noirs, brillants et légèrement proéminents. Il est revêtu d'une fourrure brun clair, tirant sur le roux pour les parties supérieures du corps et sur le blanc pour l'abdomen et la gorge; ces nuances ne sont d'ailleurs bien marquées que chez les adultes, car le pelage des jeunes rappelle sensible-

ment celui des souris communes. Le loir est porteur d'une jolie queue, dont la longueur est presque égale à celle de son corps, et qui est couverte de poils épais, disposés en une double rangée et formant touffe à l'extrémité.

Le loir est un animal nocturne, qui passe la totalité des heures du jour dans un confortable petit nid, ordinairement établi au plus épais de quelque buisson ou au sommet d'un petit arbre. C'est pendant la nuit qu'il procède à la recherche des aliments nécessaires à sa subsistance.

Le *lérot* est un petit animal à longue queue, à fourrure grisâtre, très commun dans certaines parties de l'Europe méridionale, dont il ravage champs et jardins.

L'été il s'organise un nid provisoire dans quelque tronc d'arbre ou quelque trou de muraille; de là, il fait des incursions fréquentes sur les espaliers du voisinage, choisissant avec un goût très sûr les fruits les plus beaux et les meilleurs; il témoigne surtout d'une prédilection marquée pour les pêches. On juge du dégât qu'il occasionne et combien les jardiniers maudissent sa présence lorsqu'ils voient les beaux fruits, destinés à la table de leurs maîtres ou bien à leur rapporter de bons profits au marché, saccagés par lui.

L'hiver, le lérot se terre dans un abri souterrain où il dort pendant plusieurs mois, ne s'éveillant que pour puiser dans la réserve de grains de tout genre qu'il a eu soin de se constituer pendant la belle saison.

9

NID D'ÉCUREUIL

La tribu des écureuils est fort nombreuse et comprend différents types, répandus à profusion sur toute la surface du globe.

Nous connaissons tous l'*écureuil commun*, si gracieux, avec son petit corps svelte couvert d'un pelage brillant, sa belle queue en forme de panache, sa tête ronde éclairée par de grands yeux vifs et surmontée d'oreilles droites, garnies d'une touffe de poils raides; ses pattes sont fines et nerveuses, son museau orné de moustaches; sa fourrure, plus longue et plus touffue pendant l'hiver, est d'un brun rougeâtre, nuancé de gris sur la tête et de blanc sur la partie inférieure du corps.

L'écureuil ne quitte guère les bois de haute futaie, séjour paisible où il trouve de plus, en abondance, les aliments qui lui conviennent : baies et graines sauvages, feuillage parfumé, bourgeons d'arbres choisis. C'est dans un arbre également, à l'enfourchure de quelque branche, et à l'abri des regards indiscrets, qu'il construit sa demeure: elle est de forme à peu près sphérique, percée de deux ouvertures opposées l'une à l'autre, avec des parois composées de brindilles entrelacées et un épais capitonnage de mousse à l'intérieur. C'est dans ce nid confortable et charmant que l'écureuil se met à l'abri du froid et de l'humidité, qu'il passe aussi les heures brûlantes des journées d'été; lorsque la température est redevenue propice à ses ébats, il quitte sa retraite et donne libre cours à son activité. C'est merveille de le voir sauter de branche en branche, exécuter des cabrioles hardies et des sauts prodigieux, se laisser glisser à terre pour y courir çà et là avec la même vivacité gracieuse, puis prendre son élan et grimper de nouveau au sommet d'un arbre élevé, en enfonçant ses griffes dans l'écorce. Par son adresse

CHIENS DES PRAIRIES

et son humeur remuante, l'écureuil a bien mérité d'être appelé le singe des forêts, mais un singe tout aimable et inoffensif.

L'*écureuil volant* dont il existe plusieurs variétés, notamment dans l'Inde, ressemble beaucoup au singulier animal que nous avons précédemment décrit sous le nom de colugo. Comme lui, il a les membres réunis par une membrane, qui cache presque complètement les pattes dans l'attitude du repos et se déploie, pour soutenir son possesseur, quand celui-ci veut s'élancer d'une branche à une autre.

Les *spermophiles* composent une famille qui se rapproche un peu de celle des marmottes : nous pouvons citer comme exemple *les chiens de prairies* très communs sur les bords du Missouri, qui doivent leur nom à leur cri, un peu semblable au hurlement du chien.

Notre gravure représente un des campements de ces animaux, qui se réunissent, comme on peut en juger, en très grand nombre, formant de véritables clans sous la direction d'un des leurs, reconnu comme chef unique. Chaque individu creuse une galerie profonde qui lui sert de gîte et dont l'entrée est marquée par un monticule de terre que l'habitant de cette étrange demeure a coutume de prendre pour siège : ces terriers sont disposés de manière à ménager entre eux des espèces de rues ; c'est là qu'on peut voir ces chiens d'un nouveau genre se livrer à leurs gambades comiques ou courir d'un air affairé les uns chez les autres. Au moindre signal d'alarme, ce sont des cris perçants, une agitation générale, suivie bientôt d'une disparition complète ; mais si l'ennemi supposé tarde à paraître, on voit bientôt d'innombrables petits yeux noirs briller à l'entrée des souterrains, jusqu'à ce que toute la bande se décide à sortir de nouveau après quelques timides essais.

Ces animaux vivent très unis et semblent éprouver les uns pour les autres une affection réelle, car si l'un d'eux est blessé, les autres bravent le danger pour venir l'aider à regagner son terrier ; il est du reste très difficile de les atteindre : ils jouissent d'une très grande vigueur et des blessures, même graves, les empêchent rarement de prendre la fuite.

MARMOTTE BOBAC

Le spermophile de Hood ou *marmotte à ca-puchon*, qui appartient à la même famille, doit aux bizarreries de sa peau le nom de marmotte léopard. Le dos est strié de bandes alternées, les unes d'un brun pâle presque jaune, les au-tres, plus larges, brun foncé; cinq de ces ban-des sont mouchetées de points plus clairs; la disposition est la même pour toutes les variétés, avec certaines différences de teintes.

Ces spermophiles vivent comme les chiens des prairies dans certaines contrées de l'Amérique du Nord; ils se creusent également des terriers mais, moins craintifs que leurs congénères, ils n'hésitent pas à s'en éloigner pour des courses aux alentours et savent se défendre avec énergie quand on manifeste l'intention de les attaquer; leurs dents étant aussi solides que pointues, leurs morsures sont plus dangereuses qu'on ne pour-rait le supposer d'après leur taille et ces moyens de défense les encouragent à ravager impuné-ment les jardins où il leur plaît de chercher leur nourriture.

Ces animaux habitent toujours les régions tempérées et plutôt froides de l'hémisphère bo-réal, où ils existaient déjà dans les temps les plus reculés, ainsi que les fossiles retrouvés en font foi. Ils vivent dans des terriers assez com-pliqués, creusés entre les rochers ou à l'inté-rieur du sol, et y passent tout l'hiver dans un sommeil léthargique complet; pendant la belle saison, ils sortent fréquemment pour chercher les graines et les herbes dont ils se nourrissent.

La famille des *marmottes* est bien connue et comprend un certain nombre de types offrant tous les mêmes caractères généraux, mais ayant cependant entre eux certaines différences de détail : le corps long et trapu sans élégance, les pattes courtes, la tête aplatie, la queue touffue, une fourrure épaisse dont la nuance varie du gris au brun foncé.

Le *bobac*, appelé aussi *marmotte de Pologne*, est une marmotte d'assez petite taille, très connue dans les steppes découvertes où elle se creuse des demeures compliquées, dont les unes servent à l'abriter pendant son sommeil hibernal, tandis que les autres lui tiennent lieu de domicile pen-dant l'été. Ces terriers se composent intérieu-rement de plusieurs galeries plus ou moins pro-fondes et plus ou moins longues, et présentent extérieurement l'aspect de grosses taupinières.

Ces animaux sont extrêmement frileux et ne se hasardent au dehors que lorsque la tempéra-ture est assez élevée pour ne pas les incommo-der; même à la fin de l'été, lorsque les nuits sont déjà plus fraîches, ils semblent au matin tout engourdis, ne se traînent qu'avec peine et ne retrouvent leur gaîté que lorsque le soleil est déjà haut sur l'horizon. Ils deviennent mo-roses à mesure que la mauvaise saison approche et s'endorment, vers le mois de décembre, d'un sommeil profond qui dure jusqu'au printemps.

Le bobac est revêtu d'une fourrure sans va-leur, bien que chaude; en effet, ses poils sont si longs et si serrés qu'ils augmentent dans une proportion notable le volume apparent de son corps.

On le rencontre, comme tous ses pareils, dans les pays montagneux, mais à une altitude rela-tivement peu élevée; il préfère le séjour des val-lées abritées où la température est moins rude que sur les hauts sommets.

Il se réunit pour hiberner par groupes de

CHASSE A LA MARMOTTE

trente ou quarante, et vit pendant ce temps des provisions emmagasinées durant l'été.

La *marmotte commune* vit à peu près dans les mêmes conditions. Son terrier se compose d'une excavation assez vaste qui lui sert de demeure et communique par une galerie avec un autre réduit, de dimensions plus restreintes, où elle abrite ses réserves d'herbes sèches et autres aliments analogues. Vers le milieu de septembre, elle s'enferme dans cette habitation dont elle bouche soigneusement l'entrée avec de la terre et des feuilles, et n'en sort plus qu'au printemps, pendant la belle saison ; c'est là aussi qu'elle vient chercher un refuge quand elle redoute quelque danger.

C'est un animal d'aspect lourd et disgracieux, avec un corps massif supporté par des pattes très courtes, une queue de longueur médiocre et fortement velue, une tête ramassée et terminée en avant par un museau épais, des oreilles petites et cachées en grande partie sous les poils, des yeux assez petits, un nez fortement busqué, un front aplati et fuyant. Sa lèvre supérieure, constamment relevée, laisse voir deux longues incisives d'un jaune orangé. Son pelage, ni très fourni, ni très long mais toujours raide,

offre, suivant les individus, des teintes variables que l'âge modifie sensiblement.

Les marmottes se nourrissent de plantes alpestres, qui croissent seules aux altitudes très élevées qu'elles habitent ; elles dévorent parfois aussi des petits oiseaux et des œufs. Elles broutent l'herbe à la manière des lapins ; mais quand elles ont de gros morceaux à avaler, des fruits ou des racines par exemple, elles les saisissent adroitement entre leurs pattes de devant, et les mangent en se tenant assises sur leur train de derrière comme font les écureuils.

Elles aménagent leurs habitations d'hiver d'une façon très confortable, et se donnent beaucoup de peine pour couper, faire sécher et transporter le foin nécessaire à la confection de leur lit ; c'est à l'intérieur de cette couchette qu'elles se pelotonnent et passent l'hiver dans une insensibilité presque complète. Pendant l'été elles se réunissent souvent en troupe nombreuse pour prendre leurs ébats ; si l'une d'elles aperçoit quelque chose de suspect, elle se dresse sur ses pattes de derrière en poussant un sifflement qui met en garde toutes les autres.

Elle est d'un naturel paresseux et craintif,

MARMOTTE NOIRE   MARMOTTE DE POLOGNE
MARMOTTE DE QUÉBEC

mais lorsque sa vie ou sa liberté sont menacées, elle se défend courageusement et ses morsures ne sont pas sans danger. Cependant, quand elle est capturée dans son jeune âge, il est possible de l'apprivoiser en partie et même de lui apprendre à exécuter quelques petits exercices d'adresse ; c'était autrefois un des moyens employés par les jeunes Savoyards pour se procurer quelque argent dans les rues de Paris où ils arrivaient par troupes sans autre ressource que le ramonage des cheminées fait sous la direction d'un maître qui les exploitait de la manière la plus inhumaine. Chaque enfant apportait avec lui quelque marmotte plus ou moins bien dressée, car cet animal était alors fort commun dans leur pays ; c'était un gagne-pain mais aussi un ami, un souvenir vivant du pays qu'ils portaient dans leurs bras et qui se blottissait dans leur poi-

MARMOTTE DONNANT LE SIGNAL D'ALARME

trine pour y chercher l'abri et la chaleur; et bien souvent, en baisant le petit animal, l'enfant laissait une larme dans sa fourrure car il pensait à sa maison, à sa mère qu'il avait quittées pour suivre le maître exigeant qui le rendait si malheureux. Aujourd'hui les petits ramoneurs ont disparu de nos villes, et les marmottes se sont réfugiées dans les régions les moins fréquentées de la chaîne des Alpes où elles trouvent encore la nourriture avec la sécurité.

Les rongeurs comprennent encore un certain nombre de familles qui, étant moins répandues dans nos régions que les précédentes, nous sont aussi moins connues.

Tels sont les *spalax* dont l'existence est presque uniquement souterraine et qui sont privés par ce fait du sens de la vue; la place de leurs yeux est marquée par un cercle noir, caché du reste sous l'épaisseur de leur fourrure; en revanche, leurs oreilles ont de grandes dimensions et c'est l'ouïe qui supplée chez eux à merveille à la faculté si importante qui leur fait défaut.

Le développement de ces organes porte d'ailleurs exclusivement sur leur partie interne, car extérieurement les oreilles sont à peine visibles, ce qui, joint à la fermeture continuelle des paupières, donne à ces animaux une physionomie attristante. Leur corps, couvert d'un pelage doux et serré, généralement brun, ressemble assez à un manchon par sa forme cylindrique; leurs pattes sont larges, courtes et munies d'ongles robustes; la queue leur fait entièrement défaut.

On rencontre le spalax en Hongrie, en Pologne, dans les provinces méridionales de la Russie, en Grèce, en Asie Mineure, en Égypte. Il ne fréquente pas, heureusement, les plus cultivées, et c'est grâce à cette circonstance que les dégâts qu'il occasionne par ses fouilles continuelles sont presque inoffensifs; il se nourrit, en effet, de graines, de racines, de tubercules qu'il arrache et coupe à l'intérieur du sol.

RAT A POCHES

Citons aussi les *bathyergues* ou rats-taupes qui sont très communs sur les côtes du sud de l'Afrique. Leurs mâchoires sont pourvues d'incisives extrêmement longues et très puissantes qui leur donnent un aspect féroce ; leurs yeux sont petits, leurs oreilles invisibles à l'extérieur, leur queue rudimentaire, leurs pattes pourvues de griffes acérées ; ils sont vêtus d'une fourrure grise ou brune, épaisse et douce, recherchée dans l'industrie où elle n'atteint pas un prix trop élevé.

Les galeries que ces animaux creusent dans le sol, et dont ils ne sortent guère, sont si nombreuses et si rapprochées en certains endroits, qu'on ne peut s'y aventurer à cheval et qu'un piéton risquerait de voir le terrain ainsi miné s'effondrer sous ses pas.

Dans les rares occasions où il se hasarde hors de sa demeure souterraine, le bathyergue semble tout dépaysé dans ce monde lumineux dont il n'a point l'habitude ; il avance avec crainte et comme s'il s'attendait toujours à trouver quelque embûche sur son passage ; aussi, dès qu'on tente de le saisir, il se défend désespérément à l'aide de ses dents solides et s'empresse de rentrer dans son trou dès qu'il a retrouvé la liberté.

Les *saccomys* ou *rats à poches* doivent leur nom à la forme singulière de leurs bajoues qui atteignent un volume considérable ; elles constituent de véritables sacs dont l'aspect est fort disgracieux, mais l'utilité incontestable.

En effet, au cours de ses rapides promenades à la surface du sol, l'animal y emmagasine en grande quantité les aliments qu'il trouve à sa convenance et peut ainsi les emporter commo-dément jusqu'à sa demeure souterraine. Il recherche de préférence les pousses des jeunes arbres, auxquels il cause de grands dommages ; il brise et dévore toutes les racines qui se trouvent sur le parcours de ses tunnels ; il mange aussi des noix, des fruits, des grains de tout genre. Ses dents fortes et tranchantes ne lui viennent pas seulement en aide pour se procurer sa nourriture ; elles sont encore de puissants moyens de défense et, quand on le retient prisonnier, il les emploie à s'ouvrir un passage à travers portes et cloisons.

Ses apparitions en plein air sont généralement de courte durée, car il ne se trouve vraiment à l'aise que dans son domaine souterrain ; au dehors ses mouvements sont lents et pénibles, et si par malheur un choc le renverse sur le dos il ne peut reprendre sa position normale qu'en s'aidant de quelque objet propre à lui offrir un point d'appui.

C'est surtout avant le lever du soleil qu'il exécute de courtes sorties ; il hésite tellement à abandonner tout à fait son terrier qu'il s'efforce souvent d'attirer à lui les herbes avoisinant l'ouverture des galeries, afin de les manger en toute sécurité ; le moindre bruit suspect le fait disparaître rapidement dans son trou. On peut cependant l'approcher sans qu'il paraisse s'apercevoir de la présence d'étrangers, ce qui tient sans doute à la gêne que le grand jour occasionne à sa vue, mal accoutumée à en supporter l'éclat.

On trouve des rats à poche dans la plupart des provinces centrales et méridionales de l'Amérique du Nord, principalement dans la vallée du Mississipi.

LIÈVRES

Nous examinerons en dernier lieu un groupe d'animaux qui, tout en étant classés parmi les rongeurs, portent cependant la dénomination spéciale de léporins; ce sont les lièvres et les lapins, qui se distinguent des autres rongeurs par la présence à la mâchoire supérieure d'une seconde paire d'incisives très petites et d'une forme particulière.

Le *lièvre* est trop répandu dans presque toutes les localités de notre pays pour que sa physionomie ne nous soit pas familière; mais il faut l'avoir surpris s'ébattant librement dans son domaine naturel, le bois ou la plaine, pour juger de la vivacité gracieuse de ses mouvements et de ses attitudes, de la mimique expressive que jouent ses longues oreilles ourlées de noir, des tons chauds que la pleine lumière donne à sa fourrure rousse, enfin de l'agilité merveilleuse qu'il déploie à la course, bondissant à travers herbages et buissons, de toute la force de ses longues pattes, et dressant sa queue comme un petit panache mi-partie roux, mi-partie blanc.

A la vitesse dont dépend son salut, il sait aussi joindre la ruse lorsqu'il est poursuivi par les chasseurs et leurs chiens; il exécute mille dé-tours imprévus, se jette de côté au moment où la meute arrive sur lui et, pendant qu'emportée par son élan elle continue sa poursuite, il revient sur ses pas, ou se tapit dans quelque buisson où il a chance de demeurer inaperçu. Il n'hésite pas à se jeter à l'eau pour dérouter ses poursuivants et, excellent nageur, affronte même parfois avec succès les vagues de la mer.

Malheureusement, bien qu'il ait la vue perçante et l'oreille fine, son attention se porte plutôt autour de lui que devant lui, et il lui arrive de se jeter étourdiment au devant du danger qu'il cherchait à fuir. Il n'est point d'ailleurs aussi peureux qu'on veut bien le dire et sait se défendre avec énergie quand il est poussé par une nécessité extrême, surtout quand son amour pour ses petits est en jeu; il est aussi très batailleur avec ses congénères.

Le lièvre se contente pour gîte d'une faible dépression de terrain légèrement abritée par un talus ou par un buisson, où il s'allonge, les pattes repliées sous lui, dans une pose gracieuse; il est très attaché à sa *forme*, c'est ainsi qu'on nomme son domicile rudimentaire, et y revient parfois de très loin; il en varie l'emplacement

LAPINS

suivant la saison et, dans les pays où la neige est abondante, il la tasse de façon à y faire une sorte de petite hutte à sa taille, percée seulement d'un trou par où l'air peut pénétrer.

Le lièvre est l'objet d'une chasse sérieuse, car sa chair, parfumée par les herbes aromatiques dont il se nourrit, est un mets des plus estimés.

Le *lapin* est de plus petite taille que le lièvre; il s'en distingue de plus par la couleur de sa fourrure qui est grisâtre et par les dimensions plus restreintes de ses oreilles et de ses pattes.

Ses mœurs ne sont pas non plus tout à fait les mêmes; il vit dans une demeure fixe, un terrier débouchant au dehors par une galerie dont la pente s'abaisse pour se relever ensuite brusquement; cette sage disposition ne suffit pas néanmoins à en défendre l'entrée contre tous ses ennemis, car la fouine, le furet, certains chiens terriers y pénètrent souvent à sa suite: il s'en tire quelquefois en sortant par une autre issue et en bouchant ensuite les ouvertures, emprisonnant l'assaillant dans sa conquête, mais le plus souvent il périt.

Le lapin compte d'ailleurs bien d'autres ennemis, depuis l'oiseau de proie qui fond sur lui à l'improviste et l'enlève, jusqu'au hérisson qui dévore ses petits.

Cependant il se multiplie avec une telle rapidité que certains pays sont obligés de prendre des mesures sévères pour arrêter ses progrès inquiétants; le cas s'est présenté en Australie, et plus près de nous en Sologne; aussi la chasse du lapin de garenne est-elle permise en tout temps.

Les petits naissent pourtant dans un état de faiblesse extrême, nus et les yeux clos; aussi leur mère prend-elle grand soin d'eux, elle les élève dans un terrier spécialement aménagé à cet effet, sur un matelas confortable de feuilles sèches et de poils pris sur elle-même.

Les lapins sont fort sociables et bien des clairières de nos bois sont littéralement criblées de terriers qui communiquent les uns avec les autres au moyen de galeries souterraines; à certaines heures du jour, principalement au lever du soleil ou le soir au clair de lune, les habitants de ces villes en miniature se réunissent pour se livrer à leurs jeux favoris; ils y apportent un mélange impayable de gravité et d'étourderie, s'arrêtant parfois au milieu des plus folles gambades pour brouter très posément une touffe d'herbe plus tentante que les autres, ou pour prêter l'oreille d'un air entendu à quelque bruit suspect; le danger se précise-t-il, en un clin d'œil toute la bande rentre dans ses trous pour reparaître timidement au bout de peu d'instants.

Le voisinage de ces colonies de lapins fait le désespoir des propriétaires dont ils ravagent à loisir les champs et les bois; non seulement ils brisent les jeunes pousses pour les manger, mais ils s'attaquent aux troncs des petits arbres qu'ils dépouillent de leur écorce dans le seul but d'aiguiser leurs dents et leurs griffes.

Il est bien difficile de préserver de leurs atteintes une plantation sur laquelle ils ont jeté leur dévolu; on ne peut songer à les détruire tous, ce qui serait le seul moyen radical; le meilleur procédé consiste à badigeonner chaque tronc d'arbre jusqu'à une certaine hauteur avec une solution de nicotine, par exemple, dont l'odeur désagréable et la saveur amère les éloignent infailliblement. C'est là il est vrai un travail assez compliqué dans les bois de grande étendue.

LAPINS DOMESTIQUES

Chose curieuse, les lapins semblent avoir pour les lièvres une antipathie déclarée et ne se fixent jamais aux mêmes endroits qu'eux.

Le lapin est un animal très facile à domestiquer et il n'y a guère d'habitant de nos campagnes qui n'en possède quelques-uns dans les dépendances de sa maison. Le lapin de garenne devient alors le lapin domestique ou lapin de choux comme on l'appelle vulgairement à cause de sa nourriture habituelle dans les clapiers; à ce régime, sa chair devient blanche et assez fade puisqu'elle ne peut plus emprunter aux plantes forestières sa saveur parfumée; elle fournit néanmoins un mets généralement apprécié et facile à accommoder.

Quant à sa peau, vendue par milliers à des marchands spéciaux, elle passe dans les mains des industriels qui l'emploient à la fabrication d'objets divers, depuis la fourrure à bas prix jusqu'au feutre de qualité moyenne.

Le lapin présente le grand avantage d'être peu exigeant sous le rapport de l'alimentation; il mange d'aussi bon appétit, outre les feuilles de chou qu'on lui donne le plus souvent, les herbes fraîches ou sèches, les épluchures de légumes, jusqu'à des bouts de chandelle quand il lui en tombe sous la dent.

On a souvent la fâcheuse habitude de ne pas lui donner à boire, sous prétexte qu'il n'en manifeste pas le besoin quand il est en liberté; on oublie que dans ce cas il prend ses repas au moment où les feuilles sont couvertes de rosée et trouve là plus d'eau qu'il ne lui en faut pour se désaltérer.

On comprend qu'un animal aussi utile ait été l'objet de soins assidus de la part des éleveurs qui ont réussi à créer une grande variété d'espèces telles que le *lapin russe* dont le poil est blanc et les yeux rouges, le *lapin angora* remarquable par la beauté de sa fourrure et bien d'autres différant entre elles par leur couleur et leur allure.

CARNIVORES

GROUPE D'OURS

OURS

L'ordre des carnivores comprend plusieurs familles toutes fort intéressantes à étudier, car les animaux qui les composent offrent une grande variété à tous les points de vue, aussi bien sous le rapport des caractères physiques, taille, conformation, pelage, que sous celui des mœurs et des avantages ou des dangers qu'ils présentent pour nous autres hommes.

OURS BRUN

Étudions d'abord les carnivores compris sous la dénomination générale d'ours, dont presque toutes les contrées du globe possèdent des représentants, généralement redoutables par leur taille et leur force.

Non que les ours soient positivement d'un naturel féroce. Quand ils peuvent trouver des fruits, du miel, des racines en quantité suffisante, ils ne recherchent guère un autre genre de nourriture et par conséquent ne s'attaquent pas aux autres animaux; mais quand ils sont poussés par la faim et provoqués par un ennemi, ils n'hésitent point à se servir des armes puissantes que la nature a mises à leur disposition.

Leurs griffes fortes et acérées occasionnent en effet des blessures dangereuses; de plus on sait que les ours sont plantigrades, c'est-à-dire qu'ils marchent en posant le pied à plat sur le sol; ils ont donc la plante du pied large et solide, de sorte qu'ils se tiennent facilement debout sur leurs pattes de derrière, gardant ainsi la libre disposition de leurs membres antérieurs dont ils se servent en guise de massues pour assommer leurs adversaires. Ils visent généralement à la tête, et un homme atteint dans ces conditions est vite renversé à terre et mis à mort si nul ne vient à son aide.

L'ours devient furieux dès qu'il est blessé, et c'est souvent pendant les derniers instants de sa vie qu'il porte les coups les plus terribles à ses adversaires.

Il y a un grand nombre de variétés d'ours. L'*ours brun* se montre encore assez communément dans certaines montagnes boisées d'Europe et d'Asie. Comme son nom l'indique, il est revêtu d'une épaisse fourrure brune, dont la nuance devient plus foncée lorsqu'il vieillit. Certains individus ont le cou entouré d'une bande de poils blancs, qui leur fait donner le nom *d'ours à collier*.

Ces animaux atteignent un poids énorme quand leur croissance est complète; néanmoins ils ne sont pas très redoutables quand on ne dérange pas leurs habitudes et on en a connu vivant de longues années dans le voisinage de certains hameaux sans y occasionner de dégâts sensibles.

Ils vivent de différents végétaux à saveur sucrée et sont bien friands de miel; ils ont encore un goût singulier pour les fourmis qu'ils recueillent avec leur langue après avoir éventré leur

OURS DE SYRIE

fourmilière. Malheureusement, quand le bétail se trouve par hasard en leur présence, il les provoque souvent inconsciemment et lorsqu'ils ont fait quelque victime ils se prennent pour le sang d'un goût qu'ils chercheront désormais à satisfaire et qui les rend fort dangereux.

L'ours est un animal hibernant. Dès la fin d'octobre il se retire dans son habitation qui est tantôt une petite grotte, tantôt une sorte de hutte faite de mousse et de feuillage et soigneusement garnie d'une chaude litière. Il passe quatre ou cinq mois dans un sommeil léthargique; comme il ne prend aucune nourriture pendant ce laps de temps, son estomac et ses intestins se rétrécissent considérablement; il conserve sa vie et sa chaleur grâce aux réserves de graisse que les aliments sucrés consommés en été lui ont fournies en abondance.

L'ours brun est assez facile à apprivoiser dans son jeune âge et témoigne d'un naturel affectueux qui ne laisse pas de devenir gênant quand il grandit. Il s'habitue à suivre son maître comme le ferait un chien et ne consent pas aisément à le quitter, même pour peu de temps. Il s'attache également à ses compagnons de cap-

tivité, quand il en a, et deux jeunes ours ayant été élevés ensemble ne peuvent être séparés; le chagrin qu'ils manifesteraient alors mettrait leur vie en danger. On voit que, sous le rapport des sentiments, les animaux nous peuvent parfois servir d'exemple.

L'ours brun possède non seulement la force, mais l'adresse; il est également apte à grimper aux arbres, à creuser la terre, à traverser les rivières à la nage.

Il élève ses petits avec beaucoup de soin, mais l'hiver venu, il ne leur permet pas de cohabiter avec lui, et leur construit une demeure spéciale à proximité de la sienne.

L'*ours de Syrie* habite certaines parties montagneuses de la Palestine; il est assez différent d'aspect de son congénère européen; son corps est moins massif, sa couleur varie beaucoup suivant les individus; en général elle est grisâtre dans sa jeunesse et devient ensuite presque blanche; sa fourrure est assez estimée, car elle est pourvue d'une sorte de duvet caché sous les poils, très serré et très chaud.

Son régime alimentaire est plutôt végétal; il est surtout friand d'une espèce de pois que l'on

OURS NOIR D'AMÉRIQUE

cultive beaucoup dans le pays et cause de grands dommages dans les champs où il pénètre pour s'en approvisionner. C'est pendant la nuit qu'il exécute ses expéditions, car il se réfugie durant le jour dans des régions plus hautes où il trouve plus de sécurité.

Il témoigne aussi d'un caractère sociable et, quand il a été accoutumé à vivre avec des hommes, il ne peut plus supporter la solitude.

L'*ours noir* était autrefois très commun dans le nord de l'Amérique; mais on l'a tellement pourchassé qu'il est devenu plus rare.

Il faut que les chasseurs soient poussés par des motifs d'intérêt bien puissants pour s'attaquer à lui, car ils risquent souvent leur vie dans l'aventure. Mais la réussite leur procure des profits qui ne sont pas à dédaigner. La fourrure de l'ours noir est très prisée dans le commerce; elle est peut-être moins épaisse que celle des autres espèces, mais plus brillante et plus soyeuse; enfin la chair de cet animal, convenablement préparée, devient, paraît-il, un mets des plus savoureux.

Les chasseurs américains ont même la bizarre coutume de mélanger du gras d'ours avec du miel et trouvent cette nourriture très agréable.

La capture de l'ours est facilitée par la prédilection qu'il manifeste à suivre presque toujours les mêmes sentiers; mais où les hommes de notre race ne redoutent en lui qu'un adversaire particulièrement bien armé, les Indiens éprouvent à son égard une crainte superstitieuse due à la haute idée qu'ils conçoivent de son intelligence. Aussi, quand un ours a été abattu par eux, lui font-ils l'honneur d'une sorte de cérémonie funèbre, accompagnée d'un discours dans lequel le chasseur victorieux célèbre les qualités et le courage de sa victime, s'excuse de la nécessité du sacrifice et adresse à la famille du défunt toutes ses condoléances, ceci pour l'acquit de sa conscience car celle-ci n'assiste pas, que je sache, à la cérémonie.

En dehors de cette circonstance, le chasseur ne peut venir à bout de lui qu'en choisissant le moment où il se dresse sur ses pattes de derrière en rugissant; mais s'il n'a pas assez de sang-froid et d'adresse pour le foudroyer à cette minute, il ne lui reste presque aucune chance de salut.

On comprend que l'ours gris, déjà si redoutable pour l'homme, le soit encore plus pour les

OURS GRIS

animaux qui n'ont pour lutter contre lui que leurs armes naturelles. Il se fait un jeu par exemple d'enlever un buffle à la tête de son troupeau et de l'entraîner dans sa tanière pour le dévorer. Aussi inspire-t-il une terreur générale dans les endroits qu'il habite ; les chevaux particulièrement ressentent à sa vue un tel effroi qu'il persiste après la mort de celui qui en est l'objet ; il faut une longue éducation pour les accoutumer à approcher de sa dépouille et à aider à son transport.

Si les espèces que nous venons de voir sont relativement inoffensives, il n'en est pas de même de l'*ours gris,* dont la férocité n'a nul besoin d'être excitée pour se manifester. Il n'hésite pas à s'attaquer à l'homme sans y avoir été provoqué, sauf quand il se trouve placé de telle sorte que le vent lui apporte la senteur caractéristique que son adversaire répand, comme tout être animé, autour de lui ; il éprouve alors une sorte de terreur qui le force à battre en retraite.

L'ours gris est un des plus gros animaux de l'Amérique du Nord ; sa fourrure est tantôt d'un gris terne, tantôt d'une belle nuance argentée, avec tendance à blanchir avec l'âge. Sa tête est très forte, comparativement au volume de son corps, sa queue est presque nulle, ses pattes sont garnies de fortes griffes qui ont la faculté de se mouvoir indépendamment les unes des autres. Il les emploie, non seulement comme armes défensives, mais encore pour creuser le sol dans lequel il a la curieuse habitude d'enterrer sa proie, pour la retrouver intacte au moment de la dévorer. Un chasseur ayant simulé la mort pour mettre fin aux attaques d'un ours, fut bien et dûment enterré par lui et trouva ainsi son salut, car l'animal s'étant éloigné aussitôt sa besogne accomplie, il put en profiter pour se dégager et s'enfuir sans encombre.

On a quelquefois capturé et apprivoisé certains de ces jeunes oursons, qui réjouissaient fort leur propriétaire par l'entrain et la malice qu'ils apportaient dans leurs jeux ; mais ils dénotaient bien vite en grandissant le caractère sauvage qui appartient à leur race et il devenait dangereux de les conserver en liberté.

Ces animaux sont doués en effet d'une force considérable, proportionnée d'ailleurs à leur taille, et qui rend leurs accès de colère très redoutables.

OURS MALAIS

L'*ours malais* est beaucoup plus petit que les types précédents; son cou est puissant, mais sa tête allongée lui donne une allure plus dégagée; ses lèvres et sa langue sont flexibles et peuvent s'allonger suffisamment pour pénétrer dans les troncs d'arbres qui renferment du miel dont il est grand amateur; sa fourrure est noire, avec une tache blanche en forme de croissant sur le poitrail et quelques touffes de poils jaunâtres sur le museau. Malgré sa taille peu élevée, il est très robuste, peu agressif néanmoins et préfère les végétaux, les pousses de cocotiers notamment à la chair des animaux.

Très souple dans ses mouvements, il trouve un grand plaisir à se balancer sur son train de derrière, en remuant les pattes de devant et en claquant la langue de la façon la plus comique; c'est surtout aux rayons du soleil qu'il aime prendre ses ébats, au rebours de la plupart de ses congénères qui sortent surtout la nuit.

Il se montre doux et sociable en captivité; l'un d'eux, élevé intelligemment par son maître, vivait en très bon accord non seulement avec les animaux domestiques, mais encore avec les enfants, jouant avec eux sans jamais leur faire de mal, mangeant à table et témoignant un goût immodéré pour le vin de Champagne.

Il établissait fort bien la différence entre ce vin et ceux des autres crus et montrait une mauvaise humeur évidente lorsqu'on lui refusait sa boisson favorite.

On sait d'ailleurs, quelque bizarre que le fait puisse paraître au premier abord, que beaucoup d'animaux apprécient fort les boissons fermentées et en font volontiers usage.

L'ours dont nous parlons portait une affection véritable, non seulement à ses maîtres, mais encore aux différents hôtes de la maison; le chat, le chien étaient toujours bien traités par lui et il permettait même à certain oiseau apprivoisé de manger dans le même plat que lui. Jamais on n'eut besoin de l'enchaîner ou de le châtier pour une faute sérieuse.

Sans doute, tous les animaux de la même espèce ne sont pas doués d'un naturel aussi accommodant; cependant on cite plusieurs cas analogues à celui-ci.

Les ours en captivité s'accoutument à peu près à tous les genres de nourriture; ils préfèrent cependant, en général, les aliments végétaux, et on peut même les nourrir exclusivement de pain et de lait, à condition bien entendu de leur en donner la quantité considérable qui leur est nécessaire.

Ils se tiennent rarement en repos et s'agitent sans cesse, bien que leurs mouvements ne soient ni très vifs, ni très énergiques. Ils sont cependant doués d'une grande vigueur, qui réside surtout dans leurs jambes, et, s'ils étaient d'un naturel plus irritable, ne laisseraient pas que d'être dangereux.

L'*ours du Thibet* a été classé à côté de l'ours malais parce que, comme ce dernier, il ne craint

OURS DE BORNÉO

pas la lumière du jour et quitte volontiers sa tanière pour jouir au dehors de la chaleur et de l'éclat du soleil.

Son nom indique suffisamment son pays d'origine, on le trouve aussi dans certaines autres régions montagneuses de l'Asie. Son corps, dont les proportions sont assez fortes, est vigoureux, mais lourd d'aspect; ses membres ne semblent pas doués d'une grande souplesse, et se terminent par des griffes moins puissantes que celles de la plupart des autres espèces d'ours; son cou est épais, sa tête assez fine, avec les oreilles excessivement larges. Il est couvert d'une fourrure épaisse, généralement de couleur noire, à l'exception de la lèvre inférieure qui est blanche; une large tache de même nuance se détache sur la poitrine, et présente assez bien la forme d'un V dont la branche inférieure se prolongerait entre les pattes et dont la fourche se développerait des deux côtés du cou.

Ces ours se nourrissent, comme les autres, de fruits, de racines et d'autres matières végétales.

L'*ours de Bornéo* a sensiblement les mêmes goûts et les mêmes mœurs que l'ours malais; il se sert avec la même aisance de sa langue et de ses pattes et s'assied également pour prendre ses repas tout à son aise. Le cocotier lui fournit un aliment préféré; il grimpe au sommet de l'arbre pour en manger les parties les plus délicates, au grand détriment de celui-ci, et fait tomber à terre les noix mûres qu'il ouvre ensuite afin de savourer leur contenu.

Il s'apprivoise facilement et recherche beaucoup les caresses; mais il refuse obstinément de se laisser toucher par une personne qui lui est antipathique ou qui l'a offensé sans y prendre garde.

Il a aussi des accès de mauvaise humeur pendant lesquels il est préférable de ne pas l'approcher.

Son aspect est sensiblement le même que celui de l'ours malais; sa fourrure est presque entièrement noire, à l'exception d'une tache de nuance orangée sur la poitrine.

Cette tache, comme celle qui orne d'une manière si originale le poitrail de l'ours malais, affecte à peu près la forme d'une demi-lune dont les pointes remontent un peu sur les épaules; mais elle ne produit pas un effet aussi heureux que chez ce dernier animal, car sa nuance s'harmonise moins bien que la teinte gris argent que nous avons signalée à propos de celui-ci avec la coloration générale de la fourrure.

L'ours de Bornéo, comme la plupart de ses congénères d'ailleurs, est un grimpeur d'une adresse et d'une agilité remarquables; les arbres les plus élevés ne sont pas à l'abri de ses atteintes et il en gagne facilement le sommet, en dépit de la difficulté que présente l'escalade de troncs souvent fort lisses et protégés par une écorce résistante. Ainsi que nous l'avons déjà dit, il choisit de préférence le cocotier, étant très friand des bourgeons tendres de l'arbre et du liquide laiteux que renferment les noix.

OURS MALHEUREUX

L'être disgracieux dont nous voyons ici l'image a reçu le nom d'*ours malheureux* tant est lamentable l'aspect que lui donnent les longs poils enchevêtrés sans ordre dont il est couvert, la lourdeur de sa démarche, le balancement qu'elle lui imprime, sa langue souvent pendante; l'absence fréquente des incisives complète cet ensemble grotesque. C'est cependant un animal presque inoffensif; il faut qu'il soit dangereusement blessé ou poussé par la faim pour user de sa force; en général il préfère prendre la fuite devant ses assaillants.

Il vit dans les montagnes de l'Inde, retiré pendant le jour au fond de quelque caverne, car il a la plante des pieds extrêmement sensible à la chaleur et ne peut supporter le contact du sol brûlé par les rayons du soleil; c'est la nuit qu'il se met en quête des fruits et des insectes dont il fait sa nourriture. Cette alimentation donne à sa chair une saveur agréable.

On le chasse aussi pour recueillir sa graisse, qui est préparée d'une façon fort simple avant de servir à entretenir les armes à feu : on la met dans des bouteilles que l'on expose ensuite au soleil; la chaleur intense qu'elles supportent fait fondre la graisse, et celle-ci, refroidie ensuite, forme une pâte blanche qui se conserve pendant fort longtemps et préserve l'acier du contact de l'air humide.

Cette espèce d'ours est très docile, qualité que les montreurs d'ours mettent à profit pour lui apprendre mille tours plus curieux qu'élégants, car la grâce fait absolument défaut à cette pauvre bête. Elle ne s'efforce pas moins d'attirer l'attention des spectateurs par tous les moyens en son pouvoir, les appelant même d'un claquement de langue, dans l'espoir qu'elle sera récompensée par le don de quelque friandise.

En liberté, ces ours vivent très unis; les mères ont la curieuse habitude de porter leurs petits sur le dos tant qu'ils ne sont pas assez forts pour marcher eux-mêmes.

Ils conservent en captivité les mêmes dispositions affectueuses, autant du moins qu'on a pu en juger d'après les spécimens élevés dans les jardins zoologiques; deux jeunes oursons, habitant la même cage, se donnaient l'un à l'autre mille petits témoignages d'amitié, dormant côte à côte et manifestant alors leur satisfaction par de petits grognements expressifs.

OURS POLAIRE

L'*ours polaire*, par suite du milieu spécial dans lequel il est appelé à vivre, a des mœurs toutes différentes de celles des autres espèces. Son existence est à demi aquatique; en effet, dans les terres polaires presque toujours recouvertes d'une couche impénétrable de neige et de glacé, ne lui offrant aucune ressource alimentaire, force lui est de se rabattre sur la chair des autres animaux qui ne sont guère nombreux dans ces parages; les phoques et les poissons, voilà les seules proies auxquelles il peut prétendre, et il lui faut les poursuivre dans leur élément naturel, la mer. Excellent nageur, du reste, il déploie une grande adresse dans ce genre de pêche, plongeant sans hésiter pour saisir au passage quelque gros poisson dont il a deviné la présence. Il trouve avec un flair merveilleux l'emplacement des trous que les phoques ménagent dans la glace pour venir y respirer et les y guette pour les saisir quand ils apparaissent à la surface; quelquefois, sachant ces animaux endormis sans défiance sur le bord, il suit le rivage en plongeant pour ne pas trahir sa présence, arrive tout près d'eux, et, leur coupant la retraite vers la mer, s'en empare sans difficulté.

Cependant, quand la saison est moins rigoureuse, les ours ne dédaignent pas les herbes chétives qui ont pu se développer, et étant transportés dans un autre climat, ils s'accommodent bien d'un régime végétal.

On leur donne souvent le nom d'ours blancs à cause de la teinte argentée de leur splendide fourrure qui a une grande valeur; ils ont le cou assez long, la tête petite et fine; leurs pieds sont protégés par une couche de poils qui assure leur équilibre sur la surface glissante de la glace; leurs griffes sont noires, fortes, mais relativement courtes.

Ils s'abritent dans des huttes de neige qui, se confondant avec les blocs glacés dont les champs de glace sont hérissés, deviennent par conséquent difficiles à reconnaître.

A l'époque de la débâcle, il arrive souvent que la banquise se disloque et que des morceaux sur lesquels des ours s'étaient installés s'en vont à la dérive vers le sud. Certains de ces animaux ont fait ainsi de longs parcours, jusqu'à ce que le hasard les amène à proximité d'un rivage qu'ils puissent gagner à la nage, après des journées de privations et d'anxiété.

C'est dans de semblables circonstances que

RATON

des ours polaires ont été capturés, car on ne va guère les chercher dans leurs lointaines retraites; seuls les Esquimaux et les hardis voyageurs qui explorent les contrées polaires leur font la chasse pour se procurer une nourriture fraîche qui leur semble d'autant meilleure qu'ils en sont privés le plus souvent, et les chasseurs de fourrure estiment assez leur dépouille pour braver tous les dangers afin de s'en emparer.

Nous en avons fini avec les ours proprement dits, nous allons voir maintenant quelques types qui, tout en n'appartenant pas à la même famille, ont cependant quelques points de ressemblance avec eux.

Tel est le *raton*, qui n'est guère plus gros qu'un renard. Il est revêtu d'un pelage gris, doux et laineux, à demi caché sous de longs poils raides, noirs ou blancs, qui forment des taches irrégulières; il est plantigrade lorsqu'il marche lentement et digitigrade quand sa course augmente de vitesse. Il témoigne d'un goût prononcé pour l'eau, dans laquelle il aime à tremper ses aliments avant de les consommer; il boit aussi largement, mais en état de captivité préfère les boissons fermentées dont il fait volontiers abus. Il se nourrit de végétaux et surtout d'huîtres et de crabes; il déploie une grande habileté pour s'emparer de ces animaux peu faciles à surprendre, mais il lui arrive quelquefois d'être pris lui-même entre deux valves

d'huître et de périr noyé faute d'avoir pu échapper à ce piège inattendu.

Le raton ne dédaigne pas non plus d'opérer des rafles dans les poulaillers et il lui suffit de quelques instants pour se saisir d'une volaille, la décapiter d'un coup de dent et la dévorer.

C'est une des raisons pour lesquelles les propriétaires d'exploitations agricoles lui font des chasses, non moins mouvementées qu'utiles, s'il faut en croire les récits qui nous sont faits à ce propos. Ce gibier particulier étant doué d'un flair très fin et d'une agilité très grande, est, par conséquent, peu facile à surprendre; on emploie pour le poursuivre des chiens spécialement dressés dans ce but, qui manquent rarement de suivre sa trace et le forcent à chercher refuge dans un arbre; on allume alors au pied de celui-ci un feu brillant qui en éclaire toutes les branches et indique ainsi au chasseur l'endroit exact où l'animal s'est réfugié; on l'abat alors aisément d'un coup de feu.

Ces chasses, en effet, ont lieu ordinairement pendant la nuit, car c'est le moment choisi par le raton pour errer dans les bois à la recherche de quelque nourriture; il passe au contraire ses journées dans un profond sommeil, caché dans un endroit retiré et confortablement enroulé sur lui-même sous la protection de son épaisse fourrure.

Cet animal est assez facile à garder en captivité, et susceptible de recevoir une certaine dose

CRABIER

d'éducation; il se montre en général actif, curieux et d'un caractère aimable et gai, bien qu'il soit sujet à des accès de mauvaise humeur plus ou moins fréquents. Il vit en bonne intelligence avec les animaux de toute espèce qui partagent sa captivité, à condition toutefois qu'il n'ait à se plaindre d'eux sous aucun rapport, car il est fort rancunier et conserve longtemps le souvenir des injures qui lui sont faites. L'un d'eux, ayant supporté les coups de bec d'une autruche élevée dans la même maison que lui, attendit patiemment une circonstance qui lui permit de se venger; et un jour que l'oiseau sans défiance passait à sa portée, il le saisit et lui arracha en quelques minutes toutes les plumes de sa queue.

La forme de ses dents permet au raton de se nourrir à son choix d'aliments animaux et végétaux, mais il semble accorder la préférence à ces derniers. D'ailleurs, il broie et avale par une sorte de manie des objets de nature variée et assez singulière, et, lorsqu'il est captif, cherche à s'emparer de la plupart des choses qui attirent son attention. C'est ainsi qu'un de ces animaux ayant remarqué une bague au doigt d'une personne qui s'était approchée de lui, s'empara de la main du visiteur et chercha à en détacher l'anneau à l'aide de ses griffes, dont il se servait avec douceur, mais aussi avec force. Il est probable que ces fantaisies ne sont pour le raton qu'une des formes des jeux dont il est grand amateur; il s'ingénie en effet pour occuper ses loisirs forcés et, quand on ne semble pas le remarquer, essaie d'attirer l'attention en agitant ses pattes à travers les barreaux de sa cage.

Si personne ne répond à ses avances, il se résigne à organiser tout seul quelque exercice récréatif, qui consiste le plus souvent à s'emparer des menus objets laissés à sa portée, tels que des petits morceaux de bois, des lambeaux d'étoffe ou des fragments de papier; lorsqu'il les a en sa possession, il les retourne en tous sens comme pour se rendre compte de leur nature et finit par les déchiqueter et les réduire en miettes lorsqu'il est las de ces jouets improvisés.

C'est lorsqu'il se livre ainsi à ces occupations divertissantes que le raton est le plus curieux et le plus gracieux à observer: tout son corps souple s'agite en mouvements harmonieux; ses pattes ont des gestes amusants et adroits; ses yeux brillent d'un éclat extrême; en un mot, il jouit complètement du plaisir de se mouvoir, si cher aux animaux de toute espèce.

Le *crabier* est une sorte de raton qui habite les régions chaudes de l'Amérique; il doit son nom au goût particulier qu'il témoigne pour les crabes, bien que peut-être il n'en fasse pas une consommation plus grande que son congénère dont nous venons de parler; il se nourrit aussi de toutes sortes de crustacés et de mollusques, soit terrestres, soit marins. Il est un peu plus gros que le raton proprement dit; sa queue assez courte est striée de bandes noires sur un fond gris ou jaunâtre; la fourrure qui recouvre le restant de son corps est de nuance variable, mais on y retrouve en général les mêmes couleurs grises ou jaunes fortement ombrées de noir. Les yeux sont entourés d'un cercle foncé qui leur donne un peu l'aspect d'un masque.

COATI ROUGE

Le *coati* est originaire des mêmes contrées; mais son extérieur est tout à fait différent. Il est caractérisé surtout par la forme particulière de son nez qui est fort long, très mobile et d'une sensibilité extrême, faculté qui lui est d'un grand secours dans la recherche des vers et des insectes qu'il affectionne.

On distingue plusieurs types de cet animal. Celui qui est représenté ici porte le nom de *coati rouge*, à cause de sa fourrure généralement roussâtre, semée de quelques touffes de poils noirs ou blancs; ses pattes sont bossuées de protubérances qui permettent de le reconnaître sans hésitation. Il passe la plus grande partie du jour à dormir, couché sur sa queue touffue qui lui sert de matelas et d'oreiller; vers le soir, il s'éveille et déploie alors une grande activité, grimpant aux arbres avec adresse et, chose plus difficile, en descendant sans encombre au moyen de ses griffes postérieures qui s'accrochent aux aspérités de l'écorce pour ralentir sa chute. Il est d'un caractère irritable et, malgré sa petite taille, ce n'est pas un adversaire à dédaigner, car ses morsures sont profondes et douloureuses.

Néanmoins, il s'apprivoise avec assez de facilité et obéit docilement aux ordres de qui a su prendre autorité sur lui; il se montre en effet fort capricieux dans ses affections et il faut éviter autant que possible de le contrarier inutilement, sous peine d'aigrir son humeur susceptible.

Les coatis sont très nombreux dans certaines contrées du sud de l'Afrique, où on les rencontre vivant par petits groupes dans les forêts; ils fixent leur résidence sur les arbres qui leur offrent un abri sûr et où ils trouvent en même temps le genre de nourriture qui leur convient. Ils consomment des aliments végétaux et animaux, mais préfèrent cependant ces derniers; ils recherchent avec soin les nids d'oiseaux et les détruisent complètement, dévorant avec un égal appétit et un égal plaisir les œufs, les petits ou leurs parents.

Lorsqu'ils boivent, ils lapent l'eau à la manière des chiens, et prennent grand soin de relever autant que possible la partie supérieure de leur museau flexible, afin de ne pas le mouiller inutilement outre mesure.

La fourrure du coati rouge est employée à la fabrication de différents objets de toilette ou autres, mais néanmoins elle n'a dans le commerce qu'une très faible valeur; ce fait s'explique par la nature des poils qui la composent et qui sont durs et peu brillants. Nous avons dit que ce pelage était, dans son ensemble, d'une teinte brune tirant fortement sur le roux; cependant les oreilles et les pattes sont noires, la queue est ornée de bandes marron, enfin quelques poils blancs surmontent la mâchoire supérieure et couvrent entièrement la mâchoire inférieure.

Lorsqu'il est libre de mener en paix l'existence qui lui convient. le coati est un animal peu dangereux, qui ne déploie guère son activité que dans ses chasses nocturnes; mais s'il est attaqué par des hommes ou des chiens, il se défend avec courage et il n'est pas facile, quand on a excité sa colère. de venir à bout de sa résistance et d'éviter à la fois ses coups de dents et ses coups de griffes.

NARICA OU COATI BRUN

KINKAJOU

Le *narica*, que l'on appelle aussi *coati brun*, (bien que sa fourrure, assez rude, soit marquée de différentes nuances dans lesquelles cependant, il est vrai, le brun domine toujours), est d'un tempérament beaucoup plus sociable; il se laisse apprivoiser assez facilement, pourvu qu'on gagne sa confiance par le don de quelques friandises. Il peut rendre des services en se livrant à la chasse des rats et des souris dans les maisons, des escargots et des chenilles dans les jardins; il excelle à cet exercice, car le sens de l'odorat est extrêmement développé chez lui.

En liberté, c'est un animal à la fois méfiant et curieux, qualités du reste qui s'accordent souvent ensemble; il ne peut apercevoir un objet nouveau sans désirer s'en approcher, mais il prend pour cela mille précautions et quand, après bien des détours et bien du temps, il a réussi, il ne le quitte pas avant de s'être renseigné complètement sur sa nature.

Le *kinkajou* est un animal bizarre, que certains caractères avaient fait classer autrefois avec les lémures, mais que la forme de ses membres et de ses dents ont fait ranger définitivement parmi les carnivores. Il n'est guère plus gros qu'un chat mais beaucoup plus fort; son poil est sombre, noir presque partout; il est pourvu d'une queue prenante qui lui donne une grande facilité à se mouvoir parmi les arbres. car il peut même rester suspendu par cet appendice pendant un temps assez long.

Sa langue est très longue et très souple; elle peut pénétrer dans les plus petits endroits pour y capturer les insectes; il se sert parfois de sa queue dans le même but.

Il se nourrit d'aliments variés : fruits, insectes, petits oiseaux, œufs, miel, dont il est très friand; il ne sort guère pendant le jour car la lumière trop vive ne convient pas à sa vue et blesse ses yeux accoutumés aux ténèbres.

Il s'apprivoise bien, se montre gai et caressant, très sensible à l'affection qu'on lui témoigne; cependant il est difficile à approcher quand il est libre et se défend énergiquement si on l'attaque, au moyen de ses dents pointues et de ses griffes.

LION D'AFRIQUE

FÉLINS

La tribu des chats ou félins compte parmi les plus nombreuses et les plus importantes familles de carnivores; c'est chez elle que nous trouvons ces grands fauves dont la puissance et la férocité terrifient les contrées qu'ils habitent.

Ils sont tous fortement musclés, mais sveltes de corps et vifs d'allures; ils ont la démarche silencieuse, l'oreille fine, la vue perçante; leurs dents sont faites pour saisir et déchirer, non pour mastiquer lentement; leurs mâchoires ne peuvent exécuter que des mouvements verticaux, la mâchoire inférieure étant très développée et fortement courbée, ce qui lui donne une grande puissance.

Le type le plus remarquable de cette famille est le *lion*, que l'on a surnommé à juste titre le roi du désert, car, dans ces vastes étendues désolées, c'est lui qui commande, lui qui asservit bêtes et gens à son empire.

Il n'y a qu'à examiner son squelette pour se rendre compte de sa force. Les os du crâne sont durs et épais, pour pouvoir résister aux chocs les plus violents; les vertèbres du cou fournissent à la tête un point d'appui solide et large; les côtes sont très cintrées, de façon à laisser plus de place au cœur et aux poumons; tous les os en général sont assez forts pour résister au travail considérable des muscles, et en même temps articulés de telle sorte que les mouvements conservent de l'aisance et même de la grâce.

Le *lion*, comme tous les félins, est digitigrade, c'est-à-dire que le poids de son corps repose seulement sur les doigts et non sur la partie plane des pattes; mais comme ce frottement continuel émousserait bien vite ses griffes, celles-ci sont munies de deux tendons, un qui leur permet de s'allonger pour saisir, l'autre qui, en se rétractant, les fait rentrer sous la peau.

12

LION

La surface de sa langue est hérissée, surtout au centre, d'une multitude de petites aspérités qui la rendent sèche et rugueuse : le contact de la langue du chat est déjà irritant, celui de la langue du lion est assez rude pour entamer la peau jusqu'au sang ; cette conformation a pour but d'aider l'animal à détacher plus aisément la chair des os qu'il ronge.

Il y a plusieurs espèces de lions, ou du moins le type se modifie assez sensiblement suivant les différents pays.

Le plus connu est le *lion d'Afrique*, très commun encore dans les parties à peu près inexplorées du sud de ce continent, mais devenu presque introuvable dans les colonies habitées par des blancs. C'est une bête splendide, d'une taille élevée, d'une noble allure, dont les formes harmonieuses ont toujours inspiré les sculpteurs ; ses oreilles rondes sont noires ainsi que le panache qui termine sa queue, son poil est roux, une crinière longue et épaisse couvre son cou et ses épaules. Chez la femelle, plus petite d'ailleurs, cet ornement n'existe pas, ce qui suffit à lui donner un aspect moins majestueux ; elle est pourtant presque aussi redoutable que son époux, et le surpasse même en courage lorsqu'elle a ses petits à défendre.

Il n'est pas étonnant qu'un animal aussi remarquable à tous égards que le lion ait excité de tout temps l'intérêt et, si l'on considère que les renseignements recueillis sur son compte proviennent, soit des récits plus ou moins véridiques des populations primitives qui se trouvent en contact avec lui, soit des observations faites dans la hâte fiévreuse de la chasse par quelques explorateurs européens, on comprendra qu'on ait pu porter sur lui des jugements fort contradictoires. Selon les uns, c'est le plus fier et le plus généreux des êtres ; selon les autres, il suffit d'une menace un peu pres-

LION DE GAMBIE

sante pour lui faire lâchement prendre la fuite ; la vérité est que chez lui, comme chez presque tous les animaux, la férocité n'est que la conséquence de la douleur, et que tel fauve qui, poussé par la faim ou irrité par une blessure, n'hésite pas à se jeter sur les ennemis les mieux armés, se détournera tranquillement d'eux s'il ne trouve dans quelque besoin physique un motif suffisant pour exciter son courage.

Quant à son goût prétendu pour la chair humaine, il s'explique par ce fait bien simple que les indigènes des contrées sauvages habitées par le lion sont pour lui une proie beaucoup plus facile que les autres animaux ; ceux-ci sont assez agiles pour lui échapper par la course, comme l'élan ou le zèbre ; assez forts pour rendre la lutte dangereuse comme le buffle ; l'homme, au contraire, n'a pour se défendre que des armes primitives dont l'efficacité est à peu près nulle.

C'est surtout pendant la nuit que les attaques du lion sont à redouter. Grâce à son pelage fauve qui se confond avec les sables et les roches du désert, il s'approche silencieusement sans être aperçu, à moins que l'éclat de ses yeux ne le trahisse, et son flair lui suffit pour se diriger à coup sûr dans les ténèbres ; lorsqu'il n'est plus qu'à une faible distance de sa proie, il s'élance d'un bond, l'assomme d'un seul coup de sa patte puissante et disparaît avec elle dans quelque repaire connu de lui seul. Aussi les voyageurs ont-ils la précaution d'entretenir la nuit autour de leur campement un cercle de feu dont les flammes opposent au lion une barrière infranchissable ; c'est alors que celui-ci, après avoir rôdé longtemps aux alentours, courbe sa tête vers le sol et pousse ce rugissement profond qui remplit de terreur tous les êtres vivants ; il arrive souvent que les animaux, affolés par ce cri menaçant, s'enfuient au hasard loin de l'endroit qui leur sert de refuge et se jettent d'eux-mêmes sous les coups de leur ennemi.

Les explorateurs qui se sont aventurés dans les profondeurs du continent africain sont unanimes à avouer l'impression d'épouvante involontaire qu'éprouvent tous les voyageurs lorsqu'ils entendent pour la première fois cet effroyable appel ; quelle ne doit pas être la terreur des malheureux indigènes, à peu près désarmés, quand ils sont avertis ainsi de la présence de ce redoutable voisin.

LION D'ASIE SANS CRINIÈRE

Le lion est trop intelligent pour ne pas se rendre compte du pouvoir que les armes à feu donnent aux chasseurs européens. Quand il a été blessé ou seulement effrayé par un de ces engins, il redoute la présence de l'homme et on l'a vu hésiter longtemps avant d'attaquer un cheval ou un bœuf portant quelque harnais que leur maître avait touché ; le lion flairait certainement l'origine de ces objets et en éprouvait une grande appréhension. Néanmoins il ne s'arrête pas à de telles considérations lorsqu'il est irrité ou affamé, et maints chasseurs ont péri sous ses crocs redoutables.

Les lions qui habitent le nord de l'Afrique ne sont pas, quoi qu'on en ait dit parfois, moins terribles que ceux du sud, mais ils y deviennent plus rares, la civilisation s'étant répandue plus rapidement dans ces contrées plus voisines des nôtres.

Les jeunes lionceaux ont des mœurs fort semblables à celles des petits chats. Comme eux ils se montrent caressants, prêts à jouer avec ceux qui veulent bien s'y prêter ; mais ils possèdent déjà une force considérable dont ils ne se rendent pas compte et qui constitue un danger sérieux pour leurs partenaires. D'ailleurs ils ne conservent pas longtemps cette humeur débonnaire, et même abrutis par la captivité, ils deviennent rapidement sujets à des accès de colère dont leurs gardiens ne supportent que trop souvent les conséquences.

L'Asie possède également plusieurs variétés de lions, toutes à peu près semblables, par la conformation et les habitudes, au type africain. Donnons cependant une mention spéciale au *lion sans crinière*, chez lequel cet ornement a des proportions beaucoup moindres que chez les autres espèces ; les pattes et la queue sont également moins longues, et cette dernière ne porte à l'extrémité qu'une touffe de poils assez maigre, au lieu du panache touffu qui termine la queue du lion d'Afrique.

Remarquons en passant que ce panache est un des principaux signes qui distinguent le lion des autres membres de la tribu des chats, dont la queue est garnie d'un bout à l'autre de poils ras.

Le pelage du lion sans crinière présente une teinte fauve, uniforme et terne, assez comparable à la couleur des poils du chameau et du dromadaire.

TIGRE ROYAL

Si le lion règne sans conteste sur les déserts de l'Afrique, dans les forêts asiatiques il partage la suprématie avec un rival au moins aussi redoutable que lui, le *tigre*.

De taille un peu moins élevée, mais plus svelte et plus souple, celui-ci est paré d'une robe éclatante qui surpasse en splendeur les fourrures les plus belles : tout son corps est rayé transversalement de bandes noires qui tranchent avec éclat sur un fond jaune clair ; la poitrine et le ventre sont généralement blancs avec les mêmes ornements régulièrement disposés ; de longues moustaches soulignent les traits sauvages de sa face aplatie, dans laquelle étincellent de grands yeux qui semblent pailletés d'or. Bien que cet ensemble paraisse combiné pour attirer les regards, il concourt plutôt à la sécurité de l'animal, car il s'harmonise fort bien avec les herbes particulières au milieu desquelles il se tient habituellement ; c'est tellement vrai qu'on peut passer à une très courte distance d'un tigre endormi sans soupçonner sa présence.

Il semble se livrer à la chasse, non seulement par besoin comme le lion, mais encore par plaisir, et y apporte toutes sortes de ruses prudentes. Loin de s'élancer ouvertement sur sa proie, il s'en approche lentement et la suit parfois fort longtemps, glissant à travers les herbes et les buissons avec une allure silencieuse et rampante, épiant le moment favorable avec une patience qui ressemble à de la lâcheté ; mais quand il est acculé au combat, il retrouve toute son audace et lutte jusqu'au bout avec un acharnement féroce.

Le tigre préfère le séjour des ravins au fond desquels coule un torrent, car il y trouve à la fois de l'eau et un abri, la végétation y étant plus vigoureuse qu'ailleurs ; les chasseurs qui s'aventurent dans ces régions se trouvent parfois inopinément en présence du fauve, et leurs chevaux éprouvent en pareil cas une telle frayeur qu'ils s'enfuient au galop sans que rien puisse les arrêter et se refusent longtemps après, à reprendre le même chemin.

Ce sentiment est très compréhensible, car d'un seul coup de patte il peut renverser un animal beaucoup plus puissant que le cheval, et ses griffes tranchantes ont vite fait de le déchirer.

TIGRE BLANC

On comprend que les habitants des pays fréquentés par les tigres mettent tout en œuvre pour se débarrasser d'un voisin aussi redoutable. La chasse étant un procédé périlleux et aléatoire, ils emploient différents stratagèmes avant de se risquer à organiser une battue.

Les indigènes de certaines parties de l'Inde ont recours à un procédé primitif qui réussit cependant quelquefois; ils répandent en travers d'un sentier fréquenté par leur ennemi une grande quantité de feuilles préalablement enduites de glu, l'animal sans défiance s'engage dans son chemin habituel sans y remarquer aucun changement, ses pattes s'embarrassent dans la masse de feuillage qui s'y colle de tous côtés et ses efforts pour s'en dégager ne servent qu'à entraver davantage ses mouvements; bientôt, affolé, il se roule sur le sol en poussant des cris perçants qui sont le signal de sa perte, les chasseurs postés à quelque distance accourent et l'achèvent sans grand péril.

On établit aussi une autre sorte de piège en creusant une fosse profonde dont le fond est garni de pieux très pointus; on attache à l'un d'eux quelque animal vivant, de petite taille, destiné à servir d'appât, et l'on recouvre le tout d'un plafond de branchages. Lorsque le tigre, attiré par les cris du malheureux prisonnier, s'aventure sur ce sol factice, son poids le fait effondrer et il tombe sur les piquets qui le blessent grièvement; il ne reste plus qu'à lui donner le coup de grâce.

Lorsque ces moyens ne réussissent pas, il faut se décider à entrer en lutte directe avec l'ennemi, ce qui exige le concours de plusieurs hommes adroits et déterminés.

Quelquefois, on tente de rabattre le tigre vers d'immenses filets, disposés au préalable sur le chemin qu'il doit suivre, et dans lesquels il s'embarrasse lui-même par ses mouvements violents; le plus souvent, on organise la chasse soit avec des chevaux, soit avec des éléphants sur le dos desquels les chasseurs sont relativement hors des atteintes du fauve.

Les parties les plus vulnérables de celui-ci sont le cœur, le cerveau et les poumons. On reconnaît la gravité des blessures dont il est frappé à la nature des empreintes qu'il laisse en s'enfuyant; si le coup est mortel, ses pas portent la marque de ses griffes; au contraire s'il

TIGRE ET ANTILOPES

n'est pas atteint aussi gravement, les griffes se contractent à l'intérieur des pattes comme dans sa marche habituelle et leur trace n'est pas visible.

Quand on a réussi à abattre un tigre, on tient ordinairement à garder sa dépouille, soit comme trophée, soit comme échange, car sa valeur commerciale est considérable ; dans ce but, il est urgent de soustraire immédiatement le corps à l'action du soleil, car sa chair se décompose très vite et la corruption endommagerait la peau. On détache ensuite celle-ci, ce qui n'est pas une chose facile, et on la nettoie le mieux possible avec des substances antiseptiques ; puis on la tend entre des piquets dans un endroit exposé au soleil, de façon à ce qu'elle sèche sans se rétrécir ou se déformer. Le pelage varie de couleur suivant les individus et suivant leur âge. De loin en loin on rencontre un spécimen presque tout blanc, chez lequel les rayures sont à peine visibles et on lui donne le nom de *tigre blanc ;* mais en réalité ces animaux ne constituent pas une variété distincte des autres, ce sont tout simplement des albinos,

comme il s'en trouve parmi tous les genres d'animaux.

D'après les récits des indigènes et des explorateurs, le tigre est doué d'une intelligence qui se manifeste surtout par de la ruse ; il est fort glouton, et quand il a réussi à s'emparer d'une proie de grande taille, il commence par boire son sang par ses blessures, puis il se met en devoir de la dévorer et ne s'arrête que quand son estomac refuse de plus rien absorber, broyant les os et la peau avec la même ardeur que la chair. Il lui faut plusieurs jours pour digérer ce plantureux repas et ce n'est qu'au bout de ce temps de repos qu'il revient enlever ce qui lui reste de provisions ; les indigènes aux aguets ont parfois profité de ce délai pour déposer sur les derniers débris du cadavre quelque substance nocive qui détermine l'empoisonnement de l'animal.

Le tigre est un excellent nageur et n'hésite pas à attaquer les barques au milieu des fleuves, tellement il conserve, tout en nageant, l'aisance et la vigueur de ses mouvements ; il lui arrive même parfois de se risquer dans les flots de la mer.

TIGRE DES JUNGLES

Comme tous les animaux puissants, il a joui pendant longtemps d'une sorte de prestige parmi les populations ignorantes des Indes; à la crainte qu'il leur inspirait se mêlait beaucoup de respect, et dans certains petits royaumes le chef seul s'arrogeait le droit de chasser le tigre à sa fantaisie; force était aux pauvres habitants de supporter le fléau jusqu'à ce qu'il plût à leur roi de les en délivrer.

Il n'est pas besoin de pénétrer dans les jungles ou les forêts pour être exposé aux coups de ce dangereux ennemi; bien souvent, il s'introduit la nuit dans les villages, grimpe' sur le toit des cabanes et se fraye un chemin parmi les branchages qui le composent; heureusement le grincement de ses griffes sur le bois avertit les propriétaires de la maison et leur permet de s'enfuir sans être aperçus du fauve, absorbé par son travail de destruction; il lui est bien difficile ensuite de s'échapper par le chemin qu'il a suivi pour venir et, pris à son propre piège, il succombe sous les coups des habitants du village réunis pour le combattre.

Lorsqu'ils sont capturés peu de temps après leur naissance, les jeunes tigres sont susceptibles de recevoir une certaine éducation; nous avons tous pu en admirer quelques-uns au Jardin des plantes, et il n'est guère de ménagerie un peu importante qui n'en possède un ou plusieurs assez bien dressés pour exécuter certains exercices sous la cravache de leur dompteur.

Mais ces animaux, privés des vastes espaces et des forêts profondes de leur pays natal, ne tardent pas à dépérir en captivité; on les voit tourner incessamment à l'intérieur de leur cage, cherchant obstinément une issue vers la liberté, et tombant ensuite dans une morne torpeur qui leur devient rapidement fatale. Ils conservent toujours d'ailleurs leur nature farouche, prompte à reparaître sous la docilité apparente que la crainte leur inspire et doivent être surveillés de près. Hâtons-nous de dire que les dompteurs emploient généralement la douceur pour les dresser et que très rarement ils les frappent durement du fouet dont le bruit sec scande leurs exercices.

LÉOPARD

Si le tigre ne s'est pas multiplié hors de l'Asie, il n'en est pas de même d'un autre fauve, plus petit mais non moins redoutable, le *léopard*, que l'on rencontre aussi bien en Afrique qu'en Asie et même en Amérique.

Son aspect rappelle beaucoup celui du tigre, bien que sa robe soit mouchetée de noir, au lieu d'être rayée comme celle de ce dernier; mais il a dans ses mouvements la même élégance et la même souplesse, avec, de plus, la faculté de grimper facilement aux arbres, ce qui est un danger de plus pour ceux qu'il combat. On le dit aussi plus rusé que les grands fauves et capable de prévoyance raisonnée, car, lorsqu'il a des vivres en abondance, il sait fort bien en dissimuler une partie dans des cachettes confectionnées à cet effet, afin de s'assurer une réserve pour les jours de chasse infructueuse.

Cet instinct prudent se retrouve dans la manière dont le léopard répond aux attaques dont il est l'objet. En général il cherche d'abord à s'esquiver et à dépister ses adversaires; mais s'il ne parvient pas à leur faire perdre sa trace et qu'il soit forcé de combattre, il le fait avec un courage indomptable. Aussi les indigènes africains témoignent-ils d'une grande considération pour celui qui a remporté la victoire sur un de ces animaux; l'heureux chasseur porte en guise de trophée un collier composé avec les

dents et les griffes de sa victime et la possession de ce talisman suffit à lui assurer les plus grands honneurs; d'ailleurs la peau du léopard est considérée comme un attribut royal et la plupart des chefs nègres en font leur parure de cérémonie.

Lorsqu'il est poursuivi et serré de trop près par les chasseurs ou les chiens (car les chasses au léopard sérieusement organisées réservent toujours un rôle à ces auxiliaires précieux, spécialement entraînés à cet exercice), le léopard s'empresse de chercher asile au sommet d'un arbre élevé. C'est alors surtout qu'il faut déployer pour l'approcher la plus extrême prudence; en effet, du haut de son observatoire improvisé, il guette tous les mouvements de ses ennemis, et, dès qu'il en voit un à sa portée, il se ramasse sur lui-même, bondit, et vient tomber à l'improviste sur l'imprudent qui parvient rarement alors à échapper à son étreinte.

C'est grâce à cette agilité toute particulière que le léopard est si redouté par les nombreux troupeaux de singes qui peuplent les forêts de l'Afrique; il peut les poursuivre pour ainsi dire dans leur élément, au milieu des arbres qui leur servent de refuge contre les autres fauves; il est vrai qu'ils conservent toujours sur leur adversaire l'avantage que leur corps plus léger et leurs mouvements plus vifs leur assurent.

13

LES SEPT LÉOPARDS

Les récits des chasseurs contiennent maintes anecdotes relatives au léopard ; la gravure ci-dessus est la reproduction d'un dessin exécuté par le héros d'une de ces aventures, qui eut la chance de s'en tirer sain et sauf.

C'était un colon boer qui, voyageant dans le sud de l'Afrique avec une de ces lentes caravanes de troupeaux et de wagons qui suivent dans leurs émigrations ces explorateurs pacifiques, commit l'imprudence de s'en écarter un peu loin à la poursuite de quelque gibier. Il arriva ainsi à une clairière semée de blocs de rochers et, à sa grande surprise, se trouva en présence de sept léopards qui fort tranquillement prenaient là leurs ébats. Instinctivement, il déchargea sur eux sa carabine, imprudence qui pouvait lui coûter cher, car sa perte était assurée si ces animaux irrités s'étaient retournés contre lui. Heureusement ils ne connaissaient point le danger des armes à feu, car ils tressaillirent d'étonnement au bruit de la détonation, et deux ou trois d'entre eux, se dressant de toute leur hauteur, battirent l'air de leurs pattes de devant, comme pour s'efforcer de saisir les balles qui sifflaient à leurs oreilles. Le chasseur profita de cet instant de stupéfaction pour battre en retraite vers ses compagnons dont heureusement il n'était plus fort éloigné.

Les indigènes africains racontent aussi, au sujet du léopard, beaucoup de faits curieux qui dénoteraient chez cet animal une imagination fertile en ruses adroites.

S'il faut en croire ces récits, il aurait coutume de s'établir auprès d'un village et de commettre ses méfaits, non dans son voisinage immédiat, mais dans quelque localité assez éloignée pour que les propriétaires des poulaillers dévastés par lui ne songent pas à le poursuivre dans sa retraite. Il userait aussi du stratagème suivant pour s'emparer des antilopes : sachant ces jolies bêtes fort curieuses, il se cache dans les herbes assez hautes pour le dissimuler entièrement et leur imprime des mouvements variés afin d'attirer l'attention de ses victimes ; celles-ci en effet ne tardent pas à s'approcher sans défiance et, quand elles s'aperçoivent du danger, la fuite leur est devenue impossible, quelles que soient leur agilité et leur adresse.

LÉOPARD NOIR

Les léopards qui vivent en Asie et principalement dans les Indes ont des mœurs presque identiques à celles de leurs congénères d'Afrique: comme eux, ils présentent un curieux mélange de ruse et de férocité, suivant les circonstances dans lesquelles ils agissent. Leur aspect extérieur est le même également; néanmoins, on rencontre, surtout dans l'île de Java, une variété qui porte le nom de *léopard noir*, à cause de la nuance sombre de son poil, qu'il faut examiner en pleine lumière pour y distinguer les taches caractéristiques de l'espèce.

Les léopards sont bien plus vigoureux que leur taille relativement peu élevée ne peut le faire supposer; l'un d'eux, pénétrant la nuit au milieu d'un campement, enleva d'un seul coup deux énormes chiens-loups attachés près d'une tente et les entraîna dans la forêt, malgré leur résistance désespérée. On se mit à sa poursuite et l'on réussit à lui arracher ses victimes, mais l'une d'elles succomba aux suites d'un formidable coup de patte.

Les chiens asiatiques ont d'ailleurs une grande frayeur de ces redoutables adversaires; ils aboient bien quand ils les sentent de loin, mais dès que les léopards se rapprochent, ils prennent la fuite et ne se retournent pour aboyer de nouveau qu'après s'être mis à l'abri des poursuites.

A l'inverse des tigres, qui affectionnent les jungles aux herbes gigantesques, les léopards préfèrent le séjour des clairières plantées d'arbres isolés dans lesquels ils se font un jeu de grimper, soit pour y poursuivre les singes ou les oiseaux, soit pour y chercher un refuge; ils ne témoignent pas du même goût pour entrer en contact avec l'eau, bien qu'ils nagent fort bien quand ils y sont obligés.

Les léopards sont susceptibles d'être apprivoisés dans une certaine mesure, quand ils sont pris tout jeunes, bien entendu; encore le caractère varie-t-il beaucoup avec les différents individus, les uns restant dociles et même capables d'attachement, les autres devenant rapidement sauvages.

Leurs petits, semblables à de jeunes chats, sont très gracieux et très amusants à voir dans leurs jeux. Quand ils sont enfermés avec d'autres fauves, ils prennent volontiers ceux-ci pour sujets de leurs amusements, et rien n'est plus drôle que de voir un jeune léopard tirant irrévérencieusement la queue d'un lion, sans que le majestueux animal paraisse se fâcher ou même s'apercevoir de cette audacieuse malice.

Ils se livrent surtout entre eux à des jeux interminables, se roulant sur leur dos et agitant leurs pattes pour attirer l'attention de leurs compagnons, faisant mine de se cacher pour bondir ensuite à l'improviste devant eux, exécutant en un mot les mille petits exercices que nous voyons faire journellement à nos jeunes chats. Lorsqu'ils sont convenablement dressés, ils apprennent aussi à obéir au claquement du fouet ou à la voix du dompteur, à franchir des barrières ou des cerceaux, à se tenir debout sur leurs pattes de derrière, comme le font d'ailleurs la plupart des fauves élevés dans des ménageries.

ONCE

L'*once* a été longtemps confondu avec le léopard, avec lequel en effet il offre une grande ressemblance; néanmoins un examen attentif suffit à faire reconnaître les caractères qui l'en distinguent.

Sa robe est plus claire, d'un blanc grisâtre à peine teinté de jaune et très pâle sur la partie inférieure du corps; les taches dont elle est parsemée sont moins nettes et leur disposition tend à former des bandes régulières; ils ont une large plaque noire derrière les oreilles, leur fourrure est plus rude et plus épaisse, sans doute parce qu'ils vivent dans des contrées montagneuses un peu froides, et leur queue est moins fournie. L'once se rencontre dans certaines parties de l'Asie et notamment sur les bords du golfe persique.

Le *serval* est un félin à la robe élégante et aux formes gracieuses qui vit dans les régions sud-africaines; son poil est d'une belle couleur dorée, nuancé de gris ou presque blanc dans la partie inférieure du corps et la face interne des pattes, qui est cependant semée de taches noires disposées en bandes parallèles; les oreilles, très larges à la base, sont noires et blanches; la queue est courte, épaisse et peu gracieuse.

Le serval n'est pas un adversaire bien terrible et semble plutôt porté à la docilité quand il n'est pas surexcité; on le chasse pour s'emparer de sa fourrure qui est employée sous le nom de peau de chat-tigre.

Nous avons dit précédemment que le léopard existait même dans le nouveau monde; le *jaguar* en effet appartient au même genre, bien qu'on puisse l'en distinguer par différents caractères.

Il est de plus grande taille, avec une queue relativement courte; il porte en travers de la poitrine deux ou trois larges bandes qui n'existent pas chez les autres espèces; enfin sa peau est mouchetée de taches non plus arrondies, mais assez régulières de forme avec, au centre, un ou plusieurs points noirs; une succession de marques également noires suit d'un bout à l'autre la ligne de l'épine dorsale.

Certaines peaux de jaguar sont remarquables par la richesse de couleurs qu'elles présentent; ce sont celles-là qu'on emploie en maroquinerie,

JAGUAR

notamment pour fabriquer le dessus des selles des officiers.

Les jaguars sont assez nombreux dans les vastes forêts de l'Amérique centrale, où ils causent de grands dommages aux animaux de toutes sortes, car leur régime alimentaire est très varié. Ils ne craignent pas de s'attaquer aux chevaux qui paissent en liberté dans ces parages, et ils sont assez vigoureux pour transporter leurs cadavres à une longue distance, même quand il leur faut traverser un fleuve avec leur lourd fardeau. Mais c'est surtout parmi les innombrables familles de singes qu'ils aiment à prélever leur tribut, non sans peine d'ailleurs, car les agiles et rusés animaux ne sont pas faciles à surprendre. Les jaguars, malgré leur souplesse, ont de la peine à les suivre dans les arbres que leur taille ne leur permet pas d'escalader au delà d'une certaine hauteur, et ils doivent le plus souvent profiter de leur sommeil pour les attaquer. Quelquefois ils ont la chance d'approcher, sans être vus, une bande de singes absorbés par leurs jeux et d'en abattre quelques-uns avant qu'ils aient retrouvé leur présence d'esprit pour s'enfuir.

Ils viennent plus facilement à bout de certains rongeurs, tels que le capibara, qui ne peuvent rivaliser avec eux ni de vitesse ni de force. Ils tentent parfois d'échapper en se jetant à l'eau, mais ce n'est pas là un obstacle pour leur terrible adversaire qui se trouve aussi à l'aise dans cet élément que sur la terre ferme.

Le jaguar est particulièrement friand de la chair délicate de la tortue d'eau et procède avec beaucoup d'adresse à cette chasse spéciale, peu commode en raison de l'armure naturelle qui

JAGUAR ET SINGES

protège cette sorte de gibier. Il guette le moment où la tortue, après s'être traînée sur le rivage pour y déposer ses œufs sous un petit monticule de sable exposé au soleil, regagne la mer ou le fleuve où elle vit habituellement. D'un adroit coup de patte il la retourne sur le dos de façon à ce qu'elle ne puisse plus lui échapper : puis, déchirant avec ses griffes la partie moins résistante de la carapace qui environne la queue, il introduit sa patte par l'ouverture et parvient à vider entièrement la tortue sans avoir eu besoin de briser son enveloppe. Il se met ensuite à la recherche des œufs de la pauvre bête, qui sont considérés, même par les hommes, comme un mets des plus savoureux et découvre leur cachette avec un flair remarquable.

Pour les oiseaux dont il fait également une grande consommation, il prend moins de précautions ; le choc de sa patte suffit pour les abattre et par un de ses bonds formidables il peut même les arrêter dans leur vol. Il n'est pas moins habile à la pêche qu'à la chasse, guette les poissons qui s'aventurent trop près du bord et les fait sauter hors de l'eau d'un mouvement rapide et sûr.

Comme le léopard, le jaguar n'est courageux que lorsqu'il ne peut pas faire autrement ; il ne s'attaque qu'à des ennemis isolés, et si le hasard met sur son chemin un troupeau de bêtes ou une caravane humaine, il suit l'un ou l'autre à distance, dissimulant sa présence avec soin et attendant que quelque retardataire se trouve suffisamment isolé des autres pour être enlevé sans risque pour son agresseur.

Les premiers colons qui s'établirent dans les territoires encore vierges du sud de l'Amérique eurent beaucoup à souffrir de la part de ces fauves ; maintes fois ils trouvèrent leurs chevaux décimés, leurs poulaillers dévastés, leurs pigeonniers vides, sans parler des dangers qu'un pareil voisinage présentait pour eux-mêmes. Aussi mirent-ils tout en œuvre pour se débarrasser de ce fléau vivant et, grâce à leurs efforts incessants, le jaguar est à peu près relégué maintenant dans certaines forêts éloignées de toute habitation humaine.

PUMAS

L'Amérique est aussi la patrie du *puma* qui a été classé successivement sous une foule de noms divers. C'est un animal assez considérable comme taille, bien que sa tête, trop petite proportionnellement à son corps, fasse paraître ses dimensions moindres qu'elles ne sont en réalité; ses pattes larges et bien musclées lui assurent la force et l'adresse dont il a besoin pour pourvoir à sa subsistance. Dans son jeune âge, sa fourrure rappelle, comme disposition, celle du léopard, mais les taches s'atténuent à mesure qu'il grandit et disparaissent bientôt complètement dans une teinte fauve uniforme, plus ou moins foncée suivant les individus.

Le puma pourrait être un ennemi redoutable, si sa lâcheté n'assurait à ceux qui connaissent

YAGOUARONDI

ses mœurs un moyen infaillible de le mettre en déroute. Son plan d'attaque se borne à suivre l'ennemi qu'il a senti de loin et à épier en silence une occasion favorable pour bondir sur lui ; il faut avec lui se méfier des fourrés impénétrables à la vue qui lui fournissent un abri sûr ; mais quand il se trouve à découvert, il n'ose pas se rapprocher d'un homme et si même, poussé par la faim, il fait mine de tenter l'assaut, il suffit de le regarder fixement pour le voir battre lentement en retraite, secouant sa tête de droite à gauche comme pour échapper à la terreur singulière qu'un regard persistant et calme lui inspire.

S'il ne leur cause aucune crainte pour leur compte personnel, le puma n'en est pas moins redouté par les éleveurs et les fermiers dont il décime les troupeaux avec tant d'habileté qu'on ne peut guère les garantir de ses atteintes ; un de ces animaux est capable de massacrer à lui seul cinquante moutons en une nuit.

Tous, il est vrai, n'ont pas à leur portée des proies aussi faciles ; ceux qui vivent en pleine forêt se nourrissent à peu près de la même manière que le jaguar ; ils s'établissent dans les basses branches des arbres, au milieu desquelles ils demeurent invisibles, grâce à leur poil de la même, couleur que l'écorce, et de là bondissent à coup sûr sur tous les gibiers à leur convenance qui passent à leur portée. Ils sont d'ailleurs si habiles à se dissimuler que, même

dans une cage ne contenant que quelques maigres buissons d'arbrisseaux, ils parviennent à échapper aux regards des visiteurs inexpérimentés.

La chair du puma est comestible et fournit, au dire de quelques personnes, un aliment agréable ; aussi les chasseurs des Pampas le poursuivent volontiers et s'en emparent généralement à l'aide du lasso, sorte de lanière munie d'un nœud coulant qu'on peut lancer à une grande distance. D'autres capturent les jeunes et parviennent à les apprivoiser assez bien.

Le puma n'est pas la seule variété du léopard dont les taches disparaissent quand la croissance est achevée ; le *yagouarondi* présente la même particularité. Parvenu à l'âge adulte, il est d'une couleur uniforme, d'un brun plus ou moins foncé, ombré de noir ou de blanc suivant la disposition de son humeur. Voici l'explication de ce curieux phénomène. Les poils du yagouarondi sont blancs à leur racine, très foncés à l'extrémité opposée ; quand l'animal est calme et satisfait, ses poils sont abaissés les uns sur les autres et laissent voir seulement leur partie sombre. S'il est irrité au contraire, sa fourrure se hérisse comme celle des chats en colère, et la partie blanche devient visible. Cette bête est fort sauvage et vit seulement dans la Guinée, d'où l'on a pu en rapporter quelques spécimens.

OCELOT PEINT

Les *ocelots,* qui appartiennent également au genre léopard, sont vulgairement connus sous le nom de *chats-tigres,* à cause de leur fourrure richement bariolée et de leur allure élégante.

L'*ocelot commun* est très répandu dans les régions tropicales de l'Amérique ; il est de taille moyenne. A travers son pelage, d'une nuance atténuée, courent des bandes fauves très foncées et plus ou moins continues ; sur la tête, le cou et les côtés des jambes ces bandes sont disposées en taches irrégulières plus sombres encore ; les oreilles sont noires, avec une marque blanche à la base. Il est facile de se rendre compte de l'aspect original et brillant de cette fourrure qui, pour ce motif, est très recherchée par les fabricants de certains articles de luxe.

L'ocelot ne manque ni de force, ni d'adresse et n'est pas un adversaire à dédaigner. En captivité, son caractère se modifie parfois d'une manière heureuse ; il devient alors aussi amateur de caresses qu'un chat domestique, et les provoque de la même façon en se frottant aux barreaux de sa cage avec un ronronnement aimable. Mais d'autres spécimens, élevés avec moins de soins ou doués de moins de bonne volonté, demeurent sauvages et indociles et s'efforcent de sauter au visage des imprudents qui s'approchent trop près d'eux.

L'*ocelot gris* est ainsi appelé à cause de la couleur dominante de son poil, dans lequel les taches noires sont moins nombreuses et moins bien marquées que chez l'ocelot commun ; sa gorge est d'un joli gris argenté, coupée par deux ou trois bandes noires.

Ses mœurs sont semblables à celles des autres variétés, c'est-à-dire que l'éducation peut adoucir considérablement sa nature primitive. Le meilleur moyen pour apprivoiser un ocelot est de lui offrir quelque friandise de son goût, telles que certaines mouches ou mieux encore des herbes fraîchement cueillies ; il commence par dédaigner ces présents, puis il les accepte avec circonspection ; enfin, quand il s'est rendu compte qu'on n'avait que de bonnes intentions à son égard, il vient lui-même solliciter la générosité de ses visiteurs et bientôt il prend l'habitude d'accourir à leur vue pour leur témoigner sa reconnaissance et sa sympathie. On s'étonnera peut-être qu'un animal aussi carnivore apprécie à un si haut degré le don de quelques végétaux vulgaires ; ce fait se reproduit cependant chez la plupart des animaux de cet ordre, et s'explique par un instinct naturel qui les conduit à user de ce moyen pour remédier aux inconvénients que l'usage constant de la chair crue produirait dans leur organisme. L'ocelot, en effet, se nourrit de petits mammifères et d'oiseaux qu'il attrape en se dissimulant dans les branches des arbres, de façon à les laisser approcher sans défiance. Il saute alors dessus et les abat d'un coup de patte.

L'*ocelot peint* présente à peu près le même aspect avec, comme son nom l'indique, plus de somptuosité encore. Les taches sont plus nombreuses et plus rapprochées, la queue presque entièrement noire, les bandes qui ornent sa gorge, blanche comme celle de l'ocelot gris, affectent une forme arborescente et se prolongent jusqu'aux épaules. Ses yeux sont jaune d'or ; ils ont beaucoup d'éclat et la pupille, comme celle des chats, est susceptible de se dilater fortement. Il se nourrit volontiers de lapins et d'oiseaux, et plume parfois ces derniers avant de les manger, en commençant par la tête qui semble être son morceau préféré, et dont il se contente même quelquefois.

14

MARGAY

CHAT MARBRÉ

On trouve, en Guinée, une sorte de chat-tigre qui porte le nom de *margay* et n'est pas moins bien vêtu; les marques noires de son pelage sont très nombreuses et plus petites dans la partie postérieure du corps; sa queue est magnifiquement fournie.

Bien qu'on l'ait parfois représenté comme un animal insociable et féroce, il est susceptible d'éducation. Un margay, capturé très jeune et apprivoisé avec grand soin, s'était attaché à son maître au point de le suivre comme un chien; il faisait une guerre acharnée aux rats qui infestaient la maison et avait appris à connaître leurs habitudes, les chassant de préférence pendant les heures les plus favorables de la journée. Il rendait ainsi grand service à son maître qui, sans lui, eût été bien en peine de se défendre contre la vermine qui pullule si rapidement en ces pays.

Les mouchetures caractéristiques se retrouvent chez un animal assez voisin, le *chat marbré*; elles ne sont pas si nettement dessinées que chez le léopard, mais se détachent pourtant distinctement sur le fond gris tirant sur le fauve de la fourrure. On rencontre cet animal à la figure peu avenante dans la presqu'île de Malaca.

LEOPARDUS MICROCELIS OU RIMAU-DAHAN

Signalons maintenant un fort bel animal, vulgairement appelé tigre à écailles de tortue, et nommé par les indigènes de Sumatra, son pays d'origine, *rimau-dahan*, d'un mot local qui signifie branche fourchue, parce qu'il se met généralement en embuscade à l'interstice de plusieurs branches d'arbre. Son nom scientifique est *leopardus microcelis*.

Il est couvert d'une fourrure longue et fine, grise avec des reflets marron, parsemée de taches irrégulières affectant les formes les plus diverses, et dont la nuance même n'est pas uniforme ; cependant l'échine est toujours marquée d'une double raie noire, soyeuse comme du velours, et la queue présente une succession d'anneaux, noirs également. Cet animal est presque aussi grand qu'un tigre, et ses pattes courtes et larges témoignent de sa vigueur ; cependant sa tête fine et la douceur de ses manières semblent indiquer une nature peu farouche et, s'il faut en croire les récits des indigènes, cette impression favorable est justifiée par les faits.

Certes, le rimau-dahan ne respecte pas toujours les poulaillers de ses voisins ; mais ses dégâts s'arrêtent là et, loin de s'attaquer à l'homme, il devient assez volontiers son compagnon ; il s'attache également aux animaux domestiques avec lesquels il est élevé et prend soin, en jouant avec eux, de modérer sa force afin de ne leur faire aucun mal.

Il est d'ailleurs peu commun, même dans son île natale, et y devient de plus en plus rare.

Pendant fort longtemps le rimau-dahan fut inconnu en Europe ; et le premier spécimen exhibé dans une ménagerie attira à peine l'attention durant le peu de temps qu'il y vécut. Plus tard, cependant, des voyageurs capturèrent vivants et ramenèrent avec eux d'autres échantillons de la même espèce. L'un d'eux donna sur ce sujet des détails qui confirmèrent la bonne réputation de cet animal ; celui-ci était assez inoffensif pour être laissé en liberté sur le navire qui le portait, et jamais les passagers ni les autres animaux vivant à bord n'eurent à s'en plaindre ; il témoignait même à un petit chien une affection particulière et jouait souvent avec lui. On le nourrissait d'oiseaux morts, avec lesquels il faisait néanmoins le même manège qu'un chat à l'égard d'une souris, les je-

LEOPARDUS MACROURUS OU KUICHUA

CHATI

tant en l'air avec ses pattes pour les rattraper après un semblant de poursuite et, finalement, les saignant avant de les manger.

Si le rimau-dahan est relativement inoffensif, il n'en est pas de même du *colocolo* qui est plus petit mais aussi bien plus féroce. De couleur grise à la partie supérieure du corps, blanche à la poitrine et au ventre, il est marqué de courtes bandes noires, disposées à intervalles réguliers et encadrées de lisérés brun foncé; quelques-unes même sont entièrement de cette nuance; la queue est ornée de demi-anneaux noirs, la tête est large et aplatie, les oreilles sont courtes et arrondies.

Une anecdote montre bien quelle crainte cet animal inspire par sa férocité aux animaux vivant dans les mêmes parages que lui. Un officier de marine, ayant tué un colocolo, attacha

LEOPARDUS FEROX OU COLOCOLO

la dépouille pour la faire sécher à un des mâts de son navire, qui naviguait sur une rivière de la Guinée. Les singes du voisinage, fort curieux comme tous leurs pareils, accoururent sur les arbres des rives pour examiner, suivant leur coutume, l'objet inconnu qui venait troubler leur solitude; mais, au lieu de manifester leur étonnement et leur satisfaction par des gambades et des grimaces, ils donnèrent des signes évidents de frayeur et s'enfuirent au plus vite à la vue de la dépouille du colocolo.

Un autre animal du même genre, qui porte le nom de *kuichua,* habite le Brésil, bien qu'il y devienne de plus en plus rare. Il est remarquable par la beauté de sa queue qui, ainsi qu'il est facile de le constater sur la gravure ci-jointe, est extrêmement longue, très fournie et marquée de demi-cercles noirs qui font le plus bel effet sur le fond couleur d'ocre de sa fourrure.

Comme chez la plupart des léopards, tout le corps est moucheté de taches irrégulières, affectant tantôt les formes du cercle, tantôt celles de bandes tronquées; le cou est long et mince, mais la tête aplatie gâte, par sa mine sauvage, l'ensemble gracieux du reste de l'animal.

Le *chati* se rapproche beaucoup de l'ocelot et vit comme lui dans le sud de l'Amérique. La teinte générale de son poil est plutôt pâle avec une étroite bande noire qui suit la ligne de l'é-pine dorsale; des points moins foncés sont disséminés sur la presque totalité du corps et des anneaux de même nuance s'espacent le long de sa queue.

Quand il est en liberté dans ses forêts natales, il se nourrit de petits mammifères et surtout d'oiseaux; c'est par conséquent un voisin dangereux pour les éleveurs de volailles, car il est bien difficile de garantir les poulaillers contre ses incursions. Il est assez agile pour escalader n'importe quelle clôture, assez souple pour se glisser par le moindre interstice, assez rusé pour accomplir sans bruit sa sinistre besogne dont on constate les résultats seulement au réveil.

Il choisit tout naturellement la nuit pour exécuter ses vols, surtout lorsque le temps est sombre et le vent violent, car il a plus de chance alors de s'approcher de l'habitation sans être vu ni entendu; il s'aventure rarement au clair de lune loin des bois qui lui servent de refuge et, pendant le jour, il dort presque constamment.

En captivité, cet animal devient doux et caressant, plein de bonne humeur et de manières plaisantes.

On peut même parvenir à l'apprivoiser suffisamment pour le laisser aller et venir librement dans la maison; mais on ne doit jamais lui permettre d'approcher du poulailler, car son goût spécial pour les volatiles persiste toujours et il ne saurait, en aucun cas, y résister.

CHAT DES PAMPAS

C'est du moins ce que rapportent les personnes qui ont eu l'occasion et la fantaisie d'expérimenter le fait. Il peut, à ce propos, sembler un peu étrange que l'on cherche à transformer en animaux domestiques des bêtes bien peu faites en apparence pour s'y accoutumer; mais les propriétaires d'exploitations agricoles isolées dans des pays imparfaitement civilisés se trouvent souvent entraînés à tenter des essais d'acclimatation de ce genre, qui d'ailleurs réussissent assez souvent. C'est ainsi que le maître d'une de ces fermes colossales comme on en rencontre dans certaines parties de l'Amérique du Sud put capturer et apprivoiser un jeune chati, qui devint bientôt presque aussi familier qu'un chat domestique; entièrement libre de ses mouvements et de ses actions, il suivait volontiers son maître, jouait avec lui, lui témoignait beaucoup d'affection et poussait même l'intimité jusqu'à prendre place sur son lit. Néanmoins on ne parvint jamais à le corriger de son goût malencontreux pour les volailles de la basse-cour; il respectait tant bien que mal celles de la ferme, mais se dédommageait en prélevant son tribut sur les poulaillers des voisins qui, irrités de ses larcins perpétuels, finirent par se débarrasser de sa présence.

Les types d'animaux dont nous allons parler maintenant se rapprochent de plus en plus de notre chat domestique. Bien que d'une taille un peu plus élevée, leur aspect général est sensiblement le même, avec la différence d'allures qu'ils doivent à leur existence indépendante.

Tel est le *chat des Pampas* qui peuple, comme son nom l'indique, les régions de l'Amérique du Sud.

La teinte générale de sa fourrure, très longue et très soyeuse, est du jaune des sables; son corps est couvert de bandes brunes presque parallèles; de chaque côté de la face partent deux larges raies foncées qui contournent les yeux, les joues et se rejoignent sous le cou; les pattes et la queue sont cerclées de noir.

Il vit uniquement dans les Pampas, qui sont les jungles de l'Amérique, et où il trouve en abondance les rongeurs de petite taille dont il fait sa nourriture principale.

Il est rare en effet de le voir s'attaquer aux poulaillers avec la voracité que témoignent tant d'autres animaux du même genre.

Il est très commun dans les vastes étendues de pays qui s'étendent sur toute la côte orientale de l'Amérique du Sud, où il est connu généralement sous le nom de chat des jungles. Il se distingue surtout des ocelots par la forme de sa queue qui n'est pas très longue, couverte de poils épais, et dépourvue de ces anneaux de nuance foncée qui ornent cette partie du corps chez ces derniers animaux.

Le *chat égyptien* présente encore plus de ressemblance avec le chat domestique, dont il se distingue surtout par ses oreilles pointues et toujours dressées verticalement.

C'est vraisemblablement le même animal que les anciens Égyptiens entouraient d'une vénération si particulière que le meurtre d'un chat

CHAT ÉGYPTIEN

était puni très sévèrement, parfois même de la peine capitale.

Ils l'avaient mis au rang de leurs dieux et de grands honneurs lui étaient rendus même après sa mort; sa dépouille était conservée au moyen d'herbes aromatiques, suivant la méthode réservée à l'embaumement des rois et des personnages illustres; c'est ainsi que nous possédons encore maintenant dans nos musées quelques momies de chat parfaitement intactes.

Le chat égyptien est originaire de la Nubie et habite de préférence les rives du Nil, aux endroits où elles sont pourvues de buissons, d'arbres et de rochers. Sa robe est un peu plus foncée que celle de son congénère d'Amérique; le dos surtout est d'une nuance très sombre; la poitrine et la face interne des pattes sont d'un gris presque blanc; de nombreuses bandes ou taches noires ou brun foncé sont répandues à peu près sur tout le corps; les yeux sont d'un beau jaune brillant.

Bien que les changements apportés par l'homme dans la plupart des territoires autrefois incultes de nos pays tendent à la destruction progressive de son espèce, le *chat sauvage* existe encore dans maintes régions de l'Europe, aussi bien qu'en Asie. Constitue-t-il une variété particulière, ou notre chat domestique n'est-il que son descendant direct, transformé par une existence sédentaire? la question est encore dis-

cutée. En tous les cas, ils se distinguent l'un de l'autre par plusieurs points.

Le chat sauvage est de couleur plus uniforme, généralement gris jaunâtre, avec des bandes foncées disposées un peu comme celles de la fourrure du tigre: ses poils sont longs et épais, surtout quand il vit dans un pays froid. Sa queue est plus courte et plus épaisse que celle du chat domestique; elle est très fournie et terminée par une belle touffe de poils noirs.

Il établit généralement sa demeure dans un trou de rochers ou une excavation creusée dans le tronc d'un vieil arbre, parfois même dans le nid abandonné d'un oiseau de grande taille; il habite de préférence les pays boisés qui lui assurent une plus grande sécurité et, s'il existe quelque ferme dans le voisinage, il lui rend de fréquentes visites intéressées. Comme tous les animaux de la même tribu, en effet, il prélève volontiers sa nourriture parmi les poules et autres volatiles, et se contente même parfois de leur trancher la tête et de boire leur sang sans en consommer la chair.

Aussi fait-on à ces animaux une guerre acharnée qui n'est pas toujours facile, car ils sont armés de griffes et de dents assez puissantes pour infliger des blessures sérieuses et se défendent au besoin avec vigueur et courage, n'hésitant pas à sauter à la figure de qui les attaque. Leur aspect en ces circonstances est réellement effrayant, car leurs poils hérissés semblent doubler leur

CHAT SAUVAGE

volume, et leurs yeux flamboyants ont un éclat sauvage qui dénote leur véritable caractère.

Cependant, malgré sa force et son agilité, le chat sauvage se laisse prendre assez facilement aux pièges qu'on dresse contre lui; le meilleur procédé consiste à placer ces pièges auprès du cadavre d'un des siens précédemment massacré, car il sent de loin sa présence et ne manque pas de s'en approcher et par conséquent de se faire prendre.

D'ailleurs, il ne semble pas doué de ce flair particulier qui indique ordinairement aux animaux sauvages la proximité d'un danger quel qu'il soit, et on peut l'approcher sans trop de difficulté. Mais, dans une lutte ouverte, il retrouve tous ses avantages, grâce à la vigueur de ses membres et à l'agilité de ses mouvements, qualités dont il tire parti avec un courage féroce.

Il se multiplie avec une grande rapidité dans les régions où il jouit d'une tranquillité relative, et, s'il n'était pas pourchassé constamment, il ne tarderait pas à envahir les forêts, au grand détriment du gibier de toutes sortes dont il fait une énorme consommation.

Ajoutons que la plupart des chats sauvages que l'on rencontre encore quelquefois dans nos bois ne sont que les descendants de chats domestiques, revenus, par suite de circonstances diverses, à la vie primitive qui modifie complètement leur caractère.

S'il est un animal connu de tous, vanté par quelques-uns, décrié par quelques autres, au sujet duquel on a beaucoup parlé et beaucoup écrit, en raison de la façon dont il est mêlé à notre existence, c'est assurément le *chat domestique* qu'on trouve installé à presque tous les foyers.

J'ai dit qu'on avait porté sur le chat bien des jugements contradictoires. Il faut avouer que généralement ils ne lui sont pas favorables. On a l'habitude de le comparer au chien en faisant ressortir les qualités de celui-ci en regard de ses propres défauts. Le chien, dit-on, est dévoué, fidèle, intelligent et actif; le chat est égoïste, capricieux, d'esprit borné, et d'une indolence qui frise la paresse. Il est évident que l'un est beaucoup plus favorisé que l'autre sous le rapport des facultés intellectuelles et que le chat, bien que susceptible d'un certain degré de raisonnement, ne saurait rivaliser sous ce rapport avec le chien, si merveilleusement doué qu'il parvient à comprendre son maître et à être compris par lui aussi bien que s'ils parlaient le même langage.

C'est, je crois, en grande partie à l'étroitesse relative de son cerveau qu'il faut attribuer l'humeur changeante du chat, ainsi que son attachement obstiné à certains objets, à certaines habitudes. Peut-être est-il un peu prompt à sortir ses griffes de leur étui de velours, mais il croit souvent continuer ainsi son jeu sans se rendre compte du mal qu'il peut occasionner à son partenaire; sans doute il prend grand soin de sa personne et prise fort le confortable, mais

CHATS DOMESTIQUES

il est capable d'affection désintéressée, soit pour son maître, soit pour d'autres animaux.

On raconte qu'un vieux chat à demi impotent s'était lié d'amitié avec un de ses congénères jeune et alerte. Ce dernier faisait la chasse aux souris et apportait la moitié de son butin à son camarade dont les forces étaient trop affaiblies pour lui permettre de se livrer à cet exercice; mais par un touchant échange de bons procédés, l'invalide cédait à son pourvoyeur sa propre part de la pâtée commune dont l'autre était très friand.

Plus étonnante encore est l'histoire de cette petite chatte, dont la maîtresse était tombée gravement malade et qui vint s'installer à son chevet, ne la quittant pas d'un instant, apprenant à connaître les heures auxquelles on avait coutume d'apporter quelque remède à la malade, et réveillant la garde lorsque celle-ci laissait passer l'instant voulu sans accomplir sa tâche.

Il est certain que le chat, comme presque tous les animaux d'ailleurs, est fort sensible à la façon dont on le traite et qu'il reconnaît les bons soins dont on l'entoure par mille petits témoignages d'affection. Généralement rebelle aux avances que lui font les étrangers, il recherche la société de ses maîtres, accourant au-devant d'eux s'ils rentrent après une absence assez longue et ne se montre point satisfait avant d'avoir reçu les caresses qu'il demande en ronronnant si gentiment; son bonheur est parfait lorsqu'on lui accorde la permission de s'installer sur les genoux pour y dormir.

D'ailleurs le chat nous rend assez de services pour que nous lui pardonnions quelques petites bizarreries de caractère. Sa présence est indispensable dans les habitations où, sans lui, rats et souris s'installeraient bientôt en maîtres; il est doué d'un flair spécial pour ce genre de chasse et s'y livre avec passion, bien que la plupart du temps il n'y soit pas poussé par la faim; il se contente de jouer, assez cruellement, il est vrai, avec ses victimes et les abandonne lorsqu'elles sont tout à fait mortes. Par un reste des habitudes inhérentes à la vie des animaux sauvages, il prend goût également à chasser les oiseaux et passe de longues heures embusqué dans les jardins, s'il en a à sa disposition, guettant les visiteurs ailés qui s'y

15

CHAT DE L'ILE DE MAN ET CHAT ANGORA

aventurent, s'efforçant même d'imiter leur cri afin de les attirer plus sûrement. Quand il ne peut sortir de la maison, il se contente de surveiller avec convoitise les oiseaux prisonniers comme lui et profite de l'inattention de ses maîtres pour grimper sur la cage et s'efforcer d'en atteindre les habitants à travers les barreaux.

L'antipathie que le chien et le chat se témoignent habituellement est proverbiale; néanmoins elle a été fort exagérée, car il n'est pas rare de voir ces animaux, élevés ensemble dès leur jeune âge, se prendre d'affection l'un pour l'autre et vivre en très bonne intelligence.

Nous ne décrirons pas l'aspect extérieur du chat domestique qui est sensiblement le même que celui du chat sauvage. Ses allures sont pourtant plus gracieuses et moins brusques, et sa physionomie est adoucie par son contact perpétuel avec l'homme; son pelage présente une grande diversité, aussi bien dans la couleur, car le noir, le blanc, le roux, le gris s'y rencontrent en plus ou moins grandes quantités, que dans la disposition, car certains individus sont d'une teinte uniforme (ce sont généralement ceux de race pure) et d'autres marqués de taches distribuées d'une façon très irrégulière.

Ce qui fait le charme de ce petit animal, c'est la grâce qu'il apporte à ses moindres mouvements; rien n'est plus joli qu'une chatte jouant avec ses petits qui, bondissant autour d'elle, se suspendent les uns aux autres dans les attitudes les plus comiques et apportent dans chacun de leurs coups de patte une souplesse et une dextérité qui feraient envie au meilleur acrobate.

Il y a un grand nombre de variétés de chats,

CARACAL

CHAUS LYBICUS

le type se modifiant sensiblement suivant les pays qu'il habite et l'existence qu'il mène. Un des plus connus est l'espèce dite *angora* qui est surtout remarquable par la beauté de sa fourrure. Le chat angora est plus gros que le chat à pelage court et son volume est encore accru par la grande quantité de ses poils longs et soyeux ; il est très fier de cette superbe fourrure et l'entretient avec un soin d'autant plus méticuleux qu'elle est généralement de nuance claire, blanche ou grise ; il a une démarche grave et majestueuse, on voit qu'il se sent admiré et digne de l'être. Malheureusement il est moins favorisé au moral qu'au physique et son intelligence est inférieure à celle du chat ordinaire.

De plus, il est doué d'un énorme appétit et dès qu'il avance un peu en âge prend un ombonpoint fort nuisible à l'élégance de son allure.

L'île de Man possède une curieuse variété de chat, caractérisée par l'absence presque complète de la queue, dont l'emplacement est marqué simplement par une courte protubérance. La privation de cet appendice, en apparence inutile, suffit néanmoins à ôter à l'animal la plus grande partie de sa gentillesse ; non seulement sa démarche perd sa grâce onduleuse, mais, de plus, il semble privé de cette mimique expressive à laquelle les chats se livrent si volontiers, remuant leur queue en tous sens selon les sentiments qui les animent, ou bien jouant avec elle de façon très curieuse. Disons aussi

que le pelage du chat de l'île de Man est court et de teinte uniforme, ce qui n'ajoute pas à son agrément physique.

Le *caracal* est un ennemi dangereux pour les quadrupèdes de petite taille et les oiseaux, bien qu'il ne soit pas très bien doué pour la course et que son odorat ne brille pas par la finesse, mais il est expert dans l'art des bonds imprévus, qui terrassent la proie convoitée ; son agilité à grimper aux arbres lui permet de la poursuivre jusque dans ce dernier refuge.

Il a recours parfois à un procédé plus facile pour se procurer sa nourriture ; il se joint aux fauves de second ordre qui suivent le lion ou le léopard dans leurs chasses nocturnes et se repaissent de leurs restes après qu'ils ont achevé quelque repas copieux.

Quelquefois aussi les caracals se réunissent en groupe pour venir plus facilement à bout de quelque adversaire de grande taille.

Ils vivent en Afrique et en Asie ; on les rencontre notamment en Arabie, en Égypte, au cap de Bonne-Espérance ainsi que dans la Perse et les Indes.

Le caracal est ainsi appelé d'un mot turc qui signifie noires oreilles ; c'est là en effet une de ses particularités les plus caractéristiques. Le reste de son pelage est d'un brun rougeâtre, plus pâle sur les parties inférieures du corps et décoré de points sombres, bruns ou noirs ; la lèvre inférieure, le sommet de la lèvre supérieure

CHAT CAFRE

et le menton sont blancs; la queue est très courte.

C'est un animal très vigoureux, malgré sa petite taille, et la férocité de sa nature augmente encore ses forces; il est impossible de l'apprivoiser; il conserve toujours vis-à-vis de ses gardiens une attitude méfiante et hargneuse; aussi, lorsqu'il voit un inconnu approcher de sa cage, il conçoit une vive irritation qui se manifeste par des bonds sauvages, des hurlements de colère et des regards étincelants.

On n'arrive à le mâter qu'à force de patience et de fermeté, car si on lui cède une seule fois, il perd tout respect pour son maître; d'ailleurs il est nécessaire, pour dompter tout animal sauvage, de ne pas l'irriter inutilement, mais aussi de ne jamais céder à ses caprices.

Les animaux compris sous la dénomination générale de *lynx* se distinguent des chats par la forme de leurs oreilles qui sont droites, pointues, avec une petite touffe de poils à l'extrémité. Tel est le *chaus* qui est assez répandu dans le sud de l'Afrique, sur les bords de la mer Caspienne, en Perse et dans certaines parties des Indes. N'ayant que peu d'aptitude pour grimper aux arbres, il préfère au séjour des grandes forêts les taillis assez épais pour lui offrir un abri, surtout quand ils avoisinent un fleuve ou un lac. En effet, le poisson est, avec les menus quadrupèdes et les oiseaux, sa nourriture de prédilection; il se tapit au bord de l'eau pour guetter son approche et, d'un adroit coup de patte, le fait sauter sur le rivage où il est à sa merci.

La fourrure du chaus est généralement d'une teinte fauve, tirant sur le gris et nuancée de taches peu distinctes, excepté sur la partie postérieure du corps et de la queue où elles se détachent plus nettement. Ces taches sont constituées uniquement par l'extrémité du poil qui est noire, tandis que le reste présente une couleur uniforme; la face est marquée d'un peu de blanc.

Un autre spécimen du même genre est l'animal généralement connu sous le nom de *chat cafre*.

Son pelage, de couleur assez variable, bien que généralement gris, est mêlé d'un peu de noir, avec des bandes sombres peu marquées, sauf sur les pattes. Ces nuances sont plus claires chez les animaux qui n'ont pas encore atteint l'âge adulte. Sa taille est un peu plus élevée que celle du chat domestique. Le chat cafre, enfin, vit dans les mêmes contrées que les tribus indigènes dont il porte le nom, c'est-à-dire dans le sud de l'Afrique et surtout aux environs du cap de Bonne-Espérance.

Le *lynx* proprement dit nous est surtout connu par la réputation devenue proverbiale dont jouissent ses yeux; ils fournissent une preuve de l'acuité que peut atteindre la vue chez certains animaux, de même que les oreilles de la taupe sont citées comme les modèles les plus parfaits des organes de l'ouïe.

LYNX D'EUROPE

Le *lynx d'Europe* est répandu dans presque toutes les régions du continent et même dans quelques forêts du nord de l'Asie. Il est d'autant plus difficile à décrire que sa fourrure se modifie suivant les saisons. Elle est ordinairement d'un gris foncé teinté de rouge avec des taches noires, larges et espacées sur le corps, petites et nombreuses sur les membres; mais en hiver elle devient plus longue, plus épaisse et plus grise, car l'extrémité des poils blanchit beaucoup.

La queue est relativement courte.

Le lynx fait la chasse par les mêmes procédés que le caracal; il s'attaque parfois aux moutons, mais se nourrit plutôt d'animaux de moindre taille, tels que lièvres, lapins, et autres du même genre. Il grimpe aux arbres avec une aisance parfaite. La fourrure du lynx est assez estimée et atteint des prix élevés; les chasseurs, qui la recherchent pour en faire commerce, choisissent pour se mettre en campagne les mois d'hiver, pendant lesquels elle a tout son éclat et toute son épaisseur.

Ce groupe d'animaux est représenté dans le nord de l'Amérique par le *lynx du Canada* dont la fourrure, en raison sans doute de la latitude sous laquelle il vit, est bien plus épaisse que celle de son congénère européen; sa couleur générale est gris foncé, avec de larges plaques sombres peu distinctes, excepté le long de l'échine

et sur les pattes; la plupart de ses poils sont blancs à l'extrémité, ce qui explique les changements de nuance assez visibles qui se produisent suivant les mouvements que l'animal leur imprime. Cette description d'ailleurs est très générale et ne s'applique pas exactement à tous les individus de la même espèce; elle se modifie aussi suivant les différentes époques de l'année.

Le lynx possède des pattes très vigoureuses dont l'extrémité, large et massive, est garnie de fortes griffes dissimulées sous une couche de poils; il est capable de fournir une course longue et rapide, en procédant par bonds successifs, le dos légèrement arqué, les quatre pattes touchant le sol presque en même temps pour rebondir aussitôt dans un nouvel élan; il nage fort bien et peut traverser de larges étendues d'eau sans se fatiguer.

Malgré sa vigoureuse constitution, son échine présente une sensibilité très grande et un coup relativement léger appliqué en cet endroit est souvent mortel.

Cet animal est inoffensif et se nourrit seulement de petits mammifères, en particulier de lièvres; cependant les chasseurs le poursuivent volontiers, soit pour s'emparer de sa fourrure qui a une certaine valeur, soit pour consommer sa chair assez estimée dans le pays.

Le *lynx botté* doit son nom aux poils parti-

LYNX DU CANADA

LYNX BOTTÉ

culièrement longs et touffus qui couvrent ses pattes; vu par derrière et à quelque distance, il semble chaussé de véritables bottes noires du plus singulier effet.

La couleur de son pelage est très variable, généralement plus jaune chez la femelle que chez le mâle; la nuance la plus commune est le gris, mêlé de fauve et quelquefois parsemé de points noirs; quelques lignes noires marquent la face et la partie supérieure des pattes; la queue est cerclée de noir et de blanc avec une touffe à l'extrémité; les taches noires sont plus accentuées chez les jeunes animaux.

Cette sorte de lynx est assez commune dans le sud de l'Asie et la plus grande partie de l'Afrique, depuis l'Égypte jusqu'au Cap.

Il se nourrit de petits quadrupèdes et d'oiseaux.

GUÉPARD

Le *guépard* est un habitant bien plus redoutable des mêmes contrées. De taille assez élevée, la longueur excessive des membres le fait paraître plus grand encore : sa tête est relativement petite et ses pattes sont trop grêles pour avoir une très grande force ; ses griffes sont partiellement rétractiles, mais pas assez pointues pour lui permettre de grimper facilement.

Bien qu'il ne puisse se livrer au delà d'un temps très court à une course rapide, il lui faut chercher une proie parmi les animaux beaucoup mieux doués que lui sous ce rapport, notamment les antilopes. Aussi doit-il suppléer par la ruse aux facultés qui lui manquent. Lorsqu'il a découvert un groupe d'antilopes, il les suit à une faible distance, en ayant soin de leur dissimuler sa présence. Que celles-ci prennent seulement une demi-heure d'avance sur lui, elles sont sûres d'échapper ; mais lorsque le guépard réussit à s'approcher suffisamment pour pouvoir en atteindre une, d'un bond il s'élance, la renverse sur le sol et, lui enfonçant ses griffes dans la gorge, se repaît de son sang.

Les Indiens utilisent d'une façon singulière les aptitudes du *guépard* et font de lui l'auxiliaire forcé de leur chasse à l'antilope.

Quand la présence de ces animaux leur est signalée dans le voisinage, ils se mettent en route avec une légère voiture dans laquelle se trouve un guépard dont ils ont bandé les yeux et ligotté les membres ; quand ils sont suffisamment rapprochés du but, ils tournent la tête du prisonnier de façon à ce que le relent particulier au gibier poursuivi frappe son odorat, puis ils lui ôtent bandeau et liens, l'animal libéré s'élance et ne tarde pas à capturer une antilope suivant sa méthode habituelle. Il faut alors lui reprendre sa proie ; pour cela les chasseurs attirent son attention par l'offre de quelque mets de son goût sur lequel il se jette immédiatement. Pendant qu'il s'absorbe dans son repas, on lui remet un bandeau sur les yeux et on peut alors lui faire réintégrer sa prison sans résistance et s'emparer du produit de la chasse.

On peut conclure d'après cette coutume, inconnue en Afrique il est vrai, que le guépard n'est pas très féroce et témoigne d'une docilité assez grande lorsqu'il est traité avec ménagements. Mais il est prompt à deviner si les intentions de son gardien à son égard sont bonnes ou mauvaises et, quand on l'a brutalisé une

GUÉPARD ET ANTILOPES

seule fois, il devient rebelle à toutes les tentatives de rapprochement.

Le pelage du guépard rappelle celui du léopard bien qu'il soit plus rude et de nuance plus foncée. Son corps est moucheté de nombreux points noirs; deux bandes de même couleur partent des yeux pour aboutir au coin des lèvres; une sorte de crête formée par des poils plus longs que les autres se dessine sur la gorge, la poitrine et les flancs.

On trouve le guépard dans les Indes et la Perse, et, en Afrique, au Sénégal et au cap de Bonne-Espérance.

Nous avons dit que cet animal était loin de témoigner la férocité par laquelle se distinguent la plupart des membres de la même tribu. En effet, les spécimens qui ont pu être observés dans les jardins zoologiques ou les ménageries se montraient assez sensibles aux avances qu'on leur faisait et y répondaient de leur mieux, prenant plaisir à se laisser caresser la tête ou l'échine et témoignant leur satisfaction par une sorte de ronronnement analogue à celui d'un chat en belle humeur.

On raconte même à ce sujet une anecdote qui pourrait paraître invraisemblable, si la patience dont tous les animaux font preuve à l'égard des enfants n'était un fait bien connu. Une petite fille de cinq à six ans avait été conduite dans une ménagerie de passage dans la ville qu'elle habitait; confiante comme on l'est à cet âge, et trompée par la ressemblance qui existe entre l'aspect et les allures des grands félins et du chat domestique, elle ne crut pas ceux-là plus dangereux que celui-ci et voulut procéder avec eux de la même manière; profitant donc de l'inattention de la personne qui l'accompagnait, elle s'approcha de la cage, se hissa sur un banc et, passant son petit bras à travers les barreaux, se mit à caresser le museau du guépard; les spectateurs poussèrent un cri d'effroi, mais l'animal, plus surpris qu'irrité, se contenta de reculer dans un coin sans faire aucun mal à la petite imprudente.

COMBAT DE HYÈNES

Bien qu'ils inspirent une vive répulsion, tant par leur aspect que par leurs mœurs, les animaux classés sous la dénomination de *hyènes* remplissent un rôle utile à certains points de vue dans les contrées à peu près sauvages qu'ils habitent.

Dans les forêts immenses et les plaines incultes de l'Afrique ou de l'Asie, vivent et meurent un nombre incalculable d'animaux de tout genre dont les cadavres, abandonnés sans sépulture sur un sol chaud et humide, ne tarderaient pas à empoisonner l'atmosphère et à faire de ces riches pays des foyers d'infection, mortels à tout être vivant. Les dépouilles de peu d'importance sont vite détruites par des insectes spéciaux; mais les corps de grandes dimensions ne dis-

HYÈNE RAYÉE

paraissent pas aussi facilement et c'est aux hyènes qu'est dévolue la tâche de broyer ces dures carcasses entre leurs mâchoires puissantes, de déchiqueter cette chair coriace avec leurs dents pointues et d'engloutir ces restes en putréfaction qui répugneraient à un appétit moins robuste ou plus délicat.

Mais lorsque les hyènes sont trop nombreuses dans une contrée pour trouver leur subsistance parmi les morts, elles s'attaquent aux vivants et sont alors d'un voisinage dangereux pour les villages indigènes. Lorsqu'elles ont choisi leur proie, elles s'en approchent silencieusement et cherchent à l'effrayer en surgissant inopinément devant elle ; si la pauvre bête s'enfuit, le terrible fauve bondit sur elle par derrière et la terrasse ; si au contraire elle lui tient tête, il recule lâchement et s'éloigne.

Ce trait distinctif du caractère de la hyène inspire une telle aversion aux tribus belliqueuses de certaines parties de l'Afrique, que cet animal est pour elles un objet de mépris, plus encore qu'un sujet de terreur ; et ce sentiment est si vif que les armes ayant servi à tuer une hyène ne servent plus à aucun autre usage.

Jules Gérard, le célèbre tueur de lions, raconte que, s'étant trouvé inopinément un jour en présence d'un de ces animaux, il le poursuivit jusque dans une caverne obscure où il fut assez heureux pour le transpercer avec son épée. Son étonnement fut grand lorsque l'Arabe qui l'accompagnait, au lieu de le féliciter de son exploit, l'engagea avec une sorte d'indignation à se séparer au plus vite de l'arme, désormais souillée, dont il venait de se servir.

La hyène a une démarche caractéristique, hésitante et lourde, due à la conformation bizarre de son corps : les pattes de devant sont fortes et longues, tandis que celles de derrière sont très courtes, de sorte que l'échine présente une pente très accentuée. Cette anomalie ajoute encore à l'aspect peu engageant de l'animal et semble la manifestation physique de la bassesse de son caractère.

Il y a plusieurs espèces de hyènes, qui ne diffèrent pas beaucoup les unes des autres.

La *hyène rayée* tire son nom de la disposition de son pelage, qui est marqué de nombreuses bandes noires se détachant sur un fond gris-brun ; d'autres poils, également noirs, sont dis-

HYÈNE BRUNE

séminés un peu partout et une large tache de même nuance est plaquée sur la gorge. Ces dessins sont accentués dans le jeune âge, de façon à rappeler les bigarrures du tigre, et cela pour deux raisons : d'abord le fond du pelage est plus clair, ensuite les raies noires sont proportionnellement plus larges que chez les adultes.

La hyène est pourvue de mâchoires et de dents d'une puissance extraordinaire, eu égard à sa taille peu considérable ; elle est capable de broyer les os d'un bœuf avec une facilité qui stupéfie les spectateurs. Les muscles, assez forts pour faire mouvoir ce formidable râtelier, ont besoin de solides points d'attache, qu'ils trouvent sur les os particulièrement épais qui composent le crâne. Le museau est court, et la langue est recouverte d'une enveloppe fort rude, qui aide les dents à détacher la chair des os.

En dépit de la lâcheté de son naturel, la hyène est capable de beaucoup d'audace quand elle est poussée par la faim et enhardie par la présence de ses congénères ; aussi les indigènes de certains villages africains sont-ils obligés de se barricader dans leurs huttes dès que la nuit commence à tomber. S'ils ne prenaient point cette précaution, les hyènes qui rôdent aux environs, poussant l'impudence jusqu'à venir enlever les détritus qu'ils jettent près de leurs demeures, n'hésiteraient pas à attaquer les hommes pendant leur sommeil.

La hyène brune est ainsi nommée à cause de la couleur de sa robe qui est en effet d'un brun très foncé, avec une partie plus claire sur le cou et la gorge et quelques bandes peu distinctes sur les pattes ; les poils en sont très longs et dirigés franchement d'avant en arrière. Quelquefois ils sont mélangés d'une teinte plus claire, tirant sur le roux.

Les hyènes sont très friandes de la chair du chien et emploient, pour s'en procurer, un stratagème assez curieux. Le mâle et la femelle s'associent d'ordinaire pour cette chasse ; tandis que celle-là s'embusque dans quelque fourré, celui-ci s'approche en rampant des habitations d'un village voisin, puis se découvre à demi et s'efforce d'attirer l'attention des chiens toujours très nombreux près des agglomérations humaines ; ceux-ci s'élancent sur ses traces et il les entraîne à proximité de sa compagne, qui lui vient en aide pour massacrer les pauvres bêtes.

HYÈNE MOUCHETÉE

La *hyène mouchetée* surpasse les deux espèces précédentes comme taille et comme vigueur. On lui a donné ce nom en raison des taches noires dont son pelage est orné et qui sont très nombreuses sur les jambes, assez peu distinctes sur le dos et les flancs; les pattes sont presque entièrement noires.

Nous avons vu que, chez la plupart des félins, les différents dessins que présentent leurs fourrures sont beaucoup plus marqués chez les jeunes animaux que chez les adultes; ce fait se confirme chez le puma et chez la hyène rayée, même chez le lion les taches se fondent complètement en une teinte uniforme au bout de quelques années.

La hyène mouchetée fait exception à cette règle, car ses petits sont couverts d'un poil brun foncé à peu près semblable à celui de la hyène brune.

Quand elle est sous le coup d'une violente émotion ou de la colère, la hyène fait entendre un ricanement étrange, sorte de rire nerveux et lugubre qu'elle accompagne d'horribles contorsions des pattes et de tout le corps; elle court frénétiquement dans tous les sens, se dresse sur ses pattes de derrière et tourne rapidement sur elle-même en secouant la tête de haut en bas, et finit par exécuter les plus étranges gambades; on la croirait en proie à une véritable crise nerveuse.

Les anciens considéraient ce son particulier comme une ruse de l'animal, s'efforçant d'imiter le rire humain pour attirer plus sûrement dans son repaire le voyageur inexpérimenté. Pour compléter le portrait de cet animal si détesté, disons qu'il a des yeux arrondis, presque dénués d'expression, à moins que la colère ne leur donne un éclat sauvage.

En raison de sa force, la hyène mouchetée est plus redoutable que ses autres congénères; elle déploie cependant la même prudence dans ses attaques contre les animaux de grande taille, et se garde bien de les affronter face à face; elle s'accroche généralement à leurs flancs et les renverse par le seul poids de son corps.

Certaines de ces affreuses bêtes semblent avoir une prédilection pour la chair humaine et deviennent alors un voisinage dangereux pour les villages indigènes. Cachées dans les forêts pendant le jour, elles en sortent avec la nuit et, guidées par

HYÈNES ET BUFFLES

la lueur des feux, s'approchent silencieusement des habitations, s'ouvrent sans peine un passage à travers les clôtures primitives qui les entourent et arrivent souvent près des gens qu'elles abritent sans avoir troublé le sommeil d'aucun d'entre eux. Souvent alors, elles saisissent l'enfant de la maison qui leur offre une proie plus facile et l'emportent au fond de quelque retraite cachée avant que les parents ne se soient aperçu de cette cruelle disparition.

On comprend que les habitants des pays visités par la hyène cherchent par tous les moyens possibles à se débarrasser de sa présence, ce qui n'est pas toujours chose facile. Voici généralement le stratagème qu'ils emploient.

Ils disposent un fusil chargé sur des fourches de bois, de façon à ce que le canon se trouve au même niveau que la tête de la hyène; une longue corde est attachée à la détente de l'arme et fixée par l'autre extrémité à un gros morceau de viande servant d'appât; le tout est dissimulé autant que possible sous des branchages, afin de ne pas éveiller la défiance de l'animal par la vue d'objets auxquels il n'est point accoutumé.

En effet, il s'approche sans hésiter de cette aubaine imprévue, la saisit entre ses dents et veut l'emporter; il n'en a pas le temps, car la corde tendue par cet effort fait partir l'arme et la balle le frappe mortellement à la tête.

La hyène s'abrite généralement au fond des cavernes naturelles qui abondent dans certains territoires rocheux; elle n'y est guère dérangée durant son repos, car l'odeur qu'elle répand est assez pénétrante pour trahir sa présence à une grande distance et les autres animaux se gardent bien de venir volontairement dans son voisinage; les chiens eux-mêmes manifestent une véritable frayeur quand ils approchent de l'endroit où s'est réfugiée la hyène et ne se décident qu'avec répugnance à lui donner la chasse.

Lorsque plusieurs de ces animaux se trouvent réunis autour d'un cadavre de grande taille, ils s'en disputent la possession avec acharnement et se livrent des combats terribles jusqu'à ce que tous ces appétits formidables soient satisfaits.

Ces luttes sont toujours accompagnées de hurlements sinistres et prolongés qui impressionnent péniblement ceux mêmes qui sont habitués

LOUP TERRIER

à les entendre ; les habitants européens de certaines villes de la côte africaine connaissent bien ce cri, qui parvient souvent la nuit à leurs oreilles, lorsque les hyènes profitent de l'obscurité pour se rapprocher des maisons et se repaître des détritus que l'on jette ordinairement dans le voisinage.

Les voyageurs qui s'aventurent dans l'intérieur du continent doivent prendre plus de précautions encore, car ces animaux cherchent souvent à s'introduire dans leurs campements, pour s'emparer des objets de toutes sortes, de cuir spécialement, qui ne rebutent point leur voracité.

On range quelquefois parmi les hyènes, quelquefois parmi les civettes, un animal qui participe des deux espèces et, par ses dimensions comme par ses autres caractères, tient le milieu entre les unes et les autres.

Il porte communément le nom de *loup terrier*, à cause de la facilité avec laquelle il creuse dans le sol de vastes cavités qui lui servent de refuge pendant le jour.

Par son aspect extérieur, il rappelle beaucoup la hyène : comme elle, il a les membres antérieurs plus développés que les membres postérieurs, ce qui lui donne la même allure traînante et inégale ; il est couvert de la même fourrure épaisse et rude : sa queue est très large et garnie de poils touffus, noirs et gris ; une vaste crinière couvre ses épaules et se hérisse sur son dos lorsqu'il est irrité. Les pattes sont munies de griffes solides qui lui servent à creuser le sol. Le pelage de cet animal est gris, mélangé de jaune ; de larges bandes noires se développent sur ses flancs ; ses pattes sont noires ; la partie profonde de sa fourrure est formée de poils courts et laineux qui sont invisibles sous les poils beaucoup plus longs et plus raides qui la recouvrent.

Les *loups terriers* se nourrissent à peu près des mêmes aliments que la hyène, ils y ajoutent cependant volontiers des insectes tels que des fourmis. Ils forment parfois de petites associations, vivant dans un terrier commun ; chaque membre de cette sorte de famille a son trou particulier, relié par un tunnel à une chambre centrale, plus grande que les autres, où ils se réunissent tous ensemble à certains moments.

CIVETTE

La *civette* proprement dite est un peu plus petite que l'animal dont nous venons de parler, et, si elle offre une assez grande ressemblance avec lui, elle s'en distingue cependant par plusieurs points.

C'est une jolie bête, presque entièrement noire, avec des moustaches blanches et des points blancs du plus gracieux effet, disséminés sur tout le corps; une bande de poils plus longs que les autres court d'un bout à l'autre de son échine et se redresse à certains moments pour former une espèce de crête. Ses yeux sont très saillants et leur pupille se dilate d'une façon très variable, de sorte qu'ils semblent brun foncé dans le jour et deviennent dans l'obscurité brillants comme des émeraudes.

La civette est originaire du nord de l'Afrique et très répandue en Abyssinie où on la recherche beaucoup pour un motif particulier. Elle jouit en effet de la propriété de sécréter une substance odoriférante, estimée autrefois comme un médicament précieux, simplement utilisée à présent en qualité de parfum. Cette matière est élaborée dans une double poche située sous l'abdomen, près de la naissance de la queue; comme la sécrétion est continue, les chasseurs se gardent bien d'en tarir la source en tuant le producteur, qu'ils s'efforcent au contraire de garder en captivité.

Extraire la substance parfumée de son enveloppe n'est pas chose facile, car la civette, bien que sujette à de longs accès de somnolence, est très vive d'allures et proteste avec force coups de dents et de griffes contre le traitement dont elle est l'objet. On rend l'opération plus aisée en enfermant l'animal dans une cage étroite et longue où il lui est impossible de se retourner.

Le liquide ainsi obtenu est onctueux et un peu épais; il s'écoule dans la poche au moyen de nombreux petits canaux venant de différents points et s'agglomère ensuite en une seule masse; il suffit de presser sur la poche pour l'en extraire. Naturellement on laisse s'écouler entre chaque récolte un laps de temps assez long pour permettre au parfum de se former à nouveau.

Cette fonction singulière doit répondre évidemment à quelque besoin physique de la civette, bien qu'on n'ait pu encore en déterminer le but.

En effet, la matière odorétée n'est pas assez liquide pour pouvoir être projetée par la civette dans la direction de ses ennemis en cas de poursuites de leur part et les repousser par son odeur; on sait en effet que certains animaux, le skung d'Amérique, par exemple, usent de ce singulier procédé de défense lorsqu'ils sont menacés de trop près.

Le corps de la civette est déprimé d'une façon singulière; ses flancs sont aplatis comme s'ils avaient été fortement comprimés, ce qui lui donne dans l'ensemble une allure très caractéristique. Sa face emprunte également une certaine bizarrerie aux longs poils blancs qui garnissent ses lèvres et surmontent ses yeux.

ZIBET

Au moment de sa naissance et durant les premiers mois de son existence, son pelage est presque entièrement noir, à l'exception toutefois des longs poils blancs qui lui servent de moustaches et de l'étroite bande de fourrure, blanche également, qui entoure ses lèvres. Elle n'atteint toute sa beauté que lorsque les taches irrégulières qui parsèment son corps à l'âge adulte ont fait leur apparition, et c'est véritablement alors une gentille et gracieuse bête, avec son corps souple aux mouvements adroits, son pelage brillant et heureusement nuancé, sa physionomie curieuse et éveillée.

La civette a les pattes munies de griffes en partie rétractiles et fort acérées, dont elle sait au besoin se servir à merveille pour se défendre contre les attaques de ses divers ennemis. Ses dents l'aident aussi très bien dans cette tâche.

C'est un animal d'un naturel très apathique, surtout durant le jour, car il est alors plongé dans une sorte de somnolence dont il est difficile de le tirer; mais cela ne l'empêche point de se montrer fort irritable et de manifester sa colère par des grognements significatifs lorsqu'il est contrarié.

La *zibet* est très proche parente de la civette, bien qu'elle n'habite pas les mêmes contrées; c'est en Asie qu'on peut la trouver, principalement en Chine, dans l'Hindoustan, le Népaul et aux îles Philippines. Elle se distingue de la civette par la plus grande quantité de blanc mélangé à sa fourrure, surtout vers le cou et la poitrine, par les anneaux noirs qui ornent sa queue et par la longueur moindre de ses poils; sa couleur générale est plus pâle et les taches y sont moins distinctes; enfin la crête qui marque la place de l'épine dorsale est beaucoup moins accentuée. Elle fournit une sécrétion analogue à celle de la civette.

Cet animal est assez paresseux et ne sort de son état de somnolence que pour se mettre en quête de quelque nourriture; celle-ci se compose surtout d'oiseaux ou de petits mammifères, mais aussi de fruits sucrés.

Il est facile à apprivoiser, étant d'un naturel doux et apathique; les indigènes de son pays natal l'admettent parfois familièrement dans leur maison et lui font jouer le rôle d'un chat.

L'animal connu sous le nom de *tangalung* ressemble aussi aux précédents; cependant les marques noires sont plus distinctes chez lui et forment presque des bandes continues le long de l'épine dorsale; sur la partie inférieure de la gorge et du cou sont dessinées trois bandes noires, très larges en leur milieu, surtout celle du centre, et s'amincissant aux extrémités en forme de croissant. La tête est large et arrondie et le museau un peu écourté; la queue est presque cylindrique d'un bout à l'autre, ce qui tient en partie aux poils courts et soyeux dont elle est couverte.

Le tangalung est originaire de Sumatra.

DELUNDUNG

RASSE

Le *rasse* est assez commun dans plusieurs contrées asiatiques; on le rencontre notamment dans les Indes et le Népaul et à Java. Son pelage présente une jolie nuance brune tirant sur le gris, sur laquelle se détachent huit rangées parallèles de courtes lignes noires, la queue est cerclée alternativement de blanc et de noir, les poils sont rudes et pas très longs; les oreilles sont larges et très rapprochées à la base.

Le rasse sécrète un parfum analogue à celui de la civette; les Javanais l'apprécient à un haut degré et en imprègnent leurs habitations, leurs vêtements et leurs personnes à un tel point que l'odorat des Européens en est péniblement affecté.

Cet animal se nourrit d'oiseaux, de poissons et d'autres menus gibiers parmi lesquels il exerce de grands ravages; ses morsures sont douloureuses et mêmes dangereuses, car il a les dents fortes et pointues; il est d'ailleurs fort sauvage et ne se résigne jamais à la perte de sa liberté.

Le *delundung* est beaucoup plus gracieux de formes et plus varié comme couleurs; son pelage est d'un beau gris soutenu, coupé sur le dos par quatre larges bandes brun foncé qui vont en s'amincissant jusqu'à leur extrémité; les flancs

sont tachetés d'une manière à peu près semblable, les pattes sont finement mouchetées, la queue entourée d'anneaux alternativement gris et bruns.

Le delundung vit en assez grand nombre dans les épaisses forêts qui couvrent certaines parties de l'île de Java; ses mœurs sont peu connues. Il est dépourvu des poches à odeur que possèdent les autres membres de cette famille.

Quelques animaux à peu près semblables aux civettes sont groupés sous la dénomination générale de *genettes*.

Ils ne sont carnivores qu'à demi, car leur régime alimentaire comprend une grande part de substances végétales qui, au besoin, peuvent même suffire complètement à leur subsistance. Ils sécrètent aussi une matière odoriférante, mais en moins grande quantité que les civettes, car les poches servant à recevoir la substance parfumée sont de plus petite dimension que celles de ces animaux, bien que leur forme soit sensiblement la même. Remarquons en passant que le terme de poche que nous employons pour désigner l'organe de cette sécrétion particulière n'est pas complètement exact, car, en réalité, cet organe se compose de deux glandes réunies par une bande de peau.

CACOMIXLE OU BASSARIS

GENETTE TIGRÉE

L'intérieur de ces glandes est entièrement tapissé de poils très fins et serrés les uns contre les autres, qui ne laissent place que pour les orifices minuscules des nombreux petits canaux servant à déverser la matière odoriférante dans le réservoir unique où elle s'agglomère. Comme la présence d'une trop grande quantité de cette substance pourrait à la longue gêner considérablement l'animal, il faut nécessairement qu'il puisse s'en débarrasser par un moyen naturel quand on ne la lui soustrait point artificiellement; en effet, au bout d'un certain temps, il se forme des sortes de boules, environ de la grosseur d'une noix, qui se détachent et tombent sur le sol, à l'aide d'un léger mouvement de pression exercé par l'animal lui-même.

La plus connue de ces curieuses bêtes est la *genette commune* ou *genette tigrée* que l'on rencontre dans un grand nombre de pays et principalement dans le sud de l'Afrique.

Elle s'offre aux yeux de l'observateur sous un très gracieux aspect; son poil est gris, légèrement teinté de jaune et marqué de larges taches noires; la queue, très volumineuse, est entourée d'anneaux noirs et blancs; une légère tache de blanc sur le nez et autour des lèvres tranche sur la teinte sombre du museau. Les pattes de la genette sont garnies de griffes rétractiles assez résistantes pour lui servir d'armes défensives et lui permettre de grimper aux arbres.

Bien qu'il appartienne à la même famille, *le cacomixle ou bassaris*, comme on l'appelle en langage scientifique, est assez différent par l'aspect des animaux dont nous venons de parler. Sa fourrure est d'une teinte uniforme, brun clair, avec un collier noir, quelquefois double, mais si étroit qu'il disparaît dans l'épaisseur des poils lorsque la tête est relevée en arrière. La ligne du dos est marquée également d'une raie sombre et la queue très touffue est annelée régulièrement. C'est un habitant du Mexique.

La *genette du Sénégal* porte une robe d'une nuance plus pâle sur laquelle les taches noires caractéristiques de toute cette tribu affectent une disposition différente; elles forment une ligne presque ininterrompue le long de l'épine dorsale et sont à peine plus espacées sur les flancs et le cou; les membres postérieurs sont noirs près des jointures et les deux côtés de la face sont marqués de la même couleur. L'opposition des nuances est moins apparente chez les jeunes que chez les adultes. Les yeux sont saillants mais d'un joli brun clair.

Cet animal est doux et facile à apprivoiser; on s'en empare facilement en dressant des pièges dans les bas-fonds avoisinant les rivières, séjour qu'il préfère à celui des forêts. Quand il est accoutumé à vivre librement dans la maison, il s'y livre avec ardeur à la chasse des rats et des souris, rendant ainsi les mêmes services qu'un chat.

La *genette d'Abyssinie* est à peu près de même couleur, élégamment tachetée de points bien marqués, formant des lignes régulières et s'amincissant sur les flancs. La queue est longue et garnie d'anneaux noirs et blancs.

MANGOUSTE RAYÉE ET ICHNEUMON DE JAVA

La gravure ci-jointe représente deux animaux dont la ressemblance est fort grande, mais qui cependant portent des noms différents. L'un, celui que nous voyons à gauche, est la *mangouste rayée* qui vit sur le continent africain et doit son nom aux étroites bandes transversales qui ornent la fourrure grisâtre de son dos ; la partie postérieure du corps et la queue sont d'une teinte plutôt brune.

Ce petit animal, dont la taille n'est guère supérieure à celle d'un gros rat d'eau, est singulièrement vif et énergique dans ses mouvements qu'il accompagne d'un cri monotone, assez comparable au croassement du corbeau ; quand il est excité, et que sa colère est à son comble, ses cris augmentent d'intensité et deviennent de véritables hurlements de rage. Si quelque imprudent s'approche de lui en ce moment, il lui fait porter la peine de sa mauvaise humeur en se jetant sur lui pour le mordre ou le griffer. Certaines mangoustes, enfermées dans la même cage, se maltraitent réciproquement pendant leurs accès de colère ; mais quand elles ont repris leur calme, elles se livrent de concert à des jeux comiques et gracieux comme ceux des jeunes chats, et dans lesquels elles déploient une adresse étonnante.

A côté de la mangouste, on trouve le *garangan* ou *ichneumon de Java*, qui est à peu près de la même taille, mais présente une couleur presque uniforme, brun clair sur le dos et sur les côtés, plus fauve sur la tête, la poitrine et le ventre. Il habite de préférence dans les forêts où il trouve facilement à se nourrir de petits mammifères, d'oiseaux ou de colimaçons ; afin de s'emparer aisément de ces derniers, il se blottit de façon à les laisser approcher de lui sans défiance ; lorsqu'ils sont à bonne distance, il détend soudain ses membres et les saisit avant qu'ils aient eu le temps de réintégrer leurs coquilles.

Il possède en effet la curieuse faculté de contracter ou d'étendre ses membres à volonté, de sorte qu'il est bien difficile de se rendre compte de ses véritables proportions.

Bien qu'il soit susceptible de se laisser apprivoiser, les indigènes de Java s'efforcent rarement d'y réussir, car il reste toujours sujet à des accès de rage pendant lesquels il inflige de cruelles morsures à qui se trouve à sa portée ; de plus il est dangereux pour les volatiles et sa grande souplesse lui rendant facile l'accès des plus petits passages, il est difficile de se défendre de ses incursions.

Il y a plusieurs espèces d'ichneumons, dont une propre à l'Égypte où elle se développe d'une façon toute particulière.

Les anciens Égyptiens avaient voué un certain culte à ces animaux et non sans raison, car ils rendent de grands services en purgeant cette contrée des innombrables petits reptiles qui y pullulent ; ils entravent même dans une certaine mesure la multiplication des crocodiles, car ils sont très friands de leurs œufs et en détruisent de grandes quantités, grâce à l'habileté qu'ils déploient pour les découvrir.

MEERKAT

URVA OU ICHNEUMON CRABIVORE

L'*ichneumon crabivore*, qui est aussi appelé *urva*, doit son nom à sa prédilection pour le crustacé que nous le voyons disséquer si adroitement sur cette gravure. Sa physionomie emprunte un aspect singulier à une étroite bande blanche qui s'étend du coin de la bouche à l'épaule où elle se perd dans la teinte brune ou grise du reste de sa fourrure; ses membres sont larges à leur naissance et plus effilés vers leur extrémité.

Le *nyula* est vêtu d'une fourrure particulièrement belle, grâce aux curieuses lignes en zigzags qui forment sur son corps un véritable dessin en grisailles; ces arabesques, assez larges sur le corps, deviennent plus fines sur la tête et tout à fait tenues sur la face, sans cesser pour cela de se détacher bien distinctement les unes des autres. Les pattes sont plus foncées et d'une teinte uniforme.

Le *meerkat*, longtemps classé par les naturalistes parmi les ichneumons, se distingue cependant d'eux par le nombre de ses dents et par la conformation de ses pattes postérieures qui n'ont que quatre doigts.

On l'a nommé tour à tour ichneumon rouge, à cause de la couleur de son poil, et ichneumon strié à cause de l'aspect de sa queue. C'est un gentil animal, originaire de l'Afrique du Sud.

L'*ichneumon des Indes* tient, en Asie, la même place que l'ichneumon d'Égypte occupe en Afrique; comme lui, il détruit en grandes quantités les rats, les souris, les petits reptiles, et, pour cette raison, est l'objet d'une considération toute particulière de la part des indigènes.

Ceux-ci l'admettent même dans leurs habitations, où il demeure très volontiers et ne cause aucun dégât, étant d'un naturel fort soigneux et d'un caractère très doux. Mais cependant il ne supporte pas qu'on le dérange lorsqu'il prend ses repas et se retire ordinairement dans un coin obscur pour procéder à cette opération.

ZENICK OU SURICATE

KUSIMANSE OU MANGUE

Le *kusimanse* ou *mangue* est originaire de Sierra-Leone et se rencontre dans tout l'ouest africain. Il est plantigrade et a cinq doigts à chaque pied ; ses oreilles sont petites et son museau est très allongé ; chacun de ses poils est mi-partie blanc mi-partie brun, de sorte que sa fourrure semble foncée ou grisâtre suivant qu'elle est plus ou moins aplatie.

Il se nourrit de petits quadrupèdes, d'insectes et même de fruits.

Le *zenick*, appelé aussi *suricate*, fait partie de la faune du sud de l'Afrique, mais il y devient assez rare. Il se nourrit aussi volontiers de végétaux que de substance carnée. C'est un animal de petite taille, gris-brun, le dos rayé de noir, les pattes argentées, la queue mêlée de noir et de roux ; quelques taches indistinctes sont disséminées parmi tout cela.

Il possède un cerveau relativement très développé qui lui assure une certaine somme d'intelligence ; très sensible aux bons comme aux mauvais traitements, il répond aux uns par les témoignages d'affection en son pouvoir, et se venge des autres par des morsures sévères. Quand il est bien considéré dans une maison, il assume la tâche d'en éloigner rats, souris et vermine de toute espèce, et y parvient d'autant plus aisément que ses yeux fonctionnent mieux dans l'obscurité que dans le jour et qu'il peut ainsi surprendre ces rongeurs dans leurs expéditions nocturnes. Par contre, le sens de l'ouïe est chez lui fort peu développé.

Le zenick ne laisse pas de présenter quelque ressemblance avec la fouine et le furet de nos pays, bien qu'il conserve une certaine étrangeté d'allure qui lui est propre ; sa démarche est moins rampante que celle des ichneumons proprement dits ; il n'éprouve aucune difficulté à s'asseoir sur ses pattes de derrière et peut même se tenir debout pendant quelques instants.

Il ne sort guère que lorsque la nuit est venue, car, ainsi que nous l'avons déjà dit, la lumière trop vive blesse ses yeux, de sorte qu'il préfère le séjour des endroits demi-obscurs. Ses pattes sont armées de griffes longues et fortes qui lui

BINTURONG

MAMPALON

permettent de creuser le sol assez rapidement à une certaine profondeur.

L'animal connu à Bornéo, son pays d'origine, sous le nom de *mampalon* est beaucoup moins intéressant. Il a le museau long, mais aplati à l'extrémité, de très longs poils raides en guise de moustaches, les pattes courtes et terminées par cinq doigts. Il est plantigrade et vit dans le voisinage des rivières.

Le *nandine* a été classé tantôt parmi les civettes, tantôt parmi les ichneumons; il est d'aspect gracieux avec une fourrure brun foncé sur le dos, plus claire sur les flancs; une double rangée de points noirs ornent son échine; sa queue est bien développée.

Le *binturong* est un peu supérieur comme taille aux autres animaux du même groupe. Il est originaire de la presqu'île de Malacca. Son pelage est entièrement noir, mais très raide et dépourvu du lustre qui est ordinairement l'apanage des fourrures de cette teinte; sa tête est grise avec des oreilles pointues, ourlées d'une

bande argentée et terminées par une touffe de poils noirs. Sa queue est très touffue et souvent plus longue que le reste du corps. Son museau est court et pointu, garni de poils raides qui se dressent dans toutes les directions. Ses yeux n'ont pas beaucoup d'éclat, à moins que la colère ne les anime d'une flamme passagère qui disparaît avec la cause qui l'a produite.

Cet animal est très indolent; il passe ses journées à dormir et, quand on trouble son sommeil, il pousse un cri aigu, montre ses dents d'un air menaçant et se recouche, à moins qu'on ne l'attaque directement.

Il est cependant très agile et grimpe avec d'autant plus de facilité que l'extrémité de sa queue est préhensible et lui sert de point d'appui.

Il est très friand d'oiseaux, de têtes de volailles, d'œufs et autres substances analogues; mais comme il jouit d'un grand appétit, il ne fait aucune difficulté pour consommer également des légumes et des fruits.

PAGUMA MASQUÉ

PARADOXURE OU LUWACK

Le *paguma masqué* doit son nom à l'étrange physionomie que lui donne une large tache blanche étalée sur son front et sur son nez, et se prolongeant par un cercle de même couleur qui entoure les yeux ; ces marques tranchent si nettement avec le ton uniformément brun mêlé de gris verdâtre de son pelage, qu'elles semblent plaquées artificiellement sur le visage à la façon d'un masque.

C'est surtout en Chine que l'on trouve communément cet animal.

On donne le nom général de *paradoxures* à certains animaux qui ont des griffes rétractiles comme les félins, un système dentaire semblable à celui des civettes et qui ressemblent aussi aux ichneumons.

Le spécimen le plus commun se trouve dans les Indes où il porte le nom de *luwack* ; vif et inquiet, il tourne sans cesse de côté et d'autre sa tête mobile dont les petits yeux noirs et brillants, toujours en éveil, scrutent attentivement chaque chose autour d'eux. Son pelage est composé de poils noirs longs et soyeux et d'autres plus rudes et plus courts dont la couleur est moins franche, ce qui varie l'aspect de l'individu.

Le luwack est plantigrade comme le sont

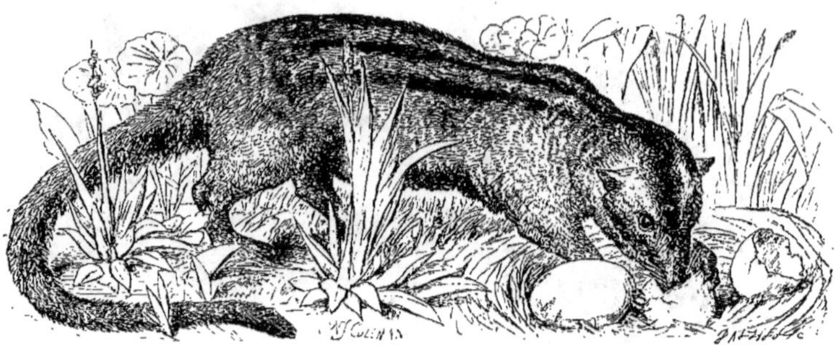

MUSANG

d'ailleurs tous les paradoxures; ses pattes se terminent par des griffes pointues, suffisamment rétractiles pour ne pas porter sur le sol quand l'animal se déplace, de sorte qu'elles ne s'émoussent point et restent aptes à lui servir de point d'appui lorsqu'il veut grimper aux arbres, exercice qu'il pratique fréquemment et avec une grande aisance. Sa queue offre une particularité assez singulière; au lieu d'être droite ou simplement infléchie comme chez la plupart des animaux du même genre, elle est fréquemment enroulée sur elle-même, formant ainsi une sorte de spirale; son aspect rappelle donc un peu l'apparence que présente cet organe chez les singes d'Amérique; néanmoins, elle ne jouit pas de la même faculté de préhension.

Le luwack se repose toute la journée, et, lorsqu'il est en captivité, reste presque constamment dans un état de demi-somnolence; un spécimen conservé au Muséum ne s'éveillait guère que vers le soir pour prendre quelque nourriture et retournait promptement à sa couchette. Il est vrai que beaucoup d'animaux deviennent, dans les mêmes conditions, aussi indolents qu'ils étaient vifs en liberté, lorsqu'ils devaient pourvoir eux-mêmes à tous leurs besoins.

Le luwack est désigné sous différents noms dans les nombreuses contrées qu'il habite; c'est ainsi que les habitants de l'Inde le connaissent sous un terme indigène qui signifie chat-civette.

Le *musang* est assez répandu dans l'île de Java, où il exerce malheureusement des ravages notables parmi les plantations de café; il témoigne d'un goût prononcé pour les baies parfumées que porte cet arbuste, choisit les plus mûres et les

absorbe après les avoir dépouillées de leurs enveloppes.

Il semble préférer les aliments végétaux; cependant, quand il est pressé par la faim, il fait la guerre aux oiseaux et aux rongeurs et ne respecte pas toujours les poulaillers.

Son pelage est noir et brun; ses dimensions sont à peu près celles du chat, avec lequel il offre plus d'un point de ressemblance. Dans les forêts au milieu desquelles il vit librement, il se construit un nid de branchages et de feuilles sèches dans quelque tronc d'arbre ou à la fourche d'une grosse branche; il se repose là pendant le jour et passe les nuits en quête de nourriture.

Bien que d'un naturel assez sauvage, il s'habitue facilement à vivre dans la société des hommes et se comporte alors à la manière du chat. Comme lui il recherche les endroits confortables et s'y installe pour dormir durant de longues heures; lorsqu'il est éveillé, il passe son temps à lisser soigneusement sa fourrure, ou à jouer avec les menus objets qui lui tombent sous la patte, voire même avec sa queue qui est légèrement préhensible. Ayant dormi tout le jour, il circule durant la nuit à travers la maison et, s'il n'a pas assez d'espace, manifeste par des cris l'ennui que lui cause l'impossibilité d'accomplir ces expéditions nocturnes dont il est coutumier; on n'a d'autre ressource, pour faire cesser ce vacarme, que de lui offrir quelques os à ronger.

D'ailleurs, il conserve toujours un caractère indépendant et facilement irritable; si on le dérange pendant ses repas, il transporte sa nourriture dans quelque recoin dont il ne nous permet plus d'approcher avant qu'elle ne soit consommée; il pousse des cris perçants quand

HÉMIGALE

il est affamé, quand on le laisse seul et qu'il s'ennuie, quand on veut le renvoyer d'un endroit où il s'est confortablement installé.

Quand on l'attaque, il se défend au moyen de ses pattes de devant qui sont pourvues de griffes acérées; il commence par regarder fixement son adversaire, puis bondit sur lui et, mordant d'un côté, lacérant de l'autre, finit souvent par le mettre en déroute avec une énergie surprenante chez un animal d'une si faible taille.

L'animal connu sous le nom d'*hémigale* est remarquable par la singularité de son pelage.

Sur un fond gris-brun sont dessinées six ou sept larges bandes transversales qui s'amincissent graduellement pour se terminer sur les côtés, une étroite ligne noire coupe le front, une autre va du nez à l'oreille, entourant l'œil d'un cercle complet; les côtés du cou et la queue sont tachetés irrégulièrement.

Nous terminerons l'étude déjà longue de l'importante famille des félins en disant quelques mots d'un animal connu sous le nom bizarre de *cryptoprocta*; ce nom vient de deux mots grecs et lui a été donné en raison de la forme particulière de son corps : en effet son arrière-train s'a-

baisse brusquement, de sorte qu'il y a une grande différence de niveau entre la partie moyenne de l'échine et la naissance de la queue.

Il est originaire de Madagascar et vit en assez grand nombre dans les régions arides et desséchées qui occupent le sud de cette grande île, dont la faune est remarquable à tous les égards. Son aspect rappelle un peu celui du lapin; il est revêtu d'un pelage brun clair, nuancé de roux; ses pattes se terminent par cinq doigts munis de fortes griffes; ses oreilles sont très larges et arrondies. Mais cet extérieur gracieux et engageant est des plus trompeurs, car c'est un des plus sauvages et des plus méchants petits animaux que l'on puisse voir.

Il appartient bien réellement à la famille des fauves par son goût pour la chair saignante et son ardeur à le satisfaire; aussi est-il un ennemi redoutable pour un grand nombre d'autres petits animaux; ses attaques sont d'autant plus à craindre que ses dents et ses griffes lui fournissent des armes sérieuses et que ses membres, bien que d'apparence fragile, sont pourvus de muscles puissants qui leur assurent une certaine vigueur.

GROUPE DE CHIENS ANGLAIS

CHIENS

Si la tribu des félins se compose presque entièrement d'animaux sauvages, les membres de la famille des chiens, tout aussi nombreux et aussi importants, sont presque tous domestiques; et tels sont l'intelligence et le dévouement dont ils font journellement preuve dans leurs rapports avec nous, que nous les considérons moins comme des auxiliaires utiles que comme des amis, presque des égaux.

L'origine du chien est encore incertaine. Quelques auteurs le font descendre du loup, d'autres lui donnent le chacal pour ancêtre,

DHOLE OU CHIEN SAUVAGE DES INDES ANGLAISES OCCIDENTALES

sans pouvoir fournir de preuves certaines à l'appui de leur dire. Il existe encore plusieurs races de chiens sauvages, parmi lesquelles deux surtout sont bien connues.

Le *dhole*, quelquefois appelé kholsun, est cantonné dans la partie occidentale des Indes anglaises; encore se tient-il à l'écart des endroits habités et ne se montre-t-il guère hors des jungles, impraticables à l'homme, qui couvrent une partie de cette contrée.

Comme la plupart des chiens, cet animal témoigne de grandes aptitudes pour la chasse; il se réunit en bandes nombreuses et ne craint pas alors de s'attaquer même au tigre, bien qu'il lui soit si inférieur comme taille et comme souplesse.

A l'exception de l'éléphant et du rhinocéros que leurs proportions colossales et l'épaisseur de leur peau mettent à l'abri de ses atteintes, les hôtes des forêts indiennes redoutent les attaques du *dhole*. Nous avons vu que celui-ci pouvait vaincre le tigre lui-même; le léopard ne lui échappe qu'en se réfugiant au sommet des arbres où il ne peut pas le suivre; l'antilope, malgré la rapidité de sa course, tombe souvent sous ses coups. Il est vrai que ces victoires sont chè-

rement achetées et que la bande des assaillants perd souvent plusieurs de ses membres dans le combat, mais les autres n'en continuent pas moins à lutter avec un courage indomptable.

Les dholes se réunissent généralement au nombre d'une cinquantaine; ils sont presque toujours silencieux, même au plus fort de leurs chasses, et se contentent de pousser de temps à autre un hurlement bas et plaintif.

Ils ne s'attaquent à l'homme que lorsqu'ils y sont poussés par une nécessité absolue; ils évitent généralement sa rencontre, mais s'ils se trouvent inopinément en contact avec lui, ils ne témoignent ni curiosité, ni terreur.

Le dhole a la taille d'un gros chien; sa physionomie est intelligente et emprunte beaucoup d'expression à ses yeux vifs et brillants. Son pelage est gris, ombré de noir sur les pattes, le museau, les oreilles et l'extrémité de la queue.

Ses mouvements sont d'une agilité merveilleuse, et, au dire des voyageurs qui ont eu occasion de le rencontrer et même de l'observer au cours de ses chasses, presque aucun animal ne peut rivaliser avec lui de vitesse et de résistance à la course. C'est à cette qualité qu'il doit

CHIEN SAUVAGE DES INDES (NORD) OU BUANSUAH

une grande partie des victoires qu'il remporte au cours de ses expéditions aventureuses, et aussi à l'appui que les membres d'une même troupe se portent entre eux.

Une autre race de chien sauvage habite également les Indes, mais seulement dans la partie septentrionale, c'est le *buansuah,* assez peu différent, du reste, de son congénère de l'ouest. Comme lui il est fort sauvage et ne s'éloigne guère des forêts impénétrables qui lui donnent asile; aussi a-t-on rarement l'occasion de le rencontrer. Les buansuahs sont doués d'un odorat très subtil qui les aide puissamment à suivre les traces des animaux de toutes sortes auxquels ils donnent la chasse. Ils se réunissent par bandes de dix à douze pour organiser des battues contre des adversaires tels que le tigre dont ils ne sauraient venir à bout isolément, mais qu'ils ne redoutent guère lorsqu'ils sont en nombre.

Contrairement à ce qui se passe chez les dholes, les buansuahs font entendre pendant leurs expéditions nocturnes des jappements réitérés, aussi différents de l'aboiement du chien domestique que du hurlement du loup et du chacal.

Ces animaux sont susceptibles d'éducation, et les indigènes qui parviennent à les capturer très jeunes réussissent à les dresser à la chasse pour leur compte personnel; ce sont néanmoins des auxiliaires assez capricieux, qui abandonnent parfois la poursuite au moment le plus inopportun, et ne se font pas faute d'utiliser leurs aptitudes contre les troupeaux de leurs maîtres, à défaut d'autre gibier.

D'ailleurs, ils s'attachent exclusivement à celui qui les a élevés et conservent, vis-à-vis de toute autre personne, la sauvagerie et l'indocilité de leur nature primitive.

Peut-être, il est vrai, leurs possesseurs cherchent-ils plutôt à développer qu'à enrayer cette disposition naturelle, afin de s'assurer les services exclusifs de leurs chiens, et d'éviter que des étrangers les mettent à contribution. C'est surtout pour la chasse au sanglier que le buansuah peut se rendre grandement utile; il a l'habitude, en effet, de bondir sur sa proie à l'improviste et avec une impétuosité qui déconcerte ce puissant adversaire, et le met dans un état d'infériorité réelle; cette méthode, analogue à la façon dont les loups procèdent habituellement, est plus dangereuse pour le sanglier que les morsures des chiens, qui ont peine à pénétrer sa peau épaisse.

CHIEN DU THIBET

Les chiens domestiques se divisent en un grand nombre de variétés qui descendent probablement toutes d'un ancêtre commun, dont le type s'est modifié de différentes façons suivant les pays dans lesquels il a été appelé à vivre, le régime auquel il a été soumis, l'éducation qu'il a reçue.

Depuis les temps les plus reculés, en effet, l'homme s'est attaché à faire du chien son auxiliaire et son compagnon; par les soins les plus assidus il s'est efforcé de développer son intelligence et les qualités dont la nature l'a richement doté; il a multiplié, par des croisements judicieux, le nombre des espèces et a réussi à faire de quelques-unes d'entre elles des merveilles de beauté, de force ou d'intelligence.

Telle est la place que cet intéressant animal occupe dans notre existence, que ses différents aspects nous sont presque tous intimement connus, et la sympathie qu'il inspire est si générale qu'on ne se lasse jamais de l'étudier et d'approfondir ses mœurs si attachantes et, on peut bien le dire, ses sentiments.

Un des plus magnifiques exemplaires de la race canine est le *chien du Thibet*, qui rend les plus grands services aux habitants de ces montagnes, tandis qu'il conserve vis-à-vis des étrangers, et principalement des Européens, son humeur indépendante et presque sauvage.

Les Thibétains ont coutume de faire fréquemment des absences d'assez longue durée dans le but d'aller vendre dans quelque ville plus importante les produits qu'ils ne peuvent écouler dans leurs villages perdus au fond des montagnes; ils confient alors la garde de leurs maisons à leurs chiens, qui veillent fidèlement sur la sécurité des femmes, des enfants et des troupeaux. Ils déploient, pour les défendre, un courage d'autant plus méritoire que leur naturel est plutôt paisible et qu'ils ne recherchent point les combats en dehors du cas de légitime défense, c'est-à-dire quand on s'attaque aux biens dont ils ont la garde.

Ces animaux sont très forts et d'une grande taille; leur fourrure, épaisse et soyeuse, est ordinairement noire, avec quelques marques plus claires et une tache fauve au-dessus des yeux; leurs larges lèvres pendantes donnent à leur physionomie un aspect très particulier de gravité presque imposante.

CHIEN DANOIS

Bien qu'il atteigne à peu près les mêmes dimensions, le *chien danois* est loin d'avoir la superbe apparence du chien du Thibet. Les Anglais lui ont donné le surnom ironique de chien plum-pudding, à cause des points noirs qui se détachent sur son poil gris, comme des raisins secs dans la pâte de leur mets national; de plus, son pelage est très ras et ses contours dépourvus par conséquent de l'élégante mollesse qui atténue leur brutalité chez les chiens à longs poils.

D'ailleurs, cet animal nous est bien connu maintenant, car on en a importé de nombreux spécimens dans nos pays, et nous avons tous vu sa silhouette massive lancée à toute vitesse derrière le cheval ou la voiture de son maître. Son activité se borne à cet exercice et il n'est point réputé pour la vivacité de son intelligence; il est vrai que ses facultés de chasseur ne demanderaient peut-être que quelques soins pour se développer et que, dans son pays natal, on en tire très bon parti.

Il se trouve chez nous dans le cas de beaucoup d'animaux enlevés au climat, au milieu, aux occupations pour lesquels ils ont été créés, auxquels leur tempérament et leur conformation les rendent aptes, et astreints à une existence qui ne leur convient sous aucun rapport; leurs facultés inutilisées s'engourdissent et s'atrophient, et ils s'abrutissent tout doucement, à moins que l'inaction n'exaspère leur énergie et ne la transforme en férocité.

Il est bien évident, en effet, que le chien danois, avec sa forte carrure et ses muscles puissants, aurait besoin d'une vie plus active que celle que la plupart de ses maîtres lui font mener. D'ailleurs, la faveur dont il jouit est surtout une question de mode et ne durera sans doute pas toujours.

LÉVRIER

Les *lévriers* constituent une race tout à fait différente des précédentes. Au premier coup d'œil, il est facile de se rendre compte qu'ils sont exceptionnellement doués pour la course ; leurs pattes longues et grêles, mues par des muscles de fer, sont capables de parcourir de vastes espaces sans fatigue et avec une très grande rapidité ; leur poitrine, bien développée, permet aux poumons de se dilater aisément et leur assure une respiration régulière qui ne connaît pas l'essoufflement ; leur museau pointu, leur cou flexible et leur queue effilée fendent l'air en lui opposant le moins de résistance possible.

Ces animaux possèdent donc deux facultés essentiellement nécessaires aux chiens de chasse : la rapidité et l'endurance ; néanmoins ils sont mal partagés sous le rapport de l'odorat, car leurs narines sont fort rétrécies par suite de l'étroitesse exagérée de leur museau.

On les emploie généralement à la chasse au lièvre ; celui-ci ne pourrait lutter de vitesse avec eux, s'il n'était à la fois plus léger et plus petit ; heureusement ses pattes agiles sont expertes à exécuter mille détours imprévus, à tourner brusquement à angle droit, tandis que le lévrier, embarrassé par ses longues jambes, est forcé de décrire une courbe assez prononcée pour changer de direction, et est souvent entraîné assez loin de sa proie avant d'avoir pu modérer son allure.

Certains lièvres sont assez adroits pour échapper par ce procédé à leurs redoutables poursuivants et, s'ils réussissent à gagner l'abri d'un fourré, leur salut est assuré, car le lévrier les perd de vue et ne sait plus retrouver leurs traces.

Naturellement, les facultés du lévrier se développent surtout par le soin qu'on apporte à son éducation ; par des croisements avec certains bouledogues, on obtient également des sujets plus résistants et plus courageux, qui empruntent à cette race plus forte quelques-unes de ses qualités en conservant les caractères physiques du lévrier.

Les lévriers forment une famille assez nombreuse, dont les différents types présentent les mêmes caractères généraux.

Tous ont la même stature haute et grêle, si particulière à leur race, les mêmes formes efflanquées dont la gracilité est trop accusée pour demeurer vraiment élégante, la même aptitude merveilleuse pour la course.

LÉVRIER IRLANDAIS

Il est regrettable que l'intelligence des lévriers ne soit pas à la hauteur des réelles qualités physiques qu'ils possèdent; en effet, il suffit d'examiner leur front bas et fuyant, la petitesse relative de leur boîte crânienne pour comprendre qu'ils ne doivent pas être bien doués sous ce rapport. Leurs yeux n'ont pas non plus cette expression douce et profonde, presque humaine, qui donne tant d'attrait à la physionomie des chiens de certaines races privilégiées, les caniches et les épagneuls, par exemple, pour ne citer que ceux-là parmi tant d'autres.

Enfin, tels qu'ils sont, les lévriers rendent de grands services pour la chasse et, dans certains pays surtout, sont estimés à très haut prix.

Le *lévrier irlandais* est un fort bel animal, dont le pelage fauve est plus rude que celui du lévrier anglais.

Il est de mœurs paisibles, à moins qu'il ne soit excité par la colère ou l'entraînement à la chasse; il fait preuve alors d'une grande énergie.

Au temps où l'Irlande était encore une terre à demi inculte dont les forêts servaient d'asile à des bandes de loups et de sangliers, ses habitants avaient recours à l'aide du lévrier pour exterminer ces dangereux voisins.

Ils remplissent aujourd'hui un rôle moins brillant, mais rendent encore de grands services aux chasseurs.

Le *lévrier écossais* est d'une taille un peu moins élevée; son poil est tout à fait rude et lui donne un aspect un peu sauvage.

On établit quelquefois une distinction entre ceux de ces animaux qui sont employés pour la chasse au cerf et ceux qui courent uniquement le lièvre; en réalité ces deux types se distinguent seulement par l'aptitude spéciale qu'une longue éducation a développée chez eux; le lévrier, accoutumé à chasser le cerf et descendant d'ancêtres qui ont eux-mêmes pratiqué uniquement ce genre de chasse, ne sera presque d'aucune utilité contre le lièvre, dont il ne connaît point les manières d'agir; réciproquement, les bons chasseurs de lièvres seront déconcertés dans les battues faites contre les cerfs.

LÉVRIER RUSSE

Le *lévrier russe* a le pelage court mais épais, les oreilles frisées et la queue touffue. Agile et robuste, doué d'un flair spécial, il a maintes occasions de se mesurer avec les animaux sauvages, sangliers, ours et loups qui peuplent encore certaines contrées de la Russie : on l'emploie aussi à chasser le cerf et autres gibiers analogues.

La famille des lévriers était représentée en Perse dès la plus haute antiquité : ce sont des chiens de cette espèce qui accompagnaient déjà à cette époque les habitants de cette contrée dans leurs chasses contre les sangliers, les antilopes et les onagres.

Leur concours est surtout nécessaire pour forcer l'onagre, sorte d'âne sauvage, qui vit ordinairement dans les montagnes et se réfugie à la moindre alerte au milieu de rocs escarpés où le lévrier seul est capable de le suivre ; il se joue avec une telle aisance à travers ces sentiers à peine praticables, et son pied infatigable accomplit de tels prodiges parmi tant d'obstacles, qu'il réussit parfois à déjouer les efforts de plusieurs meutes de chiens se relayant à sa poursuite.

L'antilope se laisse approcher moins facilement encore et, pour en venir à bout, le lévrier a besoin de l'aide du faucon ; celui-ci, dressé dans ce but, s'abat sur la tête de l'animal poursuivi et, agitant les ailes devant ses yeux, rend sa marche incertaine et moins rapide. Cette chasse originale et mouvementée présente un grand attrait pour les Perses, malgré les accidents qui se produisent souvent au cours de ces courses folles.

Le *lévrier perse* est très vigoureux en dépit de ses formes élancées ; on le dit assez sauvage, fort capable de tourner sa colère contre son propre maître lorsqu'il éprouve quelque déboire à la chasse. Cette disposition fâcheuse s'accroît chez les animaux transportés sous un autre climat, dans les Indes, par exemple.

Ils deviennent alors sujets à des accès de colère presque féroce et plus d'un chasseur a été contraint, dans certaines circonstances, de se défendre, les armes à la main, contre les attaques sauvages de son propre chien, irrité par l'insuccès.

Le lévrier perse est d'aspect plutôt délicat et

LÉVRIER ITALIEN

on ne soupçonne pas, en le voyant, la force et le courage qu'il est capable de déployer. Ses oreilles sont frisées, un peu comme celles de l'épagneul.

Le *lévrier italien* offre bien peu de ressemblance avec les animaux puissants et demi-sauvages que nous venons d'étudier.

Nous connaissons tous, sous le nom de levrette, cette petite bête vive et gracieuse dont les membres grêles frissonnent à la moindre bise froide et qui semble dépaysée sous notre ciel brumeux, en dépit des soins minutieux dont on l'entoure.

On a essayé de dresser les lévriers italiens à la chasse aux lapins, mais on a dû y renoncer, car si l'agilité ne leur fait pas défaut, ils manquent totalement de force dans les mâchoires et surtout d'énergie dans le tempérament.

En pratique, le lévrier italien joue uniquement le rôle de chien de luxe, auquel la gentillesse de ses manières et la douceur de son caractère le rendent éminemment propre.

Il a été un moment fort à la mode et les types de race pure atteignaient un prix fort élevé. On le trouve surtout en Italie et en Espagne.

Les chiens appartenant à la famille des *épagneuls* sont fort intéressants à étudier en raison du développement de leur intelligence et des qualités innombrables par lesquelles ils méritent notre attachement, ils nous rendent des services multiples et demeurent des compagnons de toutes les heures.

Le plus puissant, et peut-être le plus beau d'entre eux, est le *terre-neuve*.

Dans une île désolée par de longs et cruels hivers, la vie n'est pas moins pénible pour ces pauvres animaux que pour leurs maîtres; ceux-ci ont pour principale ressource la coupe du bois qu'ils doivent aller chercher souvent fort loin et, n'ayant pas d'autre bête de somme sous la main, ils mettent à profit la force colossale de leurs chiens en les attelant aux chariots lourdement chargés qu'il faut conduire à travers de mauvais chemins jusqu'à la côte. De plus, les vivres sont rares en hiver et les chiens ne reçoivent pour se remettre de leurs fatigues qu'une maigre ration de poisson plus ou moins bien conservé.

Bien qu'il n'ait guère à se louer de ses rapports avec les hommes, le chien de Terre-Neuve leur témoigne néanmoins une affection qui va jusqu'au dévouement absolu.

Tout le monde sait avec quel empressement il se jette à l'eau pour porter assistance au malheureux en danger de se noyer. A peine a-t-il aperçu un être en détresse au milieu d'un fleuve ou des flots de la mer, qu'il s'élance droit vers lui, le saisit fort adroitement de façon à le maintenir hors de l'eau le plus possible et le ramène au rivage avec l'aisance d'un nageur consommé.

TERRE-NEUVE

L'équipage entier d'un navire dut même la vie à un de ces humbles sauveteurs qui se chargea de porter à terre le câble devant servir à établir le va-et-vient de secours.

D'ailleurs le chien de Terre-Neuve n'éprouve aucune répugnance à accomplir ses exploits; il prend même grand plaisir pour son propre compte à lutter contre les vagues de la mer où il prend des bains prolongés.

Comme la plupart des chiens de grande taille, il fait preuve, en toute occasion, d'une bonhomie pacifique qui contraste plaisamment avec l'humeur batailleuse des roquets de toute espèce. Rien n'est aussi drôle que de voir un de ces chétifs animaux s'escrimer contre ce colosse débonnaire, s'efforcer d'atteindre son museau ou ses oreilles par des bonds réitérés, accompagnés de jappements aigus; l'autre considère cette manœuvre d'un air tranquille sans daigner s'en inquiéter davantage; cependant, quand il trouve que cela dure trop longtemps, il inflige quelquefois à son présomptueux agresseur quelque petite punition de sa façon, comme de le saisir par le cou et de lui faire prendre

un bain forcé qui le calme aussitôt, mais il n'apporte jamais de méchanceté dans ses vengeances.

Avec les enfants, sa bonté et sa patience sont sans limite; il se laisse tourmenter de mille manières, sans jamais se rebeller, et c'est un spectacle touchant de voir les tout petits enfoncer leurs menottes dans cette gueule aux crocs redoutables sans que jamais il leur arrive le moindre mal; le chien semble se surveiller soigneusement pour qu'aucun de ses mouvements ne blesse ses petits amis.

Le chien de Terre-Neuve possède une intelligence très ouverte qui lui permet d'accomplir des choses surprenantes.

Il est parfaitement capable d'aller chercher un objet dont on lui indique l'emplacement et de le rapporter exactement; c'est un véritable jeu pour lui, car il aime beaucoup à porter quelque chose entre ses dents et paraît très fier alors du rôle qu'il a conscience de jouer.

On raconte à ce propos une anecdote fort curieuse.

Un monsieur, en villégiature chez des amis,

CHIEN DES ESQUIMAUX

avait emmené avec lui un superbe terre-neuve. Un jour, au cours d'une promenade, il oublie assez loin de la maison une canne à laquelle il tenait beaucoup et s'en aperçoit juste au moment de rentrer au logis. Ne voulant point manquer l'heure du dîner, il eut l'idée d'envoyer son chien à la recherche de l'objet égaré. Notons que l'animal ne l'avait pas accompagné dans sa promenade; néanmoins, après avoir écouté les explications de son maître, il partit au plus vite dans la direction voulue et, peu de temps après, revenait, portant triomphalement la canne dont il ne voulut se dessaisir qu'entre les mains de son possesseur légitime.

Le *chien des Esquimaux* est aussi résistant, mais plus petit que le terre-neuve; son museau pointu, ses oreilles droites, sa queue touffue lui donnent quelque ressemblance avec un loup; sa fourrure presque noire est composée de poils longs et raides, doublés d'une bourre épaisse et laineuse qui le protège contre les rigueurs du climat sous lequel il est destiné à vivre.

Son existence est des plus pénibles, et il ne peut guère en être autrement dans ces régions glacées où l'homme a tant de peine à assurer sa chétive existence.

Nul autre animal domestique ne peut résister à ce climat rigoureux. Le chien doit donc suffire seul à tous les travaux que son maître ne peut exécuter sans son aide; sa fonction principale consiste à être attelé aux traîneaux qui sont les seuls véhicules en usage dans ces pays où l'on circule constamment sur la glace.

Diriger un traîneau n'est pas chose facile et nécessite une longue expérience. L'attelage se compose souvent d'une vingtaine de chiens alignés deux par deux et reliés ensemble par des traits qui aboutissent au siège du conducteur. Celui-ci a pour tout instrument un fouet à longue lanière dont il se sert pour maintenir l'ordre dans cet ensemble compliqué; il ne doit pas en abuser cependant, car le chien, touché par le fouet, se jette invariablement sur son voisin le plus proche, les autres interviennent et il en résulte une bagarre générale dont le premier résultat est d'emmêler le harnachement et d'immobiliser le traîneau; il faut souvent beaucoup de temps et d'efforts pour débrouiller ce chaos et atteler de nouveau les chiens.

CHIEN-LOUP, CHIEN DE POMÉRANIE

Un de ces animaux, plus âgé et mieux dressé que les autres, est ordinairement le chef de file; il tient la tête de l'attelage et c'est lui qui, suivant les indications verbales que son maître lui crie sans se déranger, indique aux autres le chemin à suivre. Doué d'un flair spécial, il sait admirablement choisir la meilleure route et éviter les passages périlleux, malgré le peu d'indices que lui fournissent ces plaines de glace ou de neige, dont l'aspect est partout le même.

Pendant la longue période de l'hiver, lorsque les Esquimaux sont confinés dans leurs misérables huttes de neige, dans ces ténèbres glacées qui durent plusieurs mois, et que tous leurs efforts tendent à capturer quelques phoques dont la graisse est considérée par eux comme un régal, on devine à quelles privations leurs malheureux chiens se trouvent soumis.

Ils sont parfois si affamés qu'ils en sont réduits à déchirer le cuir de leurs traits et le bois des traîneaux, pour essayer de tromper leur appétit.

Il est évident que des animaux condamnés à une existence aussi rude et aussi précaire, n'ayant pour toute société que des hommes qui entretiennent eux-mêmes si peu de rapports avec le monde civilisé et mènent une vie à demi sauvage, ne sauraient avoir l'intelligence ou les sentiments bien développés.

Ils sont loin cependant d'être dénués de compréhension et, lorsqu'ils sont traités doucement, ils perdent en partie leur naturel sauvage et se montrent capables d'affection et de dévouement.

Bien qu'il descende de la même race que le chien des Esquimaux et présente avec lui une certaine ressemblance, le *chien de Poméranie*, plus connu sous le nom de *loup-loup*, est devenu, par le changement de milieu et d'habitudes, un véritable chien de luxe.

Très intelligent, très vif et très gracieux dans ses manières, c'est un charmant petit compagnon, bien qu'il témoigne d'un caractère assez susceptible. De plus, il porte une fourrure dont les longs poils soyeux ont un aspect des plus élégants; elle est ordinairement blanche, quelquefois jaunâtre et très rarement noire; il s'en montre très fier et en prend le plus grand soin.

C'est un curieux exemple de l'influence que le genre de vie qu'ils mènent exerce sur l'aspect physique des animaux; en effet, il serait difficile d'établir une comparaison entre ce petit chien élégant et soigné et les bêtes à demi sauvages qui traînent les véhicules des Esquimaux; et cependant leur origine commune est suffisamment démontrée par la conformité de certains caractères importants.

ÉPAGNEULS DE CHASSE

On rattache à la famille des *épagneuls* quelques types de chiens d'agrément offrant une certaine ressemblance avec eux; mais la plupart des animaux compris sous cette dénomination générale sont surtout remarquables par leurs aptitudes pour la chasse.

De taille moyenne, de formes élégantes, ils se distinguent par leur pelage soyeux, tacheté de nuances diverses, leurs longues oreilles frisées et la douceur intelligente de leur physionomie qu'éclairent de beaux yeux bruns. Lorsqu'ils se glissent à travers les fourrés, le museau à terre, agitant de tous côtés leur superbe queue, ils conservent une grâce surprenante jusque dans l'acharnement de la poursuite.

Les qualités des chiens de cette race sont tellement appréciées que les éleveurs les entourent de soins particuliers. Les variétés se sont multipliées par les croisements et l'éducation, et portent en général le nom du pays où elles ont pris naissance. Elles se ressemblent toutes d'ailleurs dans leurs lignes principales, tout en différant par quelques caractères secondaires; ainsi certaines espèces restent silencieuses durant le temps de la chasse, tandis que d'autres donnent continuellement de la voix, changeant de ton suivant la nature du gibier

poursuivi et fournissant ainsi des indications précises aux chasseurs.

Néanmoins, un chien de bonne race, même quand il appartient à cette dernière catégorie, doit conserver une certaine mesure dans la manière dont il aboie, afin de ne pas assourdir inutilement par ses cris les chasseurs et même le gibier. Il doit aussi, quelle que soit son animation, ne pas dresser sa queue au-dessus du niveau de son dos et se contenter de l'agiter de droite et de gauche à sa fantaisie.

Les épagneuls ont tous un goût inné pour la chasse. et il suffit de savoir mettre cet instinct à profit pour les rendre très habiles à cet exercice. Les uns sont particulièrement adroits pour chasser dans les terrains difficiles, les fourrés épais, et l'abondance de leur pelage leur est alors d'une grande utilité pour les préserver des obstacles à travers lesquels ils font leur chemin.

Les spécimens représentés sur la gravure ci-jointe appartiennent à cette catégorie; celui dont la couleur est d'un noir presque parfait est un épagneul du Sussex, celui qui se tient en avant de lui est d'une variété désignée sous le nom de Clumber, celui qui est assis en arrière est originaire du comté de Norfolk.

ÉPAGNEULS DOMESTIQUES DE FANTAISIE

Il serait probablement difficile à un observateur non expérimenté de distinguer au premier coup d'œil les caractères pouvant différencier les chiens représentés sur la gravure ci-dessus d'avec leurs congénères dont nous venons de parler. Ils leur ressemblent en effet en beaucoup de points.

Les *épagneuls dits de fantaisie*, sans être de race absolument pure, présentent également de sérieuses qualités. Ils sont de petite taille, mais doués d'une activité et d'un entrain qui résistent à toutes les épreuves.

Chose curieuse, ils conservent toutes leurs facultés même quand on les transplante dans un climat différent du leur, au rebours de la plupart des chiens qui, dans ce cas, changent rapidement de caractère.

C'est pour cette raison que les Anglais, fort amateurs de ces jolies bêtes, ont pu, sans difficulté, les acclimater aux Indes. Elles s'y montrent aussi remuantes et aussi courageuses que dans nos pays, et ne craignent point d'entrer en lutte avec les animaux redoutables qui, là-bas, tiennent souvent lieu de gibier.

Un officier anglais raconte qu'étant un jour à la chasse avec une meute d'épagneuls de cette espèce, il se trouva inopinément en présence d'un tigre. Après avoir considéré l'animal avec hésitation pendant quelques secondes, les chiens se jetèrent bravement sur lui et, bien que plusieurs d'entre eux fussent mis immédiatement hors de combat, ils s'acharnèrent si bien après le fauve que leur maître put s'approcher et tirer sur lui sans danger.

De pareils faits ne sont pas excessivement rares, s'il faut en croire du moins les différentes anecdotes racontées dans plusieurs récits de voyages et tendant à prouver le courage presque téméraire dont les épagneuls aiment à faire preuve. Un amateur de grandes chasses, qui avait été chercher jusque dans les Indes la satisfaction de son goût favori, raconte qu'un jour, comme il explorait en compagnie de son chien une des grandes forêts de la vallée du Gange, il fut surpris de voir l'animal s'élancer vers un épais fourré en donnant les signes de la plus vive agitation; croyant qu'il s'agissait simplement de la découverte de quelque gibier, il s'élança à son tour, mais s'arrêta bientôt, en proie à une stupéfaction non exempte de terreur, en voyant un superbe tigre, assis paisiblement en face du chien qui le considérait sans manifester la moindre intention de re-

ÉPAGNEUL D'EAU

culer. Tout au contraire, lorsqu'il sentit son maître à ses côtés, il s'élança en donnant de la voix, au grand effroi du chasseur qui redoutait, non sans raison, que cette téméraire attaque n'excitât contre lui la colère du terrible fauve; cependant, lorsqu'il revint de sa stupeur, il vit l'épagneul, toujours lancé à la poursuite du tigre, disparaître à sa suite dans la profondeur du bois; il perdit sans doute bientôt sa trace, car il revint sain et sauf au bout de quelques instants. Si cette histoire est authentique, il faut sans doute mettre sur le compte de l'étonnement causé par l'apparition imprévue du chien la fuite du tigre, car d'ordinaire cet animal ne se laisse pas déconcerter aussi facilement; il n'en reste pas moins vrai qu'il faut une dose réelle de courage pour s'attaquer à un adversaire de cette taille.

L'*épagneul d'eau* est appelé ainsi à cause du plaisir qu'il prend toujours à se mouvoir dans cet élément et de l'ardeur qu'il déploie à nager. Plongeur infatigable, il n'hésite jamais, quels que soient le temps et la saison, à se jeter à l'eau au moindre signe.

Il doit cette faculté précieuse d'abord à la largeur relative de ses pattes qui l'aident puissamment à se maintenir sur l'eau, ensuite à l'épaisseur de son poil et surtout à l'espèce de graisse qui recouvre sa peau d'une couche protectrice, imperméable à l'humidité. L'épagneul d'eau peut séjourner longtemps dans une rivière sans, pour ainsi dire, être mouillé; en reprenant pied sur la terre ferme, il se secoue énergiquement et le voilà bientôt sec.

En raison de cette disposition naturelle, ce genre de chien est employé pour la chasse dans le voisinage des étangs ou des marais; il peut aller rechercher le gibier tombé à l'eau par mégarde et qui, sans lui, serait perdu, ou gagner les îles pour en déloger les oiseaux qui y ont cherché asile et les ramener à proximité des chasseurs.

C'est un bel animal, dont la taille n'est pas très élevée, mais dont le pelage, épais et long, a l'éclat soyeux, particulier d'ailleurs à tous les chiens de cette race; malheureusement, la matière graisseuse dont sa peau est constamment enduite exhale une odeur assez forte qui s'accentue encore par le contact de l'eau et ne laisse pas que de rendre quelquefois son voisinage peu agréable. Ses oreilles sont très longues et bien frisées, sa queue forme un beau panache. On prétendait autrefois que ses pattes étaient palmées et qu'il devait à cette particularité son adresse à évoluer dans l'eau; en réalité elles sont seulement très larges, de sorte que la membrane qui relie les doigts est beaucoup plus développée que chez les autres chiens.

ÉPAGNEULS KING-CHARLES

Le *king-charles* a reçu ce nom en mémoire de l'attachement fervent, presque ridicule, que. le malheureux roi anglais Charles II avait pour cette minuscule variété de l'épagneul.

Il rentre dans la catégorie des chiens d'agrément, bien qu'on ait essayé de le dresser à la chasse comme ses congénères de plus grande taille; mais, en dépit de sa bonne volonté, ses forces le trahissent vite et ne lui permettent pas de résister à la fatigue des longues courses sous bois.

Il faut surtout louer en lui la gentillesse des manières et l'humeur espiègle qui en font un aimable petit compagnon; il se plaît à imiter les jeux des enfants et réussit souvent à les comprendre suffisamment pour y prendre part.

Il s'associe volontiers aux ébats du chat de la maison, contrefaisant de la plus plaisante manière les allures de son camarade, s'efforçant comme lui de se dissimuler dans quelque cachette d'où il s'élance tout à coup sur son partenaire, lui infligeant une petite correction amicale et se sauvant ensuite à toute vitesse pour échapper aux représailles.

Il n'est point dénué d'ingéniosité, témoin ce petit chien qui professait un goût particulier pour les œufs et dénichait tous les nids qu'il pouvait atteindre; mais comme il perdait en brisant la coquille la meilleure partie de son contenu, il s'avisa de pratiquer au fond du nid une ouverture par laquelle les œufs tombaient directement dans sa gueule.

Ces jolies petites bêtes sont généralement l'objet des soins méticuleux de leurs maîtresses; aussi prennent-elles l'habitude de se laisser laver, peigner et brosser sans la moindre protestation, très flattées évidemment de l'attention qu'on leur accorde.

Leur fourrure est très fournie et très soyeuse et constitue leur principale beauté; leur tête est peu gracieuse en effet, ayant le museau court, les oreilles frisées, presque trop longues proportionnellement au corps, les yeux pleurards et l'air vieillot.

En dépit de leur petite taille, ils ne sont pas à dédaigner pour la garde des maisons, car ils poussent au moindre bruit suspect des jappements capables de mettre sur pied tout le voisinage. Comme ils couchent habituellement à l'intérieur des habitations et que leurs petites dimensions leur permettent de se retrancher derrière un meuble quelconque, il n'est point facile de les déloger ni de les faire taire avant que leurs maîtres ne soient prévenus par leurs cris.

Le *chien du Mont Saint-Bernard* se recommande à nous par des qualités bien différentes de celles que nous admirons chez ses fragiles congénères et, disons-le tout de suite, il a des droits beaucoup plus sérieux à notre estime.

Il prend rang parmi les plus grands spécimens de la race canine, car sa taille égale celle du terre-neuve, avec lequel d'ailleurs il n'est pas sans ressemblance, tant au moral qu'au physique; sa physionomie calme et grave inspire la confiance, car elle indique la bonté tout aussi bien que la force.

CHIEN DU MONT SAINT-BERNARD

Il lui faut effectivement posséder l'une et l'autre pour accomplir la tâche qui lui est dévolue.

Le saint-Bernard est l'auxiliaire humble, mais précieux, des habitants du célèbre monastère qui a donné son nom à cette race de chiens et qui a été édifié au sommet des Alpes, pour servir de refuge aux voyageurs égarés dans ces solitudes. Ces régions, d'accès difficile, sont souvent désolées par des tempêtes soudaines qui déchaînent sur ces sommets, déjà à demi glacés, de terribles tourmentes de neige. Alors les portes du couvent sont ouvertes et les chiens, accoutumés à ce signal tant de fois donné, s'en vont d'eux-mêmes à travers la montagne, cherchant si quelque malheureux ne gît pas sur la route, privé de secours, ou n'erre pas à l'aventure au milieu de l'ouragan, n'ayant pu découvrir une des cloches que les religieux ont fait établir de distance en distance sur le chemin, afin que les égarés puissent les mettre en branle pour qu'on vienne à leur secours.

Grâce à leur flair merveilleux, les chiens découvrent même les voyageurs que la couche de neige a déjà ensevelis et préviennent de leur trouvaille par des aboiements réitérés.

Les moines, guidés par ces cris dont ils comprennent le sens, accourent au plus vite, mais les chemins sont difficiles et il leur faut souvent beaucoup de temps pour parvenir au but. En les attendant, le chien ne reste pas inactif; au moyen de ses pattes, il dégage le malheureux de son linceul de neige, essaie de le réchauffer en se couchant contre lui, lui présente aussi la fiole de cordial que, par précaution, il porte toujours à son cou, s'efforce enfin de le ranimer avec une intelligence et un zèle admirables.

Quelquefois même il périt, victime de son dévouement. Ainsi un chien de cette race, connu par ses nombreux sauvetages, fut tué par un voyageur qui, affolé de souffrances et d'angoisses, et pris de terreur en voyant cette tête colossale près de la sienne, enfonça son couteau dans la poitrine de l'animal.

De telles méprises sont rares heureusement et, le plus souvent, les voyageurs recueillis au monastère et réconfortés par les bons soins qu'ils y trouvent, ne se lassent pas de témoigner leur reconnaissance par mille caresses au courageux animal sans lequel ils auraient péri de froid ou de faim.

CHIEN DE MALTE

BARBET, CANICHE FRANÇAIS

Le *chien de Malte* est considéré comme ayant une grande valeur, non seulement à cause de son extrême rareté, mais aussi parce que sa fourrure est réellement fort belle ; ses poils très fins, très soyeux et très brillants, atteignent une telle longueur qu'ils enveloppent l'animal d'un nuage floconneux dès que ses mouvements deviennent un peu rapides.

Cette toute petite bête est naturellement assez délicate et ne se plaît que dans la société de ses maîtres ; elle n'est point gênante d'ailleurs, sachant s'occuper elle-même à toutes sortes de jeux gracieux et témoignant d'une humeur affectueuse et douce, assez rare chez les chiens de cette taille.

Si nous ne connaissons guère le saint-Bernard que par les nombreux récits dont il est le héros, le *caniche*, au contraire, nous est tout à fait familier.

C'est en effet un animal très répandu dans nos villes, son intelligence et sa docilité lui permettant de se plier sans difficulté à l'existence, peu naturelle cependant pour un chien, qu'il peut y mener.

Excessivement sociable, il s'estime heureux pourvu qu'il soit en compagnie de son maître et finit par prendre les habitudes de celui-ci. Il se comporte fort bien dans les maisons, se promène sans embarras dans les rues, et se montre le plus accommodant des compagnons, le plus intéressant aussi, car il comprend tout ce qu'on lui dit et apprend à faire tout ce qu'on

lui commande avec intelligence et bonne grâce.

Il faut assister aux représentations que donnent les cirques forains pour savoir à quel point peut se développer l'intelligence des caniches. Ils jouent, seuls ou accompagnés d'un ou deux singes, de véritables pantomimes, marchant sur leurs pattes de derrière comme de vrais personnages, portant des flambeaux, servant à table, jouant leur rôle jusqu'au bout sans se tromper ou se gêner les uns les autres.

Le *barbet* est un diminutif du caniche et lui ressemble en bien des points ; son aspect serait sensiblement le même, si l'on n'avait la coutume de tondre en partie la toison du caniche, tandis que celle de son camarade est plus généralement respectée et lui fait un manteau de longs poils frisés, ordinairement noirs. Cette fourrure est si abondante que le corps de l'animal disparaît complètement, à l'exception du museau, car les yeux mêmes sont parfois cachés sous les poils du front. Quand il est couché, on dirait une boule informe dans laquelle il est impossible de démêler l'emplacement des membres.

Le barbet est tout aussi intelligent et tout aussi amusant que le caniche ; il se plaît à inventer une foule de jeux à sa portée et se montre très fier de ses petits talents.

D'ailleurs, il aime beaucoup à être admiré et, quand on ne s'occupe pas assez de lui, met tout en œuvre pour attirer l'attention.

LIMIER

Le *Mexique* a donné naissance à une espèce de chien qui est probablement la plus petite qu'on puisse voir, malgré sa jolie fourrure blanche qui augmente un peu son volume. Ce petit animal a deš proportions si minuscules qu'on le prendrait volontiers pour un jouet de fabrication parfaite, plutôt que pour un être vivant.

Les chiens de chasse comprennent bien d'autres familles que celle de l'épagneul, car c'est dans ce genre que nous rencontrons peut-être les plus grandes variétés.

Une de ces espèces a pour type *le limier,* qui est employé surtout pour courir le cerf. Dès qu'il a senti le gibier, le chien se met à sa poursuite et le ramène dans la direction du chasseur jusqu'à ce que celui-ci soit à portée pour bien tirer. Il retrouve également la trace de l'animal blessé et finit toujours par le découvrir, quel que soit le lieu où il s'est réfugié. Il pousse, pendant la durée de cette poursuite, un hurlement prolongé, sourd et profond, qui a quelque chose de sinistre.

Le limier, d'ailleurs, n'est pas d'un caractère facile; aisément irritable, il ne se laisse guère approcher que par son maître, et encore ne faut-il pas qu'il soit excité par l'odeur du sang. Aussi doit-on agir avec prudence pour lui reprendre la proie qu'il a terrassée, car si on tentait de la lui arracher de vive force, il tournerait sa colère contre son propre maître.

On reconnaît un limier de bonne race à la couleur de sa robe, qui doit être à peu près uniforme, brune ou rousse, avec un peu de blanc sous la poitrine.

Mais en aucun cas cette teinte ne doit dominer dans le pelage. La queue de ce chien est longue et lisse et il s'en sert, comme la plupart de ses congénères d'ailleurs, pour indiquer, par les divers mouvements qu'il lui imprime, le plus ou moins de succès de ses poursuites.

Autrefois, alors que dans la société moins civilisée les malfaiteurs étaient, non plus nombreux peut-être, mais moins raffinés dans leurs procédés d'une part, et de l'autre poursuivis avec

CHIEN COURANT POUR LE CERF

une brutalité plus grande, les limiers étaient fréquemment employés à cette chasse d'un genre particulier; l'usage en était si répandu qu'aujourd'hui encore on désigne sous ce nom les meilleurs et les plus adroits agents de la police.

Ces chiens, en effet, sont doués d'un flair très sûr et très aiguisé; le moindre indice suffit pour les mettre sur une piste et il est bien rare qu'ils se laissent dérouter dans leurs recherches, quels que soient les obstacles qu'ils rencontrent sur leur chemin. L'eau seule est capable de leur faire perdre la trace de leur adversaire, parce qu'elle ne conserve aucune odeur susceptible de frapper leur odorat; aussi les gens poursuivis tentaient-ils souvent de ce moyen de salut, en suivant jusqu'à une certaine distance le courant d'une rivière, ou en traversant un étang. Cependant, même dans ce cas, le limier ne renonce pas aisément à rejoindre sa proie; quand il soupçonne le subterfuge, il se jette lui-même à la nage, et, en flairant les objets qui flottent à la surface de l'eau ou l'herbe des rives, il s'efforce de retrouver la trace interrompue et y parvient quelquefois.

Par son union avec le lévrier, il peut donner des *chiens courants* très estimés, qui possèdent à la fois les muscles puissants et l'odorat subtil de l'un, les formes plus fines et l'agilité de l'autre.

Ces animaux courent le cerf avec facilité et, grâce à leur flair aiguisé, reconnaissent et suivent ses traces parmi toutes les autres. Les chiens de cette race sont extrêmement rares et ceux qu'on emploie généralement sont plus ou moins mâtinés.

Ils n'en demeurent pas moins très bons pour cette chasse spéciale, étant particulièrement bien doués pour la course et pouvant accomplir de longs trajets sans ralentir leur allure; ils se livrent à leur poursuite avec tant d'acharnement, qu'on a vu un de ces chiens tomber d'épuisement avant d'abandonner la lutte. Leur courage égale leur force de résistance et ces qualités leur sont indispensables pour combattre le cerf qui n'est pas un adversaire à dédaigner. Quand il est acculé et ne peut plus prendre la fuite, il se retourne sur ses assaillants et leur inflige de sérieuses blessures au moyen de ses andouillers; aussi les chiens doivent-ils user de ruse et choisir le moment favorable pour se jeter sur lui.

Ces chiens ont joui, à certaines époques, d'une grande vogue; ils ont encore beaucoup de valeur, mais on a moins besoin de leurs services, car les chasses ne se font plus comme autrefois sur d'immenses territoires qui exigeaient l'aide d'auxiliaires robustes et résistants à la fatigue; les propriétés modernes sont en général trop morcelées pour qu'on puisse s'y livrer à des expéditions réellement pénibles.

CHIEN COURANT POUR LE RENARD

Une autre espèce de *chien courant* est spécialement dressé pour la chasse au renard, et il a fallu bien des croisements judicieux pour obtenir les bêtes de grande valeur qui y sont employées aujourd'hui.

Au limier elles ont emprunté un flair incomparable qui leur permet de suivre à travers tous les obstacles la trace du gibier poursuivi; au lévrier elles ont pris la rapidité et la résistance à la fatigue qui les rendent capables de distancer un bon cheval à la course; et comme le lévrier est le plus souvent mâtiné du bouledogue, elles ont hérité en même temps du caractère déterminé de ce dernier, qui les porte à poursuivre la chasse commencée jusqu'à épuisement de leurs forces.

Pour se trouver dans les meilleures conditions requises, un bon chien courant doit être de taille moyenne; s'il est trop grand, il éprouve de la difficulté à passer à travers les buissons et les fourrés; s'il est trop petit, ses pattes trop courtes ne peuvent fournir la vitesse voulue.

De plus, les meutes doivent être homogènes et se composer d'animaux sensiblement de même force qui puissent agir avec ensemble.

Le chien courant est intelligent et docile; il comprend admirablement son maître et obéit sans peine à sa voix et à son geste.

Ce serait le plus agréable des compagnons si l'on se donnait la peine de cultiver ses instincts de sociabilité, mais les véritables meutes de chasse sont le plus souvent reléguées dans leur chenil, loin de leur maître qu'elles ne voient guère que pendant la durée de leurs expéditions cynégétiques; on ne prend soin que de développer chez leurs membres les qualités pour ainsi dire professionnelles, en négligeant les autres.

Ce chien de chasse, tel que nous le connaissons habituellement, a une physionomie assez différente de celle que la nature lui a donnée; en effet, on a l'habitude de lui couper les oreilles dans de notables proportions, ne laissant subsister que la base du pavillon, indispensable pour préserver l'entrée du conduit auditif. Cette coutume, assez barbare en somme, aurait pour but, paraît-il, d'éviter que le chien ne déchire cette partie plutôt fragile et pour ainsi dire flottante de sa personne aux épines et aux branches à travers lesquelles il est souvent obligé de se frayer précipitamment un passage. Le motif est plausible et témoigne d'une bonne intention, mais il est permis de se demander s'il ne s'agit pas plutôt d'une question de mode et si la mutilation infligée aux pauvres bêtes n'entraîne pas pour elles des inconvénients plus grands que ceux qu'elle paraît destinée à leur épargner.

BASSET

Certains chiens courants, de plus petite taille que ceux destinés à la chasse au renard, mais fort semblables à eux sous les autres rapports, sont spécialement employés pour chasser le lièvre. Les caractères principaux auxquels ils empruntent leur plus ou moins de valeur sont à peu près ceux que l'on recherche chez les chiens dont nous venons de parler; c'est-à-dire qu'ils doivent concourir à assurer à l'animal la vigueur et la rapidité qui lui sont nécessaires pour bien remplir sa tâche. Un bon chien courant doit avoir les pattes droites, bien musclées, arrondies et pas trop larges à leur extrémité; les épaules rejetées en arrière, la poitrine développée; le dos large; la tête petite, le cou flexible; la queue forte et bien fournie; ces derniers caractères d'ailleurs se rapportent plutôt à la belle mine de l'animal qu'à ses véritables qualités de chasseur.

Les chiens appartenant à cette variété ont en général l'allure moins rapide que les chiens employés à forcer le renard; ce fait s'explique par la petitesse relative de leur taille, qui entraîne le développement moindre des pattes. En revanche, ils ont un flair exquis, qui leur permet de suivre sans hésitation les traces souvent fort compliquées que le lièvre laisse derrière lui et qu'il embrouille à dessein pour égarer les recherches de ses adversaires. Leurs aboiements sont de plus très sonores, capables de se faire entendre distinctement à une grande distance, et cependant dépourvus de ces notes criardes qui gâtent souvent la voix des chiens de chasse.

Lorsque ces chiens sont bien choisis et soigneusement assortis comme taille et comme couleur, ils composent de fort belles meutes, susceptibles de rendre de grands services.

Le *basset* est remarquable par l'étrangeté de son allure; rien n'est plus drôle que la façon dont il se dandine sur ses petites pattes toutes courtes et généralement torses; mais la tête rachète ce que le corps peut avoir de disgracieux, par la douceur de ses yeux expressifs et les larges oreilles traînant parfois jusqu'à terre qui encadrent son front.

En dépit de sa conformation bizarre, le basset est un bon chasseur et son flair est excellent; on ne peut cependant l'employer dans la chasse à courre, car il ne saurait suivre les chevaux avec une rapidité suffisante; il excelle surtout à chasser le lapin qui exige plus de patience et d'adresse que de force et d'agilité.

Les *chiens d'arrêt* n'ont point les mêmes habitudes et ne rendent point le même genre de services que les chiens courants; ils sont connus également sous leur nom anglais de *pointers*.

On en distingue plusieurs variétés dont le caractère est un peu différent les uns des autres.

Le *pointer espagnol* a les formes lourdes et

POINTERS

l'allure lente ; aussi est-il souvent employé pour les chasses qui se font à cheval et sur des territoires d'une grande étendue ; mais il peut prendre part dans les battues plus modestes avec avantage, car son museau excessivement large lui assure le bénéfice d'un odorat très développé. C'est un animal de ce type qui est représenté au dernier plan de la gravure ci-jointe.

Le *pointer anglais moderne* est plus élancé et a quelque chose de plus décidé dans les mouvements.

Dès que ces chiens sont arrivés sur le terrain, ils opèrent sur un simple geste de leur maître et s'en vont les uns à droite, les autres à gauche, parcourant tout l'espace désigné en suivant une direction parallèle qui les ramène toujours auprès du chasseur. Celui-ci se contente d'avancer lentement en droite ligne et d'attendre que l'un des animaux ait fait lever quelque pièce de gibier ; alors le chien s'arrête immédiatement, la patte levée, le cou tendu, la queue droite, jusqu'à l'arrivée de son maître.

Un pointer de bonne race présente généralement les caractères suivants : la tête plus large que longue, le front développé, l'œil intelligent, le museau carré, les lèvres retombantes, le corps un peu massif, les articulations des genoux fortes, la patte longue et protégée par une semelle épaisse. Sa couleur est variable ; les chiens de nuance claire, blancs avec des taches jaunes par exemple, sont plus recherchés, parce qu'il est plus facile de les suivre des yeux à travers les bois.

On se préoccupe souvent assez peu des qualités morales des chiens de chasse, relégués dans les chenils d'où ils ne sortent que pour accomplir leur tâche. Cependant les pointers qui sont admis à vivre dans la société de leurs maîtres font preuve d'une grande intelligence et d'un caractère affectueux. D'un tempérament plutôt craintif, ils dissimulent volontiers cette faiblesse en affectant des airs redoutables ; s'ils aperçoivent des chiens d'une autre espèce, dont les intentions leur semblent peu rassurantes, ils s'arrêtent sur-le-champ, redressent leur queue, hérissent les poils de leur échine et grondent sourdement ; bien souvent l'étranger, intimidé, n'insiste pas pour entrer en relations et, lorsqu'il s'est éloigné, le pointer, délivré de toute appréhension, manifeste son soulagement par des aboiements joyeux.

POINTER ANGLAIS

Un amateur de chiens, qui en possédait un de cette race et, y étant fort attaché, se plaisait à observer ses faits et gestes, raconte à ce sujet l'anecdote suivante :

L'animal en question avait pour ennemi certain terrier, appartenant à un boucher, et qui, un jour, lui avait infligé une correction sérieuse ; d'autre part, il était lié d'amitié avec un autre chien de la même race, avec lequel cette fâcheuse aventure avait resserré son intimité, en y ajoutant sans doute un motif quelque peu intéressé. Comme son maître voulait, peu de temps après, le conduire dans la direction de la fameuse boucherie, le chien résista d'abord énergiquement, puis, après beaucoup d'instances, se décida enfin à partir en compagnie de son camarade préféré ; bientôt même il prit les devants, de manière à attirer l'attention de l'ennemi aux aguets, qui, en effet, ne tarda pas à se précipiter sur lui ; mais alors, battant précipitamment en retraite, il chercha asile près de son ami, qui, plus fort ou plus courageux, s'était évidemment chargé de mettre l'autre en déroute et y réussit à merveille.

Il arriva au même animal une autre mésaventure, dont il sut, par la suite, se souvenir de façon à prouver qu'il avait compris la leçon. Il appartenait à un officier, et, comme il accompagnait son maître presque partout, il avait pris l'habitude de s'introduire au mess à l'heure des repas, de passer en revue les tables servies et d'en approcher un peu trop près au gré des convives. Son maître résolut de le corriger de cette manie désagréable. Un jour donc, au moment du déjeuner, le chien arrive comme à l'ordinaire, fait le tour de la pièce et, finalement, alléché par l'odeur d'un magnifique jambon déposé sur la table, se dresse sur ses pattes de derrière et, reniflant ce fumet tentateur, s'absorbe dans une contemplation qui devait probablement cacher de fort mauvais desseins. Mais il avait compté sans son maître, qui avait disposé à l'avance une théière remplie de liquide brûlant sur le bord de la table ; dans ses efforts pour atteindre le jambon, le chien se brûla légèrement, pas assez bien entendu pour en souffrir vraiment, mais suffisamment toutefois pour en garder la mémoire et comprendre que c'était

CHIEN DE DALMATIE OU CHIEN DE CRACOVIE

là une punition infligée à sa gourmandise. Il fut impossible désormais de le décider à rentrer dans la salle à manger.

Le dressage d'un pointer n'est pas une petite affaire, car il faut à la fois le corriger de son étourderie et modérer un zèle qui lui fait commettre presque autant d'erreurs par la crainte même qu'il a de ne pas bien servir son maître. Il lui arrive alors, en effet, de tomber en arrêt à la moindre senteur inconnue qui frappe son odorat, et de persister dans cette attitude jusqu'à ce que son maître l'ait rejoint, pour constater souvent avec dépit qu'il se trouve tout simplement en présence d'un chat ou de tout autre animal analogue.

Cette sensibilité exagérée de l'odorat peut être corrigée par des croisements judicieux avec d'autres races chez lesquelles cette faculté est moins développée. Les chiens ainsi mâtinés sont reconnaissables à leur queue, qui ne présente pas la forme caractéristique qu'elle offre chez les chiens de race pure; chez ces derniers, en effet, cet appendice est très large à sa base, se rétrécit brusquement et devient excessivement fin et pointu à son extrémité.

Par la forme de son corps, le *chien de Dalmatie* ressemble fort au pointer, tandis que son pelage blanc tacheté de noir rappelle celui du danois; on lui donne d'ailleurs ce nom assez fréquemment. Les oreilles de ce chien sont ordinairement coupées dès son enfance et sa tête

massive ne gagne certes pas à être privée de cet ornement utile à tous les points de vue.

Le chien de Dalmatie n'a rien pour inspirer la sympathie que nous prodiguons cependant à presque tous les échantillons de la race canine; il est peu intelligent et son caractère primitif, brutal et violent, reparaît volontiers, en dépit de l'éducation qu'il a reçue.

Néanmoins, ce chien a eu sa période de vogue, et il était de bon ton, dans certains pays et à certaines époques, de faire suivre un équipage par ce molosse peu élégant, tant il est vrai que la mode a parfois de bizarres caprices.

De même que les pointers doivent ce nom à leur habitude de dresser la tête et de pointer pour ainsi dire en face du gibier, les *setters*, qui sont aussi des chiens d'arrêt, sont ainsi appelés parce qu'en pareil cas ils s'accroupissent ou s'asseyent (setting en anglais).

Ils se divisent en plusieurs variétés. Ainsi le *setter russe* se distingue par la longueur de ses poils, si abondants qu'ils s'entremêlent les uns dans les autres et donnent à l'animal une silhouette confuse dans laquelle les formes sont à peine distinctes; ces chiens sont très rares et ont une grande valeur.

Ce sont en effet d'admirables chasseurs, doués d'un flair particulièrement délicat, et qui abandonnent bien rarement une piste avant d'avoir réussi à rejoindre le gibier auquel elle appar-

CHIENS D'ARRÊT SE COUCHANT POUR ARRÊTER (SETTER)

tient. Leur union avec des setters anglais donne naissance à des chiens plus parfaits encore, car ils participent des deux espèces et réunissent les qualités de l'une et de l'autre.

En dépit de l'énorme masse de poils qui enveloppe leur corps, ils supportent la chaleur aussi bien que les autres chiens de chasse, au rebours de leurs congénères anglais qui sont très délicats sous ce rapport; de plus, leurs pattes sont entièrement couvertes de poils qui les préservent du contact du sol et leur permettent de courir sur les terrains les plus raboteux. Leur museau est orné d'une sorte de barbe courte et rude qui leur donne quelque ressemblance avec la physionomie de certains terriers; de longs poils pendent aussi jusque sur leurs yeux, qui brillent au travers d'un éclat intelligent et vif.

Le chien que nous voyons assis à l'arrière-plan de la gravure ci-jointe est un setter russe; celui qui est debout en avant est un setter anglais ordinaire et le troisième, couché auprès d'eux, est un setter irlandais, variété fort voisine de la précédente, et qui ne s'en distingue guère que par des pattes plus larges proportionnellement à la taille du corps et une certaine différence d'allure qu'un connaisseur seul peut apprécier aisément.

Le *setter anglais* est de taille moyenne et bien proportionnée; sa tête est plus gracieuse que celle du pointer, parce qu'il a le museau moins large et plus arrondi; ses yeux sont brillants et pleins d'expression; ses oreilles sont longues et minces, couvertes de longs poils soyeux; son cou est long et flexible quoique robuste; sa queue est touffue et se redresse gracieusement vers l'extrémité, sa fourrure est épaisse; il aime beaucoup l'eau et se baigne fréquemment.

Le setter est assez difficile à dresser; il lui faut du temps pour comprendre les leçons qu'on lui donne et s'en souvenir.

Comme le setter russe, le setter anglais est bien protégé par une épaisse fourrure et par la couche de poils qui garantit le dessous de ses pattes; aussi est-il apte à rendre de précieux services dans des pays accidentés, tels que l'Écosse, dont le sol rocailleux rend pénible la marche d'autres chiens, tels que le pointer, moins privilégiés sous ce rapport. Des animaux moins vigoureux supporteraient difficilement d'autre part les brusques variations de température si fréquentes dans ce climat assez rude.

CHIEN D'ARRÉT ANGLAIS

En somme, il présente une grande résistance à la fatigue, surtout dans les pays du nord, car il craint les grandes chaleurs. Ces chiens sont bien doués sous le rapport de l'odorat; ils sentent le gibier non d'après ses traces sur le sol, mais d'après l'odeur qui s'exhale de son corps; il est donc important de consulter la direction du vent pour faciliter leur tâche.

Certains chiens de chasse sont particulièrement aptes à rechercher le gibier tombé assez loin du chasseur pour que celui-ci ne puisse le prendre facilement et à le rapporter à leur maître.

Tel est l'*épagneul écossais*, le bel animal représenté sur notre gravure, qui est le fils d'un terre-neuve et d'un setter. Un simple coup d'œil suffit à faire retrouver en lui le caractère distinctif des deux races, les formes robustes et le poil frisé de l'une, la tête fine et expressive de l'autre; son concours est très utile pour rechercher les grosses pièces de gibier que sa force lui permet de transporter sans peine.

Naturellement, ces sortes de chiens doivent posséder un flair très sûr, car ils n'ont d'autre moyen de réussir dans leurs recherches parfois très difficiles.

Leur dressage demande beaucoup de temps et de patience; on arrive aisément à leur faire rapporter un objet sur la terre ferme, mais quand il s'agit de le retrouver sur l'eau, la difficulté s'augmente de ce fait que le chien, en nageant, ne peut voir qu'à une faible distance devant lui et doit apprendre à se diriger d'après la voix et les gestes de son maître. De plus, surtout quand il est jeune, il est enclin à se mettre à la poursuite des rats d'eau qui se trouvent sur son passage et à perdre de vue le but principal de ses recherches. Il faut aussi lui apprendre à garder le silence pour ne pas effrayer le gibier.

Enfin, lorsqu'il a saisi celui-ci, son instinct le porte naturellement à en profiter pour son propre compte, et ce n'est qu'après de grands efforts qu'il acquiert assez d'empire sur lui-même pour rapporter l'animal intact à son maître

On obtient, par le croisement de ces diverses espèces de chiens d'arrêt, de nouveaux types, possédant les mêmes aptitudes que ceux-ci et qu'on emploie de préférence pour le menu gibier; leur force est moins grande, parce qu'ils sont de moindre taille, mais ils sont plus faciles à dresser, moins portés à aboyer et à s'agiter à tort et à travers; de plus, ils vivent davantage

CHIEN MATINÉ DE TERRE-NEUVE ET DE SETTER

dans l'intérieur des habitations, connaissent mieux leur maître et lui obéissent plus volontiers.

Si les chiens de chasse nous rendent des services appréciables, le *chien de berger* remplit un rôle, moins brillant sans doute, mais à coup sûr plus utile encore.

C'est sur lui que repose en partie la sécurité du troupeau dont il a la garde et, sans son aide, le berger ne pourrait maintenir l'ordre et la tranquillité parmi les animaux confiés à ses soins.

Ces fonctions difficiles exigent de celui qui les remplit nombre de qualités essentielles. Il lui faut posséder une intelligence prompte et sûre, car il doit souvent prendre de sa propre initiative les mesures nécessaires pour parer aux difficultés ou aux dangers imprévus; il doit avoir l'œil sur tout le troupeau à la fois, lui servir de guide et de soutien, ramener les égarés, soumettre les indociles et stimuler les paresseux.

Une grande force de résistance ne lui est pas moins nécessaire, car il lui faut supporter des fatigues sans nombre. Toujours sur pied, toujours en mouvement, il va et vient de tous côtés pour s'assurer du bon ordre et exécute souvent de longues et pénibles courses pour retrouver les animaux qui se sont éloignés ou perdus.

Le *chien de berger* est généralement de taille moyenne, avec de longues et fortes pattes munies de muscles puissants et protégées par une semelle résistante. La tête est plutôt petite, le museau pointu, les yeux vifs et brillants. Son pelage, assez rude, est suffisamment épais pour le protéger contre les intempéries auxquelles il est exposé.

Les chiens de berger ont presque tous des chiens de chasse parmi leurs ancêtres, et ils conservent de cette origine une certaine aptitude à chasser le gibier; il n'est pas rare que les bergers mettent leurs talents à profit et les dressent assez convenablement; c'est surtout pendant la nuit, quand le troupeau sommeille, qu'ils se livrent à cet exercice et, en raison de leur docilité, ils arrivent souvent à un bon résultat.

Certaines variétés descendent du bouledogue, mais sont moins estimées en raison de leurs manières brutales; les moutons en effet n'aiment pas à être bousculés et il faut qu'ils aient assez

CHIEN DE BERGER

de confiance envers leur gardien pour se réfugier près de lui quand ils se sentent menacés. Un chien qui mord les moutons leur cause d'abord un dommage matériel nuisible à leur valeur et, surtout, les rend craintifs envers lui, de sorte qu'au lieu de lui obéir ils s'enfuient à son approche et qu'il ne peut plus s'en rendre maître.

Le chien de berger n'a pas seulement pour fonction de veiller sur son troupeau pendant qu'il pâture ou se repose; il est souvent chargé de l'escorter pendant un trajet assez long; il s'acquitte de cette nouvelle tâche avec une intelligence plus surprenante encore.

On l'a vu parfois, surpris par un orage dans la montagne, réunir ses protégés à l'abri de rochers formant un refuge naturel et les garder là, soigneusement, jusqu'à ce que tout danger fut passé.

Chose curieuse, si grand soit le nombre des moutons confiés à sa garde, il s'aperçoit aussitôt de l'absence d'un seul et n'a point de repos avant de l'avoir retrouvé. Même lorsque plusieurs troupeaux se mêlent les uns aux autres, chaque chien sait parfaitement reconnaître les moutons qui lui appartiennent et ne fait aucune tentative pour accaparer un étranger. A moins cependant qu'il y soit dressé par son maître, et cela s'est vu hélas, quelquefois.

Certain berger, qui avait habitué son chien à ce manège, lui laissait prendre les devants avec ses bêtes, après lui avoir désigné d'un geste dans le troupeau étranger le mouton dont il désirait s'emparer; le chien laissait les deux troupeaux se confondre et, à la faveur du désordre, englobait l'animal convoité au milieu des siens et l'emmenait ainsi: si le vol était découvert, on mettait l'erreur à son compte et le berger était indemne de l'affaire. On peut juger, par ces anecdotes, à quel degré peuvent atteindre l'intelligence et la bonne volonté de cette sorte de chien.

Ajoutons que, vivant continuellement avec leur maître dans une solitude relative, ils s'attachent à lui à l'exclusion de toute autre personne et lui témoignent un dévouement absolu.

CHIEN DE BERGER MATINÉ DE LÉVRIER

L'union *du chien de berger et du lévrier* donne naissance à un animal remarquablement bien doué, car il possède l'intelligence merveilleuse du premier, l'odorat et l'aptitude aux courses rapides du second; ces qualités le rendent particulièrement propre à la chasse au lapin et au lièvre; son flair le met sur la trace du gibier, son agilité lui permet de le gagner de vitesse et, quand il s'en est emparé, il le rapporte immédiatement à son maître, le dépose à ses pieds en silence et repart tout de suite, en quête d'une nouvelle proie.

Ses manières discrètes le font apprécier principalement des braconniers qui l'emploient beaucoup; il arrive à comprendre son maître par de simples gestes et on dirait qu'il se rend compte de la besogne clandestine qu'il doit accomplir. Il explore le bois en éclaireur, revient vers le chasseur pour l'avertir s'il a découvert quelque sujet d'inquiétude et se tient immobile et silencieux dans sa cachette jusqu'à ce que l'ennemi, c'est-à-dire le garde, se soit éloigné.

Cette éducation spéciale contribue fortement à développer en lui des qualités précieuses, mais dont le mauvais emploi qu'on lui a appris à en faire le rend suspect aux propriétaires de chasses et aussi aux bergers, car il s'attaque parfois aux troupeaux et les décime à la façon d'un loup.

Néanmoins, ce n'est pas lui qu'il faut rendre responsable de ces dégâts, mais ceux qui les lui font commettre. Bien élevé, il peut être employé comme chien de garde et rend de grands services; il peut même faire l'office de chien de berger et remplir ses fonctions avec zèle, ce qui montre que l'éducation peut perdre ou améliorer les animaux, comme les gens, selon qu'elle est bonne ou mauvaise.

Certaines espèces de chiens ont une aptitude spéciale pour chasser tel ou tel animal à l'exclusion des autres; nous en avons un exemple dans le *chien chasseur de loutre* qui est employé spécialement contre ce genre de gibier et présente toutes les qualités requises pour cette tâche difficile.

De taille moyenne, il est revêtu d'un poil épais et rude qui le protège à merveille contre le froid et l'humidité; il est forcé, en effet, d'affronter en toutes saisons le contact de l'eau pour y poursuivre la loutre qui, comme on le sait, habite cet élément de préférence à la terre.

Pour lutter de vitesse avec elle, il doit être par conséquent très bon nageur; aussi ses pattes sont-elles conformées en vue de cet exercice. Enfin la loutre, quand elle est excitée, devient un ennemi assez redoutable, capable d'infliger de cruelles morsures au moyen de ses longues dents pointues, et elle est si souple qu'on peut

CHIEN POUR LE SANGLIER

difficilement se garer de ses attaques imprévues.

Aussi le chien dont nous parlons est-il doué d'un caractère intrépide et quelque peu sauvage: ses morsures sont profondes et occasionnent de graves désordres; de plus, il les inflige coup sur coup à sa victime, de façon à la mettre en peu de temps hors de combat; et cela est indispensable pour sa sécurité, car s'il laissait à la loutre le loisir de se retourner contre lui, elle lui causerait à son tour grand dommage, bien qu'il soit défendu contre elle par l'épaisseur de sa peau.

Le courage de ces chiens dégénère souvent en férocité et ils ne s'épargnent pas les uns les autres lorsqu'ils sont enfermés en assez grand nombre dans le même chenil; ils se livrent quelquefois à des batailles qui deviendraient sérieuses si l'on n'y mettait bon ordre.

Le *chien destiné à chasser le sanglier* doit posséder également des qualités propres à cet usage;

il provient ordinairement du croisement de plusieurs races. Il doit être de forte taille et avoir des muscles puissants; il faut encore qu'il soit très agile, car le sanglier, en dépit des apparences, est capable de fuir avec vitesse.

La chasse au sanglier présente de si grands dangers que l'éducation du chien destiné à le combattre est fort délicate; en effet, si on lui laisse commettre une erreur trop grave, il est rare qu'il ne la paye de sa vie, soit qu'il se jette étourdiment sur la bête aux abois et soit éventré par ses défenses, soit qu'il recule devant elle sans pouvoir se garantir de ses attaques.

Les meutes les mieux dressées sortent d'ailleurs rarement indemnes du combat et il est rare qu'un ou plusieurs chiens ne soient pas blessés, mortellement parfois, avant la mort du sanglier.

On emploie la même race de chien en Norvège et en Danemark pour chasser l'élan, qui est aussi de prise bien difficile.

DOGUE

En dépit de sa puissante carrure et de sa physionomie rébarbative, le *dogue* est d'une nature pacifique et fait rarement usage de sa force contre de plus faibles que lui. Lorsque de petits chiens le harcèlent de leurs taquineries, il se contente de les regarder avec un tranquille dédain, ou bien de leur montrer les crocs pour les rendre moins audacieux sans jamais leur faire aucun mal. Mais quand on s'attaque à la personne ou à la propriété de son maître, le dogue déploie un courage intrépide pour les défendre et devient un redoutable adversaire en raison de sa vigueur. Aussi est-il généralement employé comme chien de garde; il possède la bravoure et la force nécessaires à cette fonction et, d'autre part, il est assez sociable pour vivre librement dans les maisons et assez prudent pour ne pas commettre de méprises en considérant tout étranger comme un ennemi.

Quelle que soit sa bonne volonté, le chien est sujet à erreur comme tout être raisonnant et, souvent, c'est par excès de zèle qu'il pèche. Tel ce chien qui habitait dans le voisinage d'un pensionnat et qui avait pris en amitié un groupe de jeunes élèves; il les accompagnait dans leurs promenades et, l'été arrivant, prit l'habitude de garder leurs vêtements pendant qu'ils se baignaient dans la rivière. Un jour, un troupeau de vaches, curieuses comme le sont ces bêtes, s'approche pour examiner ces objets nouveaux pour elles; le chien les laisse faire tout d'abord, puis voyant qu'elles s'apprêtaient à secouer les habits avec leurs cornes, bondit sur elles et les disperse; les vaches reviennent à la charge, le chien renouvelle sa défense, si bien que les malheureux vêtements eurent fort à souffrir de ce débat.

La tête du dogue a un aspect bien caractérisé; son museau massif, ses lèvres pendantes, sa mâchoire prononcée, la peau plissée qui entoure ses yeux forment un ensemble bien connu. Il n'a point cependant l'air féroce que ses dents toujours découvertes donnent au boule-dogue, animal à peu près similaire d'ailleurs comme aspect et comme mœurs.

Bien qu'il soit d'une taille bien inférieure à celle du dogue proprement dit, il n'en est pas moins très vigoureux, et son courage ne le cède en rien à sa force; aussi est-il capable de tenir en échec tout ennemi animé de mauvaises

TERRIERS

intentions, et par conséquent de rendre les plus grands services comme chien de garde.

On désigne sous le nom de *terriers* des chiens de petite taille, assez communs dans nos pays, et comprenant un certain nombre de variétés. Nous citerons par exemple le *terrier anglais* qui a le museau allongé, le poil doux, les mâchoires fortes, le front haut et les yeux intelligents; ses épaules et ses pattes de devant sont très développées, ce qui explique le plaisir qu'il prend à creuser des trous dans le sol; il procède à cet exercice avec une grande rapidité, rejetant la terre de côté avec ses pattes et transportant les pierres dans sa gueule.

Il est vif et remuant, son poil est ordinairement noir et feu. Il est employé pour chasser les rats ou, tout au moins, pour les expulser de leurs trous, car il en a grand'peur. Si une de ces vilaines bêtes monte sur lui, il pousse des cris d'effroi jusqu'à ce qu'on vienne le délivrer et il s'empresse alors de prendre la fuite.

Le *terrier écossais* est plus courageux et se hasarde même parfois à poursuivre le renard. Mais le véritable destructeur des rats et autres vermines est le *bull-terrier* que sa parenté avec le boule-dogue rend plus énergique sans lui ôter son intelligente docilité ni ses proportions gracieuses. Ce chien, spécialement doué pour la chasse des rats, est en effet de très petite taille; cependant il tient tête sans faiblir à plusieurs de ces animaux, presque aussi gros que lui et qui

ne lui ménagent pas les morsures. Certains de ces chiens, célèbres pour leur activité infatigable et leur flair exquis, ont détruit plusieurs milliers de rats à eux seuls, durant le cours de leur existence. Ils rendent donc grand service en aidant à la destruction de cette vermine dont il est si difficile d'enrayer la multiplication dangereuse.

Le terrier n'est pas seulement courageux; il est aussi très intelligent et, comme il profite docilement des leçons qu'on lui donne, il acquiert une éducation surprenante.

Un chien de cette espèce avait pris l'habitude d'aller chercher lui-même un gâteau à sa convenance; aussitôt qu'on lui donnait une pièce de monnaie, il la prenait entre ses dents et allait la porter au boulanger qui, le connaissant, lui donnait un biscuit en échange. Certain jour, le commerçant, curieux de voir jusqu'où pouvait aller l'esprit de son singulier client, lui donna un biscuit brûlé; le chien ne manifesta aucun ressentiment, seulement, la fois suivante, il eut soin d'examiner le gâteau avant de donner son argent et, ne le trouvant pas à sa convenance, il sortit précipitamment de la boutique et alla offrir sa pièce de monnaie à un pâtissier voisin qu'il jugeait sans doute plus digne de confiance.

Notons en passant qu'on cite plusieurs exemples d'animaux de toute espèce, capables d'échanger une pièce de monnaie contre quelque friandise de leur goût; mais, bien entendu, ils

TERRIERS GRIFFONS

ignorent complètement la valeur de l'argent ainsi employé et comprennent seulement qu'on doit leur donner autre chose en retour lorsqu'ils le présentent au marchand. Quant au courage du bull-terrier, on ne saurait mettre en doute qu'il n'en possède une dose presque égale à celle dont fait preuve le boule-dogue lui-même ; et comme d'autre part il est doué d'une agilité et d'une intelligence bien supérieures à celles de son congénère, il tire admirablement parti de ses précieuses qualités. Il se jette sans la moindre hésitation sur tout ennemi que lui désigne son maître, et n'attend même pas cette indication pour attaquer ce qui lui semble suspect.

Un explorateur, qui possédait un chien de cette race et l'emmenait avec lui dans les nombreuses expéditions qu'il fit dans le sud-ouest de l'Afrique, rapporte sur son compte plusieurs faits vraiment singuliers. Un jour, en particulier, comme le chasseur et son escorte recherchaient les traces d'un rhinocéros blessé quelques heures auparavant, le chien, qui les accompagnait, ne tarda pas à leur découvrir la retraite de l'animal, et, bien que celui-ci eut conservé assez de vigueur pour soutenir encore la lutte avec avantage, il s'élança sur lui, se suspendit par les crocs à sa lèvre inférieure et ne consentit à lâcher prise, malgré les secousses que lui imprimait l'énorme bête, qu'après que celle-ci eut été définitivement abattue par les balles.

La sagacité de ce chien n'était pas inférieure à son courage et il savait au besoin faire preuve de l'une et de l'autre. Son maître avait, une autre fois, établi son campement à quelque distance d'une rivière où, chaque soir, le chien allait seul se désaltérer et prendre un bain ; il se trouva ainsi inopinément en présence d'un chacal qui rôdait aux environs, et, aussitôt son plan de campagne fut fait. Se laissant tomber sur le sol, il feignit la plus grande terreur et conserva cette attitude jusqu'à ce que le fauve, encouragé, se décida à s'approcher d'une proie en apparence si facile ; mais le rusé animal, se redressant alors subitement, lui sauta à la gorge et fit si bien qu'il réussit à le mettre hors de combat. Puis, tout joyeux, il rejoignit son maître et l'invita par des signes non équivoques à se rendre sur le champ de bataille, où il put s'emparer en effet de la dépouille du chacal.

Une autre sorte de terrier, plus connu sous le nom de *griffon*, rentre plutôt dans la catégorie des chiens d'agrément, bien qu'il ne soit pas incapable de rendre des services à la chasse. C'est un gracieux animal, de petite taille, le corps très long en regard des pattes qui sont fort courtes, le cou est solide et bien dégagé, la tête assez développée. Sa fourrure est longue et très fournie ; l'éclat soyeux qui en fait la beauté à bien des yeux est dû au croisement avec l'épagneul, car le terrier de race pure a le poil raide ; ces poils retombent presque jusqu'à

CHIEN TOURNE-BROCHE

terre et couvrent si bien la figure du petit chien que ses yeux sont à peine visibles sous ce rideau mouvant.

C'est une vaillante petite bête, d'humeur plaisante et douce, très affectueuse et cependant plus courageuse que sa petite taille ne semblerait le faire croire.

Nous avons peine à nous rendre compte maintenant du rôle étrange que remplissait dans la maison de nos ancêtres le *chien tourne-broche*. Il y a longtemps qu'un appareil automatique a remplacé pour nous la machine compliquée que ce pauvre animal avait la mission de mettre en mouvement.

Afin de mener à bien la cuisson du rôti devant le feu des immenses cheminées d'autrefois, on recourait en effet aux bons offices du chien.

Il prenait place dans une sorte de boîte circulaire, semblable aux roues que l'on voit encore aujourd'hui dans la cage des écureuils, et qui était fixée à l'extrémité de la broche; en s'efforçant de marcher, le chien, par son poids, déplaçait l'équilibre de l'appareil qui tournait ainsi continuellement à mesure que cette manœuvre se renouvelait.

La fonction était assez fatigante pour exiger le concours alterné de deux chiens; ces animaux connaissaient le temps que chacun d'eux devait dépenser au travail et se relayaient d'eux-mêmes sans qu'on ait besoin d'intervenir, donnant ainsi une nouvelle preuve d'intelligence.

L'espèce des chiens tourne-broche tend à disparaître comme l'usage auquel on les employait, car personne ne se soucie plus de perpétuer une race désormais sans but défini.

Les rémouleurs, les cloutiers employaient aussi ce genre de chiens. Peut-être en voit-on encore dans la campagne, mais c'est en bien petit nombre.

On rattache encore à l'espèce des dogues certains petits chiens d'agrément auxquels la mode capricieuse a donné parfois une assez grande importance. Ces animaux rappellent leurs puissants congénères par la forme arrondie de leur tête; ils ont le front élevé, le museau court, la partie supérieure de la face d'un noir brillant qui tranche sur la teinte plus claire du reste de leur pelage; ils portent leur queue enroulée sur un des côtés de leur corps et non pas dressée verticalement sur le dos. Ce sont d'amusants et joyeux petits compagnons, très faciles à conserver dans les appartements et, par suite, fort appréciés des personnes qui vivent seules et sortent peu; ils sont ordinairement très attachés à leurs maîtres et quelquefois aussi assez grincheux vis-à-vis des étrangers, ce qui tient sans doute à la façon dont ils sont élevés.

On rencontre fréquemment en Australie un animal dont l'origine n'est pas connue, mais qui semble n'être autre qu'un chien revenu à l'état sauvage; on lui donne souvent le nom de

CHIEN SAUVAGE D'AUSTRALIE

dingo. Son aspect rappelle celui de certaines races de chiens; il est de taille moyenne, couvert d'un pelage brun roux, parsemé de poils noirs; son museau est très pointu; ses oreilles sont droites et courtes, ses yeux petits, rusés et fendus obliquement; sa queue est longue et bien fournie. Il se réunit en bandes nombreuses, parfaitement organisées, qui s'attribuent chacune un territoire bien défini et y exercent d'énormes ravages parmi les troupeaux.

Aussi les éleveurs australiens redoutent-ils fort le voisinage des dingos et prennent-ils les mesures les plus sérieuses pour se défendre de leurs atteintes. Ce n'est pas chose facile en raison du grand nombre de ces animaux et de leur audace; de plus, ils ont la vie très dure, et il est arrivé plusieurs fois à des chasseurs de laisser pour morts des blessés qui retrouvaient assez de force pour fuir quand ils savaient leurs ennemis trop éloignés pour les poursuivre.

Cependant le dingo n'a pas le caractère batailleur et il préfère se fier à la vitesse de ses pattes plutôt que de combattre ouvertement; mais quand il est acculé à la lutte, il y déploie une férocité sauvage et devient très dangereux.

Il témoigne parfois d'une finesse semblable à celle du renard et trouve des ruses ingénieuses pour sauvegarder sa sécurité; c'est ainsi qu'un Australien, ayant découvert une famille de petits dingos, remarqua l'endroit où ils reposaient afin de venir les détruire quand leur mère serait avec eux; il fut très surpris le lendemain de trouver la place vide; la mère évidemment s'était aperçue, soit par la vue, soit par l'odorat, de cette visite intempestive et avait jugé prudent de transporter ailleurs ses pénates.

Le dingo ne change guère de nature en captivité et, malgré les bons traitements, le changement de vie et de régime, reste l'animal sauvage, toujours sujet à des accès de méchanceté, qu'il manifeste aux dépens des autres bêtes et même des gens de la maison; quand il s'est livré à quelque action répréhensible, il va se cacher dans un coin et y demeure tapi d'un air morose et apeuré.

Ses manières sont d'ailleurs assez sournoises, et il a soin d'épier le moment où on ne prend pas garde à lui pour se livrer à des attaques soudaines et imprévues.

CHACAL

La race canine comprend encore quelques animaux sauvages qui rappellent le chien par leurs caractères extérieurs, mais en diffèrent totalement sous le rapport du tempérament et des mœurs. Tels sont les *chacals*, inconnus en Europe, mais qu'on rencontre en assez grand nombre en Afrique et en Asie.

Les voyageurs qui s'aventurent dans ces contrées se plaignent fréquemment des nuits sans sommeil que leur occasionnent les hurlements de ces animaux; ils se tiennent ordinairement cachés dans le jour mais, dès que l'obscurité survient, ils se mettent en quête et remplissent l'air de leurs cris discordants.

Au lieu de chercher eux-mêmes leur nourriture, ils se bornent le plus souvent à suivre à distance quelque grand fauve, le lion surtout, et d'attendre que celui-ci ait terminé son repas pour se repaître des débris qu'il a dédaignés. Dans les Indes, c'est le tigre qu'ils choisissent comme pourvoyeur, et plusieurs fois ce sont leurs cris qui ont fait découvrir la trace de leur allié malgré lui.

Cette habitude convient si bien au tempérament prudent et patient du chacal, qu'il s'aventure même à suivre les chasseurs, dans l'espoir de leur enlever leur butin avant qu'ils aient pu le ramasser. Quand il peut enfin prendre sa part de la proie longtemps convoitée, il se jette dessus avec une avidité féroce, et de terribles batailles de chacals et de vautours ont souvent lieu à cette occasion.

Certains de ces animaux préfèrent mener une vie solitaire; ceux-là se pourvoient ordinairement aux dépens des exploitations de leur voisinage, guettant pendant de longues heures l'occasion favorable pour s'introduire dans la maison ou les dépendances; provisions de cuisine, cochons, agneaux, volailles, tout leur est bon pour satisfaire leur gloutonnerie et, grâce à leurs ruses audacieuses, ils parviennent toujours à causer de grands dégâts.

Bien que peu courageux de son naturel, le chacal se défend énergiquement quand on l'attaque; dès qu'il juge le danger sérieux, il pousse un cri de détresse et il est rare qu'un groupe de ses congénères ne réponde pas à son appel; une fois qu'ils sont en nombre suffisant ils se jettent sur les chiens, et leurs dents et leurs griffes leur occasionnent des blessures souvent dangereuses, sinon mortelles. Mais si on ne le provoque pas, le chacal ne s'attaque jamais directement à l'homme.

Lorsqu'il est capturé dès sa naissance, il est susceptible d'un certain degré de domestication; mais s'il a goûté, si peu que ce soit, de la vie libre des forêts, il demeure toujours sauvage et défiant, quelques efforts qu'on fasse pour l'apprivoiser.

Il y a plusieurs espèces de chacal, très voisines d'ailleurs les unes des autres; les plus connues sont le chacal commun ou kholah, que l'on rencontre dans les Indes, l'île de Ceylan et les contrées voisines, et le chacal noir, très répandu dans le sud de l'Afrique et principalement au cap de Bonne-Espérance.

LOUP VULGAIRE

Nous avons en Europe un autre représentant de la race canine, demeuré également à l'état sauvage, et qui tend heureusement à disparaître de nos contrées; nous voulons parler du *loup*, autrefois si commun dans nos campagnes, aujourd'hui relégué dans certaines parties peu fréquentées des montagnes ou des forêts.

On compte plusieurs variétés de loups, les unes spéciales à l'Europe, les autres répandues sur les autres continents.

Le *loup vulgaire* a la taille d'un gros chien; il est vêtu d'un pelage gris mêlé de fauve, avec quelques points noirs sur l'échine, un peu de blanc à la face et aux membres; vigoureux et agile, il est également capable de joindre sa proie à la course et de la terrasser sous son étreinte.

Il peut donc devenir très redoutable quand il est poussé par la faim, et le cas se présente souvent dans les pays à demi déserts où, pendant l'hiver, il trouve bien difficilement de quoi satisfaire son robuste appétit. Il n'hésite point alors à attaquer des animaux qui lui sont bien supérieurs comme taille et même comme force, tels que le buffle, l'élan, le cheval sauvage, l'ours même quelquefois.

S'il agissait individuellement il serait sûrement vaincu, mais il s'associe presque toujours avec plusieurs de ses pareils, et les bandes ainsi constituées deviennent très puissantes par leur nombre. Quand les loups ont trouvé une piste, un ou deux d'entre eux se chargent de la suivre, tandis que les autres galopent à droite et à gauche, afin de couper la retraite à l'animal poursuivi s'il s'avisait de revenir sur ses pas; le malheureux, dès lors, est perdu à coup sûr, car il ne saurait lutter de vitesse avec ses poursuivants dont les muscles d'acier sont à l'abri de la fatigue, ni résister ensuite à leurs cruelles morsures. Les dents des loups sont très fortes et très pointues et leurs mâchoires manœuvrent avec une telle rapidité qu'on entend leur claquement à chaque nouvelle morsure; ils sont capables de déchirer les substances les plus coriaces et c'est là sans doute ce qui explique en partie la diversité des aliments dont ils se nourrissent; essentiellement carnivores, ils s'attaquent à tous les animaux et même à l'homme et, quand ils sont trop affamés, ils mangent même des vieux cuirs et autres objets non moins singuliers.

On voit que le loup fait preuve en maintes

GROUPE DE LOUPS

circonstances d'autant de ruse que d'audace; cependant il montre en d'autres cas une pusillanimité excessive, surtout quand il se trouve en présence de choses qui lui sont inconnues. Le fait a été vérifié plus d'une fois par des voyageurs poursuivis par des loups et qui eurent la présence d'esprit d'abandonner successivement sur le chemin quelques-uns de leurs vête-ments; malgré l'ardeur de la poursuite, ces bêtes s'arrêtaient pour examiner avec défiance ces objets nouveaux et laissaient ainsi leurs adversaires prendre de l'avance sur elles.

Autrefois, quand les campagnes étaient plus boisées et moins fréquentées, les loups y pullulaient et, pendant l'hiver, poussaient l'audace jusqu'à venir attaquer les gens dans les villa-

LOUP NOIR

ges mêmes. Heureusement leur race est à peu près détruite en France aujourd'hui et il ne reste plus d'eux que le souvenir légendaire de leurs hauts faits.

L'Amérique, dans ses vastes territoires encore peu peuplés, possède plusieurs espèces de loups.

Le *loup noir* se distingue de notre loup d'Europe par la couleur du pelage, la position des yeux, l'épaisseur particulière de la fourrure; il est doué d'un tempérament analogue, hardi et méchant ou défiant jusqu'à la peur suivant les circonstances. Son courage disparaît complètement dès qu'il ne jouit plus de sa liberté; quand il se laisse prendre à quelque piège, il ne tente pas de s'en échapper, mais se retire dans un coin de sa prison, triste et découragé, et se laisse approcher sans faire de résistance.

Un étranger voyageant en Amérique eut l'occasion, à son grand étonnement, de vérifier ce fait. Il se trouvait dans une ferme dont le propriétaire, ayant eu fort à souffrir du voisinage des loups, avait installé un piège à peu de distance de son habitation. Un matin, ce fermier trouva trois jeunes loups au fond de la fosse; il descendit au milieu d'eux et put, sans être in-

quiété en aucune manière, prendre ses dispositions pour se débarrasser de ses prisonniers.

Les Esquimaux construisent des pièges avec de gros blocs de glace sur lesquels les griffes des loups n'ont pas de prise, de sorte que tout mouvement leur est impossible et qu'on peut les tuer sans difficulté. Ils vendent les peaux qui ont une assez grande valeur.

Les immenses plaines qui couvrent certaines régions de l'Amérique servent d'asile à des bandes de loups d'une plus petite espèce, que l'on appelle *loups des prairies;* on les rencontre ordinairement dans le voisinage des nombreux troupeaux de bisons qui vivent sur ces pâturages naturels. Ils prélèvent sur eux leur tribut en attaquant les animaux affaiblis ou déjà blessés; peu redoutables individuellement, ils puisent leur force dans leur grand nombre et deviennent alors véritablement dangereux. Ils se jettent sur leur proie avec une telle avidité que, pendant quelques minutes, ils se confondent tous en une masse indistincte où l'on peut reconnaître à peine toutes ces queues agitées en signe de triomphe, et d'où s'échappe un bruit sourd de mâchoires en mouvement.

Les loups des prairies suivent souvent les

COYOTE

chasseurs dans leurs expéditions, se tenant à distance respectueuse et se montrant le moins possible; ils ne s'attaquent guère aux hommes ou aux chevaux et se contentent des débris abandonnés, butin qui n'est pas à dédaigner, d'ailleurs, car les chasseurs n'emportent généralement que la peau et quelques morceaux choisis de la chair du buffle.

On trouve également en Amérique un animal du même genre qui porte le nom de *coyote;* son aspect rappelle un peu celui du renard, mais il a les mœurs et les habitudes du loup.

En dépit de la sauvagerie dont ils font preuve en état de liberté, les loups ne sont pas rebelles à un certain degré d'éducation. Quand ils sont capturés très jeunes et élevés avec bonté, ils laissent voir quelques-uns des bons instincts que nous apprécions chez le chien; ils s'attachent à leur maître, le suivent fidèlement et gardent assez son souvenir pour le reconnaître après une absence de quelque durée.

Ils vivent généralement en bonne intelligence avec le chien de la maison, malgré l'aversion naturelle que les deux espèces éprouvent au début l'une pour l'autre.

Même il n'est pas impossible de fusionner ces races ensemble, et on obtient ainsi de jeunes animaux moins sauvages que le loup et plus hardis que le chien. Un voyageur anglais possédait un spécimen de cette espèce, qu'il avait acheté à des Indiens et qui était, paraît-il, fort beau et fort intelligent. Chose curieuse, ce chien, accoutumé à vivre parmi des gens au teint bronzé, se montra tout d'abord très effrayé à la vue d'un visage blanc; il refusa obstinément de s'approcher de son nouveau

maître, réussit même à prendre la fuite et à retourner dans son pays d'origine, et il fallut beaucoup d'efforts patients pour vaincre cette bizarre répugnance. Mais lorsqu'il se fut attaché à l'Européen, il lui resta très fidèle, l'accompagnant dans toutes ses expéditions, l'aidant de son mieux à la chasse ou pour porter de légers bagages, et il ne témoigna jamais aucun désir de reprendre la vie libre et errante de ses ancêtres.

Un autre amateur d'animaux exotiques cite un cas aussi évident d'affection de la part d'une jeune louve qu'il avait élevée et qui ne le quittait jamais, lui prodiguant toutes les marques d'amitié que les chiens ont coutume de donner à leurs maîtres. Ayant dû s'absenter pendant quelques jours, il apprit à son retour que la pauvre bête, dès son départ, avait brisé sa chaîne et disparu dans la forêt; ne doutant pas de la retrouver aussi docile à sa voix, il parcourut les environs de la propriété en l'appelant par son nom, et bientôt en effet la louve fidèle, bondissant hors d'un fourré, s'élança à sa rencontre en donnant tous les signes d'une joie extrême.

Les loups ont grand soin de leurs petits, pour lesquels ils confectionnent une sorte de nid bien confortable, capitonné avec de la mousse et même des poils arrachés à leur propre fourrure; le père et la mère rivalisent de zèle pour nourrir, réchauffer et protéger leur jeune famille; lorsque les louveteaux ont atteint l'âge de quelques mois, ils accompagnent leurs parents à la chasse et apprennent sous leur direction à subvenir eux-mêmes à leurs besoins et à prendre part aux grandes expéditions faites en commun.

RENARD VULGAIRE

Les *renards* sont rangés aussi dans la race canine, bien qu'ils diffèrent de la plupart de ses représentants par quelques caractères secondaires : la forme de la pupille de l'œil, par exemple, qui est elliptique chez eux, circulaire chez les autres; ils ont les oreilles triangulaires et pointues, la queue toujours admirablement fournie. Ils exhalent une odeur particulière si pénétrante qu'elle s'attache durant plusieurs semaines aux objets que l'animal a seulement effleurés. C'est grâce à cet indice que les chiens peuvent s'apercevoir du passage d'un renard et suivre ses traces parfois fort embrouillées: d'ailleurs il semble que ce dernier s'en rende compte et s'efforce de dérouter le flair de ses poursuivants, soit en interrompant de son mieux le sillage odorant qu'il laisse derrière lui, soit en y mêlant d'autres senteurs qui le rendent moins net.

Les ruses qu'il emploie dans ce but sont inépuisables.

Le cerveau du renard est d'ailleurs fertile en ruses de toutes sortes, qui lui ont fait un renom d'habileté, bien justifié par des exemples nombreux.

Même en captivité il conserve ce trait distinctif de son caractère; on cite le fait d'un renard qui vivait en quasi-liberté dans la cour d'une ferme où il avait su s'attirer la confiance et l'affection des chiens; mais les chats demeuraient réfractaires à ses avances et, repoussés par son odeur, refusaient même de passer aux endroits qu'il fréquentait le plus. L'habile animal remarqua ce détail et résolut d'en profiter pour s'approprier le déjeuner de ses compagnons. Dès que l'écuelle contenant leur repas était posée à terre, il accourait auprès et, sûr que les chats ne surmonteraient pas la répulsion qu'il leur inspirait, dégustait paisiblement leur part de nourriture.

Le même animal, très friand de lait comme le sont tous ses congénères, avait trouvé un autre moyen non moins ingénieux de s'en procurer. Un jour que la servante traversait la cour avec une jatte du précieux liquide, il s'approcha et flaira celui-ci de façon à lui communiquer un peu de son odeur fétide: le lait n'étant plus bon à être consommé, on le lui donna et, voyant que sa manœuvre avait obtenu un plein succès, il la renouvela plusieurs fois; mais le jour où, soupçonnant sa ruse, on porta le lait aux pourceaux, il comprit la leçon et se garda bien à l'avenir de se donner une peine dont il ne devait tirer aucun profit.

Les chevaux éprouvaient à son égard la même répugnance que les chats et, quand par hasard il pénétrait dans l'écurie, manifestaient leur antipathie par une agitation insolite.

Le renard réside dans des terriers qu'il creuse au moyen de ses pattes vigoureuses, le plus souvent entre de grosses racines d'arbres ou des pierres. C'est là que la femelle met au monde ses petits, qu'elle entoure de grands soins avec l'aide dévouée du mâle.

Le renard vulgaire est couvert d'une fourrure rousse mêlée de quelques poils noirs et blancs; ce pelage est très épais, surtout en hiver. Les peaux des animaux à fourrure et, par conséquent, celles des renards ont bien plus de valeur lorsque ces animaux sont tués en hiver; elles sont plus

RENARD AMÉRICAIN

épaisses et le poil ne tombe pas après la préparation comme il arrive pour les pelleteries récoltées dans la belle saison.

On trouve le renard à peu près dans toutes les parties du monde; il y en a plusieurs espèces.

Le *renard américain* est celui qui ressemble le plus au renard que nous connaissons en France, mais sa fourrure est de couleur plus variable, tantôt jaune pâle, tantôt brune, quelquefois presque noire avec une sorte de croix marquée sur les épaules par une ligne sombre.

On raconte à son sujet maintes anecdotes qui dénotent chez lui le même naturel rusé que chez son congénère européen.

Un de ces animaux tint pendant longtemps en échec un groupe de chasseurs dont toutes les tentatives pour suivre ses traces au delà d'un certain endroit restaient vaines. La piste, très nette jusqu'au sommet d'une petite colline, cessait subitement à cette place comme si le renard avait disparu là par un procédé surnaturel.

On finit par s'apercevoir qu'étant arrivé en haut de la côte, au lieu de continuer sa course, le renard se laissait tomber sur le sol et s'y aplatissait de son mieux, caché dans les herbes; tandis que les chiens, emportés par leur élan, descendaient l'autre pente sans se douter qu'ils laissaient l'ennemi derrière eux, celui-ci retournait tranquillement sur ses pas et regagnait à loisir le plus épais du bois.

Il arrive souvent aussi que ces animaux disparaissent subitement dans des terriers dont l'entrée, connue d'eux seuls, est bien difficile à découvrir pour des yeux non prévenus; ces galeries souterraines ont parfois une autre issue qui permet à l'occupant de s'enfuir dans une direction imprévue et de gagner ainsi une grande avance.

C'est ainsi qu'un renard, poursuivi par des chiens sur le versant d'une montagne, se dirigea sans hésiter jusqu'au bord d'un précipice et disparut subitement, bien que les parois abruptes et très hautes ne présentassent aucune aspérité pouvant servir d'échelle même au plus agile des quadrupèdes. Les chasseurs, après avoir cherché longtemps l'explication de cette fuite mystérieuse, finirent par découvrir une étroite corniche de pierre à quelques mètres au-dessous du sommet du rocher; là s'ouvrait une sorte de fissure aboutissant à une caverne, invisible du dehors, comme il arrive souvent dans les régions montagneuses couvertes de broussailles assez épaisses pour masquer la configuration du terrain. Le renard, s'accrochant avec ses griffes, réussissait à descendre sur la saillie et n'avait plus ensuite qu'à gagner son refuge par le passage souterrain; il est bon de remarquer que la caverne possédait une autre entrée, beaucoup plus accessible, mais dont l'animal se gardait bien d'user, de peur que ses adversaires ne puissent deviner et suivre le même chemin.

Les ruses que le renard emploie pour se soustraire aux poursuites dont il est l'objet sont d'ailleurs innombrables.

Un autre chasseur cite le cas d'un vieux renard gris, que ses chiens avaient plusieurs fois traqué sans réussir jamais à le rejoindre; l'animal disparaissait invariablement au même point d'un mur séparant la propriété d'une forêt voisine, de sorte que la meute, découragée,

RENARD ARCTIQUE

refusait de poursuivre une chasse aussi déconcertante et n'osait plus s'attaquer aux autres renards eux-mêmes. Il fallut s'embusquer à l'endroit mystérieux pour s'apercevoir que le renard, arrivé là sans encombre, escaladait le mur, en suivait la crête sur une certaine longueur, puis, d'un bond prodigieux, s'élançait sur un arbre dressé de l'autre côté à une distance qui semblait impossible à franchir d'un seul élan; l'arbre était vieux et creusé à l'intérieur, de sorte que l'animal trouvait là une cavité suffisante pour lui donner un asile et le dissimuler à tous les yeux, tandis que l'intervalle laissé entre lui et le mur était assez large pour rompre la piste et mettre les chiens en défaut.

Le *renard arctique*, dont la fourrure est la plus recherchée, vit dans les régions polaires. C'est pendant les mois d'hiver que sa robe se montre dans toute sa beauté; elle est alors épaisse, soyeuse et d'un blanc admirable; le prix en est fort élevé, car il est difficile de se procurer ces peaux dans la saison où elles atteignent tout leur éclat. En été, les poils prennent une teinte d'un gris bleuté qui rend son pelage fort joli et en augmente encore la valeur; c'est le fameux renard bleu. Enfin, aux changements de saison, le pelage varie du brun au gris et vaut beaucoup moins cher.

Le renard arctique vit en Laponie, au Groënland, en Sibérie, au Kamchatka et dans l'extrême nord de l'Amérique. Partout il est traqué par les chasseurs, bien que la rigueur du climat de ces contrées rende cette chasse pénible et dangereuse; mais le butin mérite bien de tels efforts car les belles peaux de renard, en raison de leur rareté, se vendent des prix fabuleux.

Cet animal n'atteint pas une très grande taille; ses pattes sont protégées par une couche de poils contre le contact pénible de la glace; ses yeux sont brillants et intelligents; il vit généralement par groupes dans des terriers séparés, mais ne semble pas doué du même esprit astucieux que les autres renards, car il se laisse prendre aisément aux pièges dressés contre lui et se laisse approcher d'assez près par les chasseurs. Il est vrai que son existence au milieu des régions glacées et le plus souvent désertes ne lui a pas appris à se méfier des hommes.

Lorsqu'il est suivi de trop près, il ne manque pas néanmoins de se réfugier dans un terrier; mais au lieu de s'y tenir caché à l'endroit le plus profond, il revient bien vite montrer sa tête à l'entrée et ne cesse de japper continuellement, deux procédés immanquables pour trahir sa présence.

Il déploie cependant une grande adresse pour se procurer sa nourriture et il semble que ce soit dans ce but qu'il s'exerce à imiter le cri de divers oiseaux, afin de les attirer plus sûrement.

ASSE OU CAAMA

Le petit animal connu sous le nom de *caama* ou *asse* habite au contraire le sud de l'Afrique; il est très recherché aussi pour sa fourrure par les naturels du pays qui en font des manteaux de cérémonie dont ils sont très fiers. Comme ces vêtements sont très amples et que la peau de cet animal est de petites dimensions, leur confection exige la destruction de nombreux renards; aussi la race tend-elle à disparaître de jour en jour davantage; c'est à ce point qu'on en rencontre à peine encore quelques exemplaires aux environs du Cap où ils pullulaient autrefois.

Ces sortes de renards ont un goût marqué pour les œufs et causent le désespoir de certains oiseaux, tels que les autruches, qui ont l'habitude de faire leur nid au ras du sol. Ces œufs sont fort gros et protégés par une coquille épaisse, trop dure pour que les dents du caama aient prise sur cette surface arrondie; l'astucieuse bête tourne la difficulté en roulant l'œuf jusqu'à ce qu'elle rencontre un objet résistant, rocher ou autre, contre lequel elle le projette avec force; le choc fait fendre la coquille et lui permet ainsi d'en absorber le contenu.

Les deux animaux que nous allons examiner maintenant se distinguent surtout par les dimensions exagérées de leurs oreilles.

Celles de l'*otocyon* sont presque de même largeur que sa tête tout entière, droites et cou-vertes de longs poils, ce qui lui donne une physionomie très singulière. C'est un animal d'assez petite taille, qu'on trouve dans le sud de l'Afrique; son pelage est gris, excepté la queue qui est ornée de poils noirs et les pattes dont la couleur est très foncée.

Le *fennec* est une gracieuse petite bête, très vive, courant sans cesse de côté et d'autre et s'asseyant souvent sur ses pattes de derrière pour mieux voir autour d'elle; son pelage est jaune pâle; ses immenses oreilles et sa queue touffue ont un volume disproportionné avec le reste du corps.

Bien qu'il soit au nombre des carnivores, le *fennec* est très friand de fruits et surtout des dattes qui abondent en Nubie et en Égypte, contrées qu'il habite de préférence. Il faut qu'il soit doué d'une grande agilité pour se procurer ces fruits qui poussent tout en haut du tronc lisse et dépourvu de branches du palmier-dat-tier.

D'ailleurs, s'il a fini par être compris dans la famille des renards, le fennec s'est vu aupara-vant attribuer bien des places différentes. Certains naturalistes l'ont rangé parmi les civettes, d'autres parmi les hyènes, tellement les caractères qu'il présente sont bizarrement mélangés; de même on a longtemps discuté sur le point de savoir s'il gîtait dans un terrier ou construisait un nid dans les arbres.

OTOCYON

FENNEC

En tout cas, il quitte rarement son abri durant le jour et réserve ses expéditions pour la nuit. Même en captivité il conserve cette habitude et passe la plus grande partie de la journée à sommeiller dans un coin.

Le *fennec* a été longtemps confondu avec l'*otocyon* auquel il ressemble en effet par beaucoup de points : mêmes formes graciles, même museau pointu, mêmes longues oreilles, même queue volumineuse ; néanmoins il s'en distingue par plusieurs autres caractères, notamment par la forme et la disposition de ses dents. Sa fourrure est recherchée par les Africains pour le même usage que celle du *caama*, et très estimée dans le pays, où elle acquiert par ce fait une certaine valeur.

LYCAON VENATICUS OU CHIEN CHASSEUR

Nous terminerons l'étude du groupe si nombreux des chiens par un singulier animal qui a été souvent aussi classé parmi les hyènes avec lesquelles il offre en effet quelque ressemblance; il porte différents noms suivant les pays; son appellation scientifique est *lycaon venaticus*.

Ses caractères extérieurs rappellent tantôt ceux de la hyène, tantôt ceux du chien : ses dents sont identiques à celles de ce dernier, à l'exception d'une légère différence dans les fausses molaires; mais il n'a que quatre doigts à chaque pied, comme la première, et lui ressemble aussi par son pelage brunâtre, marqué à larges intervalles de taches noires et blanches, avec une ligne noire bien tracée au milieu de la face.

Cependant il n'a pas de crinière, ni les membres inégaux qui donnent à la hyène une allure si particulière.

Ses oreilles sont très larges, couvertes de courts poils noirs; sur la face interne est plantée une touffe épaisse de longs poils blancs; sa queue est grise et touffue.

Comme tous les animaux mal définis, celui-ci porte différents noms, parmi lesquels celui de *chien chasseur* est le plus justifié. En effet, il est fort bien doué pour cet exercice et se montre supérieur aux meilleurs chiens comme odorat, comme vigueur et comme rapidité; il est fort adroit et aussi rusé que le renard.

Il préfère l'obscurité de la nuit pour chasser, mais cependant ne répugne pas à faire ses expéditions en plein jour.

Lorsqu'ils le peuvent, ces animaux préfèrent, à la poursuite parfois infructueuse du gibier sauvage, la proie plus facile que leur offrent les troupeaux de moutons et même de bœufs; ils se réunissent alors en véritables meutes et n'hésitent pas à attaquer ceux-ci malgré leur taille; ils prennent alors de si grandes précautions qu'ils réussissent toujours, sinon à les tuer, du moins à leur causer de sérieux dommages.

Leur caractère sauvage les rend peu aptes à être domestiqués; les essais qu'on a fait quelquefois n'ont pas été heureux.

Peut-être cependant serait-il possible d'obtenir de meilleurs résultats en apportant à leur éducation plus de patience et de douceur, qualités qui ont toujours une bonne influence sur tous les animaux, quels qu'ils soient.

MARTRE DES PINS

MARTRES

La famille des *martres* nous est moins familière que celle des chiens, bien qu'elle comprenne aussi un grand nombre de représentants.

Ces animaux se distinguent en général par une très grande souplesse de leur corps long et mince, monté sur de courtes pattes, mais doué d'une grande force musculaire qui leur permet de prendre toutes les positions et de combattre des adversaires beaucoup plus gros qu'eux.

Ils sont du reste audacieux et féroces. Les uns sont digitigrades, les autres plantigrades; tous sont d'excellents grimpeurs et de bons sauteurs, ce qui est plus étonnant, vu le peu de développement de leurs pattes.

Leur système dentaire est fort complet ; les canines sont longues, pointues et légèrement recourbées, les molaires sont munies d'aspérités qui aident à la préhension des aliments, tandis que leur face interne est striée de circonvolutions comme celles des herbivores.

Les martres ont la partie postérieure du crâne très développée comparativemen au reste, ce qui les distingue nettement des genettes par exemple.

Leurs pattes sont armées de griffes puissantes et acérées. Leur langue est douce au toucher et non rugueuse comme celle des félins.

Les martres comprennent plusieurs groupes d'animaux. Celui des martres proprement dites se subdivise en quelques variétés.

La *martre commune* ou *martre des pins* est ainsi appelée parce qu'elle habite ordinairement le voisinage de ces arbres auxquels elle grimpe aisément pour y chercher une proie à sa convenance.

Elle se meut à travers les branches d'arbres avec une facilité extrême et ses mouvements sont si adroits, si prudents, qu'elle surprend les malheureux oiseaux avant qu'ils aient pu se douter du péril qui les menace.

Elle recherche également les nids, qu'elle dépouille des œufs ou des petits qu'ils contiennent. Les écureuils même, en dépit de leur agilité, sont quelquefois ses victimes, car on a trouvé, dans des trous servant de refuge aux martres, plusieurs queues d'écureuils dont les corps avaient évidemment été dévorés.

Les ravages que ces bêtes sanguinaires peuvent exercer dans une basse-cour sont inimaginables. On cite le cas d'un fermier qui, sur vingt et un agneaux qu'il possédait, en retrouva un matin quatorze tués, ou plutôt saignés, en une seule nuit, car les martres s'étaient contentées de boire le sang de leurs victimes sans toucher à la chair. La nuit suivante, les sept autres eurent le même sort et, au lever du jour, on put apercevoir les deux martres, auteurs de ce carnage, regagnant tranquillement le nid de pie abandonné qui leur servait de domicile.

C'est en effet l'habitude des martres de s'installer sans façon dans les nids d'oiseaux assez grands pour les abriter, cela au grand effroi de la gent ailée, qui signale souvent par ses cris et ses mouvements insolites la présence de ses ennemies. En hiver, elles préfèrent les trous creusés dans les troncs des vieux arbres qu'elles garnissent d'une litière de feuilles sèches.

La fourrure des martres est très estimée.

Ces animaux vivent dans les régions septentrionales de l'Europe et de l'Amérique. Sauvages et défiants, ils fuient la présence de l'homme et

FOUINE

ne s'attaquent pas à lui s'ils ne sont pas provoqués, bien qu'ils se défendent courageusement en cas de besoin.

La *fouine* se distingue de la martre commune par la couleur blanche, ou du moins très claire, des poils qui couvrent sa poitrine. Elle est tout aussi féroce et aussi avide de sang que celle-ci et se tient de préférence dans le voisinage des habitations, prête à profiter des occasions favorables pour pénétrer dans leurs dépendances et y commettre ses méfaits. Aussi est-elle fort redoutée des fermiers et de tous ceux qui élèvent des volailles.

Il n'est point impossible d'apprivoiser la fouine quand on la capture très jeune, mais cette éducation superficielle ne va pas au delà d'un certain degré et, dès que l'animal a atteint l'âge adulte, il se laisse aller aux habitudes sanguinaires de sa race; on est alors obligé de s'en défaire pour préserver de ses atteintes les poulaillers du voisinage.

La fouine se prend quelquefois d'affection pour des êtres qui semblent peu faits pour attirer sa sympathie. On en cite une qui avait établi son domicile dans une écurie et témoignait son attachement au cheval en grimpant sur son dos et en s'y livrant à toutes sortes de démonstrations amicales; ses sentiments étaient probablement partagés, car le cheval supportait patiemment les évolutions de sa jeune compagne et en paraissait même très heureux.

Les fouines sont agiles et souples; elles grimpent et surtout elles nagent avec adresse, apportant dans ces différents exercices la même vivacité gracieuse.

Elles se nourrissent surtout d'oiseaux qu'elles aiment à prendre vivants; elles acceptent cependant aussi comme nourriture des noix, des fruits et autres végétaux que la forme de leurs dents leur permet de manger sans difficulté. Elles se livrent à la chasse pendant la nuit et durant le jour quittent rarement leur retraite.

Cependant, lorsqu'elles sont en captivité, elles s'éveillent souvent au milieu du jour pour se livrer, pendant quelques heures, à leurs jeux habituels, puis se recouchent et se rendorment jusqu'au soir.

Elles conservent d'ailleurs dans ces conditions l'humeur aussi active que dans leur état naturel, et se montrent si remuantes qu'on a bien souvent peine à suivre des yeux leurs mouvements.

Contrairement à la plupart des animaux de la même famille, elles n'exhalent pas cette odeur forte et pénétrante qui rend le voisinage de ceux-ci si désagréable, et dont le putois, par exemple, est tout particulièrement infecté; à vrai dire elles sont bien munies d'une sorte de poche, placée à la naissance de la queue, et qui sécrète une matière légèrement odorante; mais ce parfum n'est pas assez prononcé pour devenir incommodant.

Il arrive parfois que l'on capture des fouines de façon singulière; c'est ainsi que l'une d'elles, poursuivie par des chiens, et sur le point d'être rejointe, ne trouvant pas d'autre moyen d'échapper à une mort certaine, sauta dans un précipice assez profond, au bas duquel on la trouva inerte et en apparence privée de vie. Un des témoins de la chasse voulut la prendre et l'emporter, mais elle se ranima soudain et prouva, par l'énergie avec laquelle elle infligeait force morsures et coups de griffes, qu'il lui restait en

MARTRE ZIBELINE

core une bonne dose de vitalité. Ce que voyant, on la déposa dans un panier pour la transporter dans une ferme voisine, où elle revint tout à fait à la santé, grâce aux bons soins qu'on lui prodigua ; elle acquit par la suite une certaine éducation, et ne s'éloigna plus de la maison dans laquelle elle vivait libre et bien traitée.

La *martre zibeline* vit exclusivement dans les pays froids, tels que la Sibérie, le Kamtchatka, l'Asie russe ; sa riche fourrure brune, à peine nuancée de blanc sur la tête et de gris sur le cou, est bien connue et fort recherchée : elle présente cette particularité que les poils sont implantés dans la peau de façon à pouvoir s'incliner sans difficulté dans tous les sens. Quand elle est dans tout son éclat, c'est-à-dire durant les mois d'hiver, elle se vend à des prix très élevés.

On comprend que les chasseurs ne reculent devant aucun danger pour s'emparer de dépouilles aussi précieuses et, vraiment, le profit qu'ils en tirent n'est pas exagéré, si l'on considère les périls que présentent leurs expéditions, entreprises pendant la plus dure période de l'hiver.

Trop souvent la chasse est interrompue par une de ces tempêtes de neige si fréquentes dans les plaines glacées où la martre zibeline cherche ordinairement un gîte ; tout disparaît alors sous l'uniforme nappe blanche et l'infortuné chasseur, s'il n'a pas été roulé et enseveli par ces masses mouvantes, risque fort de ne pouvoir retrouver son chemin et de périr de froid et de faim si l'on ne vient à son secours.

Il faut être familiarisé avec le climat et avec le pays pour réussir dans ces recherches aventureuses, et encore doit-on se préparer à subir des privations et des fatigues inouïes. Ajoutons que la zibeline n'est pas un animal très prolifique et que les beaux spécimens deviennent de plus en plus rares, et l'on comprendra que leur valeur augmente dans de si grandes proportions.

La zibeline s'abrite dans un terrier qu'elle creuse entre les racines des arbres, le plus souvent sur les bords d'une rivière ou dans les forêts ; si le pays est boisé, elle trouve des lièvres et des lapins en assez grande abondance ; mais, dès que l'hiver arrive, ces animaux ne se montrent plus hors de leur trou et elle est forcée de se contenter des baies sauvages qu'elle cueille aux branches des arbres. Quelquefois cette maigre subsistance lui fait même défaut et elle se résigne à suivre quelque grand carnivore, tel que l'ours ou le loup, afin de profiter des débris qu'il abandonne.

On capture généralement les zibelines au moyen de pièges qui ont le grand avantage de ne pas détériorer leur fourrure ; mais elles sont si rusées qu'elles se laissent difficilement tenter par l'appât destiné à les attirer. On se sert aussi d'un filet avec lequel on bouche l'entrée de leur terrier ; on les force ensuite à sortir en injectant de la fumée par l'orifice, et elles s'embarrassent dans le réseau dont elles ne peuvent plus se défaire. On découvre souvent leur refuge en suivant leurs traces sur la neige.

Cette jolie petite bête fait souvent preuve de beaucoup d'intelligence et se laisse apprivoiser aisément ; les habitants de son pays d'origine réussissent à l'accoutumer si bien à la vie domestique qu'elle va et vient librement sans chercher à fuir la maison.

Elle se montre très éveillée pendant la nuit et sommeille volontiers durant le jour ; après chaque repas elle est prise d'une sorte d'engourdissement irrésistible, durant lequel on peut la pincer ou la changer de place sans l'éveiller.

Par exemple, comme toutes ses pareilles, elle ne respecte guère les volatiles qui se trouvent à

MARTRE DU JAPON

MARTRE DU CANADA

sa portée ; elle s'approche d'eux silencieusement et, avant de leur avoir donné l'éveil, bondit sur leur dos et leur transperce le crâne d'un seul coup de ses dents pointues ; elle se contente le plus souvent de boire leur sang et laisse leur chair intacte.

La *martre du Japon* est à peu près identique à la martre zibeline sous le rapport des caractères extérieurs et du mode d'existence. Elle s'en distingue seulement par la couleur de ses pattes qui sont fortement tachetées de noir.

La *martre du Canada* est également proche parente des deux variétés dont nous venons de parler ; elle vit, comme son nom l'indique, dans le nord de l'Amérique.

Sa fourrure est moins précieuse que celle de la zibeline, mais très estimée aussi ; elle présente une teinte brune, tirant un peu sur le gris, mais plus foncée sur les pattes, sur la queue et sur le dessus du cou.

Elle creuse ses terriers de préférence sur le bord des rivières, car elle se nourrit surtout de poissons et des menus animaux qu'on rencontre à proximité de l'eau.

Les Canadiens se livrent avec ardeur à la chasse de cet animal, ce qui s'explique, d'abord par le profit qu'ils peuvent en tirer, ensuite pour l'intérêt à peu près sans danger qu'elle présente.

Rien n'est plus intéressant, en effet, pour ceux qui aiment surtout la chasse en raison des émotions qu'elle procure, que la poursuite de ce petit animal si agile, qui jouit de la facilité de chercher un asile aussi bien au milieu des eaux que dans les profondeurs du sol et use tour à tour de l'une et de l'autre avec la même habileté. Il n'est cependant pas d'un naturel combatif, et c'est seulement lorsqu'il est acculé qu'il fait usage de ses dents et de ses griffes pour se défendre.

PUTOIS

PUTOIS FURET

Parmi les membres plus ou moins redoutables de la famille des martres, il en est peu d'aussi hardis et d'aussi féroces que le *putois*.

Cet animal est bien connu dans nos fermes qu'il désole souvent par ses méfaits; il ne s'attaque pas seulement aux volatiles les plus faibles, tels que poulets et canards; les oies et les dindons, malgré leur vigueur relative, ont souvent à souffrir de ses atteintes.

D'ailleurs il semble prendre un véritable plaisir à sa besogne de destruction et ne manque pas de sacrifier tous les êtres vivants qui tombent en sa possession, même quand il est repu de sang; il opère avec une telle dextérité que ses victimes sont tuées sur le coup, avant de s'être douté du sort qui les menaçait.

Le putois exhale une odeur répugnante qui se dégage plus facilement quand l'animal est blessé ou irrité; elle s'attache pendant longtemps aux objets qui se sont trouvés en contact avec lui.

La fourrure du putois se compose de deux parties : l'une courte et laineuse, de couleur claire, destinée à le protéger contre le froid et l'humidité; l'autre formée de longs poils bruns, raides et brillants; la teinte générale varie suivant que l'une ou l'autre sorte est plus apparente. Cette fourrure est assez recherchée, car on l'emploie à la fabrication de la fausse martre, qui se vend souvent en place de la véritable.

Le putois s'attaque à des animaux de tout genre; il surprend les lièvres pendant leur sommeil ou les gagne de vitesse à la course; il poursuit les lapins jusque dans leurs terriers, dans lesquels il se dirige aussi aisément qu'eux-mêmes, ayant l'expérience de ces sortes de gîtes;

il n'hésite même pas à forcer les rats d'eau jusqu'au fond de leurs trous. Il prélève aussi son tribut parmi les poissons et les menues bêtes de rivière. Quant aux oiseaux, ils constituent son gibier de prédilection; il se fait une joie de les guetter et de les saisir dans les branches des arbres.

Les abeilles elles-mêmes semblent redouter son approche pour leurs réserves de miel, dont il est très friand.

On peut dire, pour la défense du putois, qu'il rend d'autre part quelque service en détruisant bon nombre de rats. Dans certains pays, les fermiers lui accordent même l'hospitalité, persuadés qu'il respecte toujours le bien de ceux qui lui donnent asile; si les hôtes de leur poulailler disparaissent néanmoins, ce qui arrive le plus souvent, ils en sont quittes pour en imputer la faute à quelque putois étranger à la maison.

Les putois établissent leur nid tantôt dans une excavation qu'ils creusent à cet effet, tantôt dans un vieux tronc d'arbre, tantôt dans quelque trou de rocher; quelquefois ils prennent possession d'un terrier de lapin, après en avoir dévoré le propriétaire légitime. Il en résulte ainsi de singulières méprises; tel chasseur ayant lancé un furet dans une de ces galeries souterraines, fut fort étonné de ne pas le voir ressortir immédiatement; au bout d'un assez long temps, il entendit des cris aigus et vit enfin apparaître le petit animal, aux prises avec un putois en face duquel il s'était trouvé inopinément; le combat, commencé sous terre, continua avec acharnement de part et d'autre et ce fut le putois qui remporta la victoire.

FURET

VISON

Le *furet* présente beaucoup d'analogie avec le putois, bien qu'ils n'aient point tous deux la même origine et vivent dans des pays différents : celui-ci en effet supporte impunément les climats rigoureux, tandis que celui-là, originaire de l'Afrique, est très sensible au froid ; aussi doit-on lui donner un abri confortable pour l'hiver. S'il lui arrive de s'échapper et de gagner les bois, il y demeure en liberté jusqu'à l'automne, mais à l'approche des froids il s'efforce de retourner au gîte qu'il a quitté pour y retrouver le confort dont il a besoin.

Bien que les animaux de son espèce, avec leur caractère défiant et leurs mœurs sanguinaires, semblent peu aptes à rendre des services à l'homme, le furet est cependant devenu une sorte d'animal domestique, auxiliaire précieux pour le chasseur de lapins, qui le lance à l'intérieur des terriers pour en déloger les occupants.

Le furet est aussi employé à la destruction des rats, mais il faut l'entraîner à cet exercice avec grand soin, car si le lapin est incapable de se défendre, le rat, au contraire, fait bravement usage de ses armes et le furet qui a déjà été mordu par lui ne s'aventure pas volontiers à le poursuivre dans sa retraite.

On choisit ordinairement pour cet office un *putois-furet* qui tient du croisement des deux espèces un tempérament plus hardi et plus vigoureux ; il se distingue du furet véritable, dont la couleur jaune clair est bien connue, par un pelage plus sombre.

L'éducation de ces animaux demande beau-coup de temps et de patience ; aussi le chasseur qui a réussi à dresser convenablement un furet en prend-il grand soin et redoute-t-il toujours de le perdre ; il arrive en effet quelquefois que la capricieuse petite bête, trouvant quelque terrier à son goût, refuse obstinément d'en sortir, et il est malaisé de la déloger contre son gré.

Les furets s'apprivoisent très difficilement ; leur caractère sauvage persiste toujours et se manifeste par des accès de colère inattendus qui n'en sont que plus dangereux ; leurs morsures, en effet, sont très douloureuses et fort longues à guérir.

Le *vison* est assez commun dans les régions septentrionales de l'Europe et de l'Amérique ; sa fourrure, très estimée, ressemble suffisamment à celle de la martre zibeline pour pouvoir être vendue fréquemment sous ce nom ; elle est extrêmement chaude et d'un bel aspect : sa couleur varie du brun clair au brun foncé suivant les individus.

Cet animal a été confondu parfois avec la loutre parce qu'il présente quelques habitudes similaires : on le rencontre surtout dans le voisinage des rivières ou des lacs ; il semble préférer en été les torrents au cours rapide, ou bien les eaux plus calmes des étangs.

Il est facile de comprendre les raisons qui leur font choisir ces endroits pour y fixer leur résidence, car on sait que les visons se nourrissent exclusivement de poissons et d'insectes aquatiques ; naturellement ils sont d'habiles nageurs et leurs pattes sont conformées pour cet usage, les doigts étant réunis en partie par une membrane.

BELETTE VULGAIRE

HERMINE AVEC SA FOURRURE HIVERNALE

La *belette vulgaire* est extrêmement petite ; son corps frêle est couvert d'une fourrure brune tirant sur le roux et tout à fait blanche sur le ventre et sur la gorge ; sa queue est courte et mince, dépourvue des longs poils touffus qui embellissent celle des martres et des visons.

La faiblesse apparente de cette gracieuse bête rend plus extraordinaires encore l'audace et la ténacité dont elle fait preuve en toutes circonstances ; elle semble considérer tous les autres êtres avec un dédain méprisant et des adversaires qui lui sont infiniment supérieurs comme taille et comme vigueur ne parviennent pas à l'effrayer.

Elle est l'ennemie acharnée des rats, des souris et autres menus rongeurs, les poursuit partout, dans les champs en été, dans les granges et dans les greniers où ils se retirent durant l'hiver et en détruit de grandes quantités ; elle est d'ailleurs merveilleusement douée pour la chasse, capable de suivre une proie à la piste sans avoir besoin du secours de ses yeux, assez souple pour la relancer dans les moindres trous, aussi adroite à grimper sur un arbre qu'à traverser une rivière à la nage.

Malheureusement la belette ne s'attaque pas seulement à la vermine et, à côté des services qu'elle rend, il faut opposer le grand dommage qu'elle cause, aux fermiers d'abord en dévastant leurs basses-cours, aux chasseurs ensuite en

détruisant les œufs et les petits oiseaux. Elle procède très adroitement à cette opération en perçant dans la coquille de l'œuf un petit trou suffisant pour lui permettre d'en absorber le contenu.

Quand elle est excitée par la vue du sang, ou poussée par la nécessité de défendre sa vie ou celle de ses petits, la belette combat avec un tel acharnement qu'un homme non armé peut difficilement lutter avec elle ; elle a coutume de sauter à la gorge de son adversaire et de lui infliger des morsures successives avec une telle rapidité qu'il n'a point le temps de parer les coups.

D'ailleurs, elle appelle souvent à son aide plusieurs de ses compagnes et l'on dit que ces animaux se solidarisent quelquefois pour entreprendre une grande chasse.

Les belettes sont d'un naturel très curieux et quiconque, se promenant dans la campagne, a fait la rencontre d'une belette, a pu en juger par lui-même. Au lieu de s'enfuir à l'approche d'un inconnu, la petite bête s'arrête au bord de la route jusqu'à ce qu'il soit tout près d'elle et, parfois même, afin de le mieux voir, elle s'avance au milieu du chemin, se dresse sur ses pattes de derrière, croisant les autres devant son museau fin. Cette attitude, jointe à ses petits yeux brillants, lui donne une physionomie très comique.

Il n'est guère d'animaux auxquels la belette

HERMINE

n'ose résister, et, lorsque la petitesse de sa taille la met dans un état de trop grande infériorité, elle a recours à la ruse pour se sortir d'embarras. C'est ainsi que l'on a vu une belette, menacée par un oiseau de proie, guetter le moment où celui-ci allait fondre sur elle, et parvenir à s'accrocher sous l'aile de son adversaire, partie du corps fort sensible, où elle le mordit si cruellement qu'il dût lâcher prise et périt même par suite de ses blessures.

L'*hermine* est à peu près semblable à la belette, non seulement comme taille et comme allures, mais encore, ce qui étonnera quelques personnes, comme pelage.

C'est seulement pendant les mois d'hiver que sa robe prend cette teinte blanche que nous lui connaissons; par une anomalie singulière, l'extrémité de la queue reste noire et c'est elle qui forme dans les vêtements de cette fourrure des taches en forme de virgules qui tranchent bizarrement sur l'uniformité du fond.

Ce phénomène du blanchiment de la fourrure au moment des froids se retrouve d'ailleurs chez presque tous les animaux des contrées du nord et semble une nécessité imposée par le climat; d'une part, il y a moins de déperdition de chaleur chez les animaux dont le pelage est de nuance claire; en second lieu, ils sont plus à même de se confondre avec les glaces et les neiges des paysages polaires et peuvent ainsi plus facilement échapper aux regards de leurs ennemis.

Le rôle de la température est si prépondérant en cette circonstance, que les hermines changent à peine de couleur quand elles vivent sous des climats relativement tempérés ou quand l'hiver se montre doux; aussi la capture de cet animal est-elle difficile et dangereuse, car il faut affronter les régions polaires pour se procurer les fourrures blanches qui ont seules de la valeur.

On ne saurait donc s'étonner du prix considérable, qui peut même paraître exagéré au premier abord, auquel la fourrure de l'hermine est généralement vendue; il faut, pour l'apprécier à sa juste valeur, réfléchir d'abord aux fatigues que les chasseurs ont dû supporter pour l'acquérir et au temps qu'ils ont employé à la recherche d'un gibier relativement très rare; enfin beaucoup d'adresse et de patience leur ont été nécessaires pour s'emparer du petit animal sans endommager sa robe fragile; on emploie ordinairement à cet effet des pièges qui puissent donner la mort sans causer de blessure apparente.

L'hermine n'est point difficile sur le choix des aliments; elle se nourrit indifféremment d'animaux de tout genre, quadrupèdes, oiseaux, reptiles. Elle a cependant une certaine préférence pour les jeunes lapins qu'elle détruit en grand nombre; elle chasse aussi le lièvre et semble exercer sur lui une influence déprimante car, bien que mieux doué sous le rapport de la vitesse, il lui échappe rarement.

Les nids d'oiseaux sont souvent dévastés par l'hermine; son odorat aiguisé et sa vue perçante lui permettent de les découvrir aisément, et elle les atteint sans peine en grimpant le long des arbres, au moyen de ses pattes agiles et armées de griffes; elle s'insinue même dans les fentes

TAYRA

des rochers où certains animaux font leurs nids.

On trouve dans le centre de l'Amérique un petit animal, à peu près de la taille de la martre, appartenant à la même famille et connu sous le nom de *tayra*.

Il présente les principaux caractères que nous avons remarqués chez toute cette tribu : le corps long et souple, le cou très développé, les pattes fort courtes ; sa fourrure est noire, légèrement nuancée de brun, avec une large tache blanche sur la gorge ; ses yeux sont petits et brillants.

Il réside dans des terriers qu'il creuse lui-même dans le sol.

On peut le garder en captivité sans qu'il perde rien de sa vivacité amusante ; il se livre à toutes les sortes d'ébats gracieux qu'il accompagne d'un cri singulier, assez semblable à celui d'une poule appelant ses petits.

Le Brésil a également donné naissance à un petit animal analogue à ceux dont nous venons de parler et connu sous le nom de *grison*. Son pelage présente une particularité assez singulière : contrairement à ce qui existe d'ordinaire, la partie supérieure du corps est de nuance plus claire que la partie inférieure et les membres ; en effet, le museau, le dessous du cou, l'abdomen et les pattes présentent une teinte noire presque absolue, tandis que le dos entier, depuis le front jusqu'à la queue, est couvert de longs poils d'un gris pâle, tantôt presque blanc, tantôt légèrement teinté de jaune suivant les individus.

Le grison est fort curieux à voir, avec son corps souple, son long cou flexible, dont les mouvements sont comparables aux ondulations d'un serpent, sa petite tête aux oreilles minus-cules, aux brillants yeux noirs ; ses manières sont vives et gracieuses et il fait entendre presque continuellement un étrange petit cri. Malheureusement, il répand autour de lui une odeur insupportable, plus pénétrante que celle des autres animaux de la même famille.

Il est d'une nature excessivement irritable et sauvage, que les meilleurs traitements sont impuissants à jamais modifier entièrement ; même lorsqu'il semble tout à fait apprivoisé, supportant qu'on lui fasse quelques caresses et les rendant au besoin dans une certaine mesure, il lui suffit d'apercevoir un autre animal dans son voisinage, pour que ses instincts sanguinaires reprennent le dessus, et qu'il s'élance avec fureur contre l'intrus. Peu lui importe d'ailleurs l'espèce de son adversaire, et il choisit parfois singulièrement. Tel ce grison dont le maître élevait en même temps deux jeunes alligators : un soir, se trouvant seul avec les deux animaux étendus devant le foyer, il s'échappa de sa cage, se jeta sur l'un d'eux et lui fit de si cruelles blessures que la malheureuse bête mourut peu après ; quant à son compagnon, on arriva à temps pour le sauver, car la frayeur qu'il semblait éprouver l'avait rendu incapable de se défendre.

Cuvier rapporte un fait à peu près semblable au sujet d'un jeune grison qu'il avait apprivoisé et gardé dans sa maison ; bien que cet animal fût toujours abondamment nourri et traité avec douceur, il entra un jour dans une colère violente à la vue d'un lémure que l'on avait introduit dans la pièce où il se trouvait, et qu'il blessa mortellement après avoir brisé les barreaux de sa cage pour s'élancer sur lui.

RATEL

Le *ratel* est originaire de l'Afrique du Sud et on le rencontre en assez grand nombre aux environs du Cap. Bien que son régime alimentaire soit très varié, il préfère le miel et les larves d'abeilles à toute autre nourriture; il est du reste cuirassé en vue de cette chasse spéciale. Son corps est entièrement couvert de poils durs et rudes, très serrés les uns sur les autres, qui le protègent contre les piqûres des abeilles.

Son allure est lourde et ses mouvements sont peu rapides; mais, s'il ne peut échapper par la fuite à ses ennemis, le sol lui offre toujours un refuge, car il lui suffit de quelques minutes pour s'y creuser un abri où peu d'adversaires peuvent le suivre.

Si le temps lui manque pour regagner son gîte habituel ou en improviser un autre, il lui reste une dernière ressource; sa peau est si lâche que son corps se meut dedans comme dans un sac et, quand il est saisi en quelque point que ce soit, il se retourne néanmoins sur le dos et use alors de ses pattes et de ses dents pour se défendre.

En raison de toutes ces particularités, le ratel jouit d'une grande force de résistance et supporte impunément bien des attaques.

Au rebours de la disposition la plus commune chez les animaux de nuances diverses, le pelage du ratel est beaucoup plus clair sur le dos que sur les parties inférieures du corps qui sont presque noires; une bande grise et brillante suit la ligne de démarcation entre les deux teintes; la partie supérieure est généralement grise, quelquefois rousse; les oreilles sont excessivement ouvertes.

Cet animal est plantigrade et ses manières disgracieuses rappellent un peu celles des ours; aussi a-t-il été surnommé par les Indiens l'*ours à miel*.

On trouve en effet dans l'Hindoustan une sorte de ratel, presque semblable sous tous les rapports à celui dont nous venons de parler.

Cependant, il est sensiblement plus vorace et tous les genres de nourriture lui conviennent également; il a beaucoup de goût pour les petits rongeurs, tels que les rats et les souris, et pour les oiseaux; il rôde fréquemment dans le voisinage des habitations humaines, avec l'espérance de profiter de quelque aubaine; on prétend même qu'il ne répugne pas à déterrer les corps nouvellement déposés dans la terre, ce qui lui serait d'ailleurs très facile, étant donnée la rapidité avec laquelle il creuse le sol. Il accomplit cette opération avec une telle vigueur que les débris enlevés avec ses pattes sont projetés par elles à une distance de plusieurs mètres.

Lorsqu'il est capturé très jeune, le ratel est susceptible de recevoir une certaine dose d'éducation, et de devenir un hôte très amusant par l'étrangeté de ses manières; mais dès qu'il a atteint l'âge adulte, il est impossible de le conserver en captivité, car il ne peut s'accoutumer à une certaine dépendance et s'épuise en efforts pour recouvrer sa liberté; aussi, succombe-t-il au bout de peu de temps.

Nous avons dit que les nids d'abeilles fournissaient au ratel africain sa principale nourriture; il faut ajouter que, dans son pays d'origine, ces nids sont le plus souvent établis dans des huttes abandonnées par les termites, ce qui explique comment, ne pouvant grimper aux arbres, il s'en procure néanmoins une grande quantité.

GLOUTON OU WOLVEREINE

Le *glouton*, connu dans certains pays sous le nom de *wolvereine*, habite surtout les régions froides, telles que le nord de l'Amérique et de l'Europe, ou la Sibérie.

Il est renommé pour sa voracité qui est en effet très grande et qu'il satisfait au moyen des menus quadrupèdes; c'est un grand ennemi des castors qu'il poursuit pendant la belle saison, car en hiver ils sont retirés dans leurs demeures où il ne peut heureusement les atteindre.

Quand il s'est emparé d'une proie de quelque importance, il a grand soin de cacher ce qu'il n'a pas consommé afin de le conserver en vue d'un second repas.

L'aspect de cet animal est à peu près celui d'un ours de petite taille; sa fourrure est brune, presque noire, avec une légère teinte claire sur les flancs; ses griffes puissantes sont enchâssées dans des poils noirs qui en font ressortir l'éclatante blancheur; les peuples primitifs des pays du nord les utilisent dans la fabrication de certains bijoux de leur composition. Ses pattes sont extrêmement larges, sans doute pour lui permettre de marcher sur la neige molle sans y enfoncer.

Le glouton est plus agile que ses formes lourdes ne sauraient le faire croire; il se meut avec une certaine lenteur qui n'exclut pas l'adresse et semble prendre plaisir à grimper dans les arbres et à se balancer sur leurs branches. Il saute aussi sans difficulté d'une hauteur assez grande.

Même en captivité, il reste rarement immobile, sauf quand il dort, et tourne autour de sa cage ou se dresse le long des barreaux.

Le glouton a la fâcheuse habitude de suivre les chasseurs lorsqu'ils vont poser leurs trappes et, dès qu'ils se sont éloignés, de s'emparer de l'appât qu'elles renferment; il rend ainsi inutiles les longs et pénibles efforts que nécessite cette opération, et, pour ce fait, est détesté à juste titre. De plus il ne manque pas d'emporter les martres et les hermines qui se sont laissées pendre dans les pièges. Il commet encore des méfaits plus regrettables : les chasseurs américains ont la sage précaution de déposer de

OURS DES SABLES

loin en loin une certaine quantité de vivres dans des cachettes soigneusement closes qu'ils creusent dans la terre ou qu'ils fabriquent avec des pierres entassées afin que, si leur expédition se prolonge plus longtemps qu'ils ne l'avaient prévu, ils puissent y venir chercher des aliments. Le glouton est assez adroit pour éventer ces cachettes et s'approprier leur contenu, dévorant ce qui est à sa convenance, et mettant le reste hors d'usage. Ces larcins ont parfois des conséquences graves, en privant leurs légitimes propriétaires des seules ressources qu'ils puissent trouver dans ces solitudes.

On trouve dans le nord de l'Amérique un petit animal de la même famille, qui porte le nom de *skung*; sa fourrure de nuance brune, teintée de noir et de quelques lignes blanches le long de l'échine, est assez estimée.

Il présente l'aspect commun à la plupart des animaux dont nous venons de parler; sa taille est à peu près celle d'un chat, ses pattes sont courtes, sa queue longue et bien fournie est couverte de poils d'un blanc jaunâtre. Il vit dans des terriers qu'il creuse dans le sol à l'aide de ses fortes griffes.

Un des caractères distinctifs du skung est l'odeur nauséabonde qu'il répand autour de lui et qui provient d'un liquide sécrété par des glandes placées à la naissance de sa queue. Cette singulière production est évidemment destinée à lui servir de moyen de défense, comme chez la plupart des animaux doués de la même faculté; en effet, lorsqu'il est poursuivi, il laisse approcher son adversaire jusqu'à la distance convenable et lance alors dans sa direction un jet de liquide propre à faire reculer les plus audacieux. Aussi les chiens ont-ils besoin d'être entraînés spécialement pour chasser le skung et s'efforcent-ils d'ordinaire de le saisir à l'improviste avant qu'il ait eu le temps de recourir à son procédé habituel.

L'animal, généralement connu sous le nom d'*ours des sables*, est en réalité une sorte de blaireau, particulier à l'Hindoustan.

C'est une créature assez disgracieuse, couverte d'une fourrure jaunâtre marquée sur la tête de quatre bandes noires qui aboutissent au museau; ses pattes sont armées de griffes puissantes et fort bien disposées pour creuser le sol rapidement; sa queue est tout à fait rudimentaire.

Son régime alimentaire est assez varié; il se compose de substances végétales. A l'état sauvage, il est d'un naturel irritable et agressif; grâce à la vigueur de ses pattes de devant, il peut combattre des adversaires de grande taille, ce qu'il fait en se dressant tout debout pour les atteindre à la gorge.

Cet animal est peu connu et se cantonne principalement dans les contrées montagneuses.

BLAIREAU

Le *blaireau* que nous possédons en Europe présente à peu près le même aspect que le glouton : son pelage est curieusement tacheté de gris, de noir ou de blanc ; la tête est blanche, à l'exception de deux larges bandes noires qui s'étendent de chaque côté et englobent les yeux et les oreilles.

Bien que ses mouvements soient lents et malhabiles, il creuse le sol avec une grande dextérité et peut en quelques minutes faire un trou suffisant pour s'y abriter en entier. Cette opération est pourtant assez compliquée et il ne la mènerait pas à bien si ses pattes n'étaient armées de griffes solides et de muscles puissants ; il lui faut en effet écarter la terre avec son museau après que ses pattes de devant l'ont rendue plus friable et la rejeter au loin avec ses membres postérieurs ; à mesure que la galerie devient profonde, ce travail de déblaiement est plus difficile, car l'animal est obligé de sortir à reculons pour pouvoir extraire complètement les matériaux qui le gênent.

C'est au fond de ce terrier que le blaireau élève ses petits dans un nid de feuilles sèches, et conserve ses provisions.

Sa nourriture se compose de végétaux et de divers petits animaux ; il mange une grande quantité de vers et d'escargots et ne craint pas de s'attaquer aux abeilles, sa peau épaisse le protégeant suffisamment contre leurs piqûres.

Le blaireau est inoffensif et d'un caractère paisible ; mais quand il est irrité il témoigne d'une grande vigueur et se défend avec énergie. On peut l'apprivoiser sans difficulté et, bien qu'il ne soit pas réputé comme très intelligent, il fait preuve à l'occasion d'une certaine dose de compréhension.

Il se montre en particulier très habile à éventer les pièges que l'on dresse contre lui et parvient en maintes occasions à s'emparer de l'appât qu'ils contiennent sans s'exposer à aucun dommage. On cite le cas de ce blaireau dont on avait entouré le domaine de trappes au-dessus desquelles il devait forcément passer pour entrer chez lui ; cependant, quelque indice ayant éveillé sa méfiance, il ne tarda pas à se rendre compte du danger et réussit à franchir la barrière de pièges en sautant adroitement par-dessus.

Dans l'île de Java, on désigne sous le nom de *teledu* un animal du même genre qui ne vit guère que dans les parties élevées de l'île, où la terre plus légère lui permet de se livrer aisément à la chasse de vers et autres insectes qu'il se procure en fouillant le sol.

Ces travaux souterrains ne sont pas sans causer d'assez grands dommages aux plantations au milieu desquelles ils sont exécutés ; le teledu ne se fait aucun scrupule de briser ou de manger les racines des végétaux qui se trouvent sur son passage et, pour ce fait, est détesté et poursuivi par les agriculteurs.

LOUTRE VULGAIRE

Les *loutres* se distinguent des autres animaux du même genre par leurs habitudes presque exclusivement aquatiques. Préférant le poisson à toute autre sorte de nourriture, elles ne quittent guère les bords des rivières ou des lacs, excepté quand la température trop froide ou la grande sécheresse les force à aller chercher leur subsistance parmi les oiseaux ou les petits quadrupèdes. Non seulement les loutres aiment les poissons, mais elles savent aussi choisir les meilleurs d'entre eux et, quand elles en trouvent en abondance, elles prélèvent seulement les plus fins morceaux et abandonnent le reste à des convives moins délicats.

La loutre est pourvue de toutes les qualités physiques indispensables à son genre d'existence : son corps est souple et allongé, les doigts de ses pieds sont réunis par une membrane qui les rend capables de trouver sur l'eau un point d'appui, sa queue longue, large et plate, est assez résistante pour jouer le rôle d'un gouvernail, ses pattes sont courtes et si bizarrement articulées qu'elles peuvent se mouvoir à peu près dans tous les sens, ses dents sont fortes et pointues et bien disposées pour retenir leur proie; enfin sa fourrure se compose d'une couche serrée et moelleuse qui la protège contre les températures extrêmes, avec de longs poils durs et luisants sur lesquels l'eau glisse sans pénétrer jusqu'à la peau; sa couleur est d'un beau brun mélangé d'une teinte plus claire.

La loutre ne se construit pas de demeure spéciale; elle installe généralement ses petits dans une excavation naturelle ou dans un terrier abandonné, le plus près possible de l'eau, afin de pouvoir s'y réfugier avec sa famille en cas de danger.

Quand elle est attaquée, elle se défend avec grand courage, infligeant à son adversaire des coups de griffes et des morsures qu'elle aggrave en secouant vivement la tête tout en serrant les mâchoires; elle n'abandonne jamais la lutte qui ne se termine que par sa mort, quand elle ne réussit pas à mettre les assaillants en déroute.

On chasse la loutre, d'abord pour mettre fin aux dommages qu'elle cause dans les rivières poissonneuses, ensuite pour s'emparer de sa fourrure qui est estimée pour sa chaleur et sa beauté.

Nous avons vu, dans le chapitre concernant les chiens, qu'il existe une espèce particulière de ces animaux douée des qualités les plus utiles pour ce genre de chasse; il est nécessaire en effet de les entraîner, par une éducation spéciale, à poursuivre ce gibier si différent de celui contre lequel on les emploie ordinairement.

On trouve en Asie une espèce particulière de loutre, *la loutre de Chine*, dont les indigènes tirent parti en la dressant à la pêche pour leur propre compte. Voici comment on procède à cette éducation spéciale qui ne présente pas de très grandes difficultés.

LOUTRE DE CHINE

La loutre, capturée très jeune naturellement, car alors elle est plus docile, est totalement privée de sa nourriture favorite et forcée de se contenter de pain et de lait ; on met en même temps à sa disposition un poisson en cuir ou en bois avec lequel on la laisse jouer suivant son instinct et qu'on la dresse à rapporter entre les mains de son maître ; on lui fait exécuter le même exercice en jetant l'objet dans l'eau afin de l'obliger à plonger pour l'atteindre et, quand elle a bien travaillé, on a soin de l'en récompenser par le don de quelque friandise. Lorsque la loutre a acquis assez d'habileté et d'obéissance, on substitue au poisson artificiel un poisson mort, puis un animal vivant fixé à l'extrémité d'une ligne, enfin des poissons qu'on jette à l'eau devant ses yeux et qu'elle doit poursuivre, prendre et rapporter.

La loutre qui a pris l'habitude d'exécuter fidèlement ce programme est désormais capable de se livrer librement à la pêche et de laisser son maître s'emparer de son butin, elle fait même aussi l'office de rabatteur en poussant un banc de poissons dans la direction des filets préparés à l'avance.

La loutre déploie dans la poursuite de sa proie une grâce et une habileté incomparables ; elle glisse dans l'eau avec une telle rapidité et les ondulations de son corps sont si adroites que son passage silencieux est à peine signalé par une ride légère à la surface liquide ; sans ces qualités, d'ailleurs, il lui serait impossible de lutter dans son propre élément avec un animal aussi mobile que le poisson.

Elle se meut à terre avec une égale rapidité, exécutant une sorte de galop qui donne à son allure un caractère singulier.

Dans sa marche sur le sol, elle laisse derrière elle une trace facile à distinguer de celle des autres animaux, parce que la plante de ses pieds est arrondie de façon à former une empreinte toute particulière. C'est grâce à cet indice, et aussi à l'odeur pénétrante qui se répand dans son voisinage, que les chiens peuvent reconnaître et suivre aisément la piste de la loutre.

Nous avons dit que, dans certains pays, il était d'usage assez fréquent d'apprivoiser cette bête, en apparence si peu propre à se mettre au service de l'homme. Quelques Européens ont fait dans ce sens des expériences couronnées de succès. L'un d'eux possédait une jeune loutre, capturée très jeune et parfaitement dressée, qui répondait à l'appel de son nom et recevait de la meilleure grâce du monde les caresses que l'on voulait bien lui prodiguer ; au point de vue professionnel, elle pouvait rivaliser avec les plus adroits pêcheurs, et avait sur eux l'avantage de pouvoir exercer son talent dans les conditions les plus défavorables ordinairement à ce genre d'exercices, n'ayant nul souci de la violence du vent, ni de la hauteur des eaux. Elle passait souvent à pêcher une bonne partie de la nuit, ce qui ne l'empêchait pas au matin de se promener, alerte et joyeuse, au milieu des chiens de la maison avec lesquels elle vivait en très bonne intelligence. Elle procédait à ses expéditions nautiques de la manière suivante : aussitôt qu'elle s'était jetée à l'eau, elle donnait de tous côtés de vigoureux coups de queue destinés à effrayer les poissons et à les faire sortir de leurs retraites, puis, lorsqu'elle en apercevait quelqu'un à proximité, elle feignait de passer près de lui sans le remarquer, et, si par malheur il passait à sa portée dans sa fuite précipitée, elle

LOUTRE DE MER

le saisissait et l'apportait immédiatement sur le rivage. Néanmoins, elle ne s'en séparait pas sans une certaine hésitation et témoignait sa contrariété par des cris plaintifs lorsqu'on le lui reprenait pour l'emporter.

Une autre loutre, également apprivoisée, suivait son maître dans toutes ses promenades au bord de la rivière, nageant et jouant à ses côtés de la plus amusante manière. Mais on ne put jamais l'habituer à rapporter le fruit de sa pêche; dès qu'on faisait mine de s'approcher d'elle, elle gagnait rapidement la rive opposée, s'arrêtait sur la berge et dévorait en toute tranquillité le poisson dont elle venait de s'emparer. Elle vivait librement dans la maison et le jardin, qu'elle purgeait d'une grande quantité de vers, d'escargots et autres bestioles; elle chassait aussi les mouches, et sautait fort adroitement sur les chaises pour les atteindre. Elle s'était prise d'une grande affection pour un chat angora appartenant à son maître, et lui était si dévouée qu'un jour elle le défendit vaillamment et non sans succès contre les attaques d'un gros chien.

Sur les côtes septentrionales de l'Océan Pacifique, et principalement aux environs du détroit de Behring, vit une espèce de loutre qui semble préférer le voisinage de la mer à celui des rivières et des lacs d'eau douce; elle a reçu pour cette raison le nom de *loutre de mer*.

Elle est de plus grande taille que les autres variétés et sa fourrure, sans doute en raison du climat qu'elle supporte, est plus épaisse; sa robe brillante est de couleur très foncée, presque noire, légèrement teintée de brun sur les parties supérieures du corps et de blanc sur la gorge et le ventre; on en fait des parures très chaudes et fort élégantes grâce à leur richesse de ton et à leur éclat velouté.

La longueur du corps et les faibles dimensions des pattes et de la queue sont encore accentuées chez la loutre de mer; de plus, les membres postérieurs sont presque toujours repliés, ce qui lui donne quelque chose de rampant dans la tenue et dans l'allure.

C'est pendant les mois les plus rigoureux de l'hiver que cet animal élit domicile sur les rivages de l'Océan où il trouve en abondance les poissons, mollusques et crustacés dont il se nourrit; il s'aventure même sur les bancs de glace qui se forment en cet endroit si voisin des mers arctiques.

Dès que les premières chaleurs se font sentir, les loutres de mer remontent le cours des fleuves jusqu'aux lacs de l'intérieur des terres, près desquels elles prennent leurs quartiers d'été; elles retournent à la mer lorsque les eaux douces sont emprisonnées sous une couche de glace trop épaisse pour qu'elles puissent la percer afin de se procurer leurs aliments. Dans les eaux salées, la congélation n'est jamais aussi complète et l'existence y est plus facile pour ces intrépides pêcheuses.

PACHYDERMES

ÉLÉPHANT INDIEN

ÉLÉPHANTS

Les *éléphants* sont maintenant les seuls représentants d'un groupe de pachydermes qui comptait aux temps préhistoriques de nombreuses espèces, remarquables par leur taille et leur force colossales; toutes ont disparu successivement à l'exception de celle dont nous allons parler et qui, elle aussi, diminue tous les jours.

Les éléphants ne comprennent que deux variétés: l'*éléphant d'Asie* et l'*éléphant d'Afrique*, très similaires d'ailleurs, bien que quelques caractères permettent de les distinguer l'une de l'autre avec certitude.

Le premier a la tête allongée, le front concave, les oreilles de dimensions moyennes; le second au contraire a la tête plutôt courte, le front bombé et les oreilles excessivement développées; de plus les molaires présentent sur la surface de leur émail des dessins différents, affectant chez les uns la forme d'ellipses allongées,

26

chez les autres, celle de losanges réguliers.

Les éléphants sont désignés parfois sous le titre de *proboscidiens* en raison du développement extraordinaire de leur nez qui forme ainsi un organe spécial, la trompe, qui donne à leur physionomie un caractère particulier.

Cet appendice est pour eux de la plus grande utilité; doué à la fois d'une grande vigueur et d'une extrême souplesse, délicat et adroit à son extrémité autant qu'une main, il remplit des fonctions multiples et diverses. C'est avec sa trompe que l'éléphant cueille soit aux arbres, soit à la surface du sol, les végétaux dont il se nourrit; c'est elle qui les porte à sa bouche, elle qui puise l'eau avec laquelle il se désaltère, elle enfin qui sert à l'exercice de ses sens les plus importants, l'odorat et le toucher.

Sans elle il lui serait impossible de subvenir à son existence, car son cou écourté ne lui permet pas de mouvoir sa tête dans un large cercle et les longues défenses qui garnissent sa bouche l'empêchent d'absorber directement les aliments sans le secours d'un intermédiaire.

Les jambes de l'éléphant sont très robustes, afin de pouvoir supporter le poids énorme du corps; les pieds, fort larges, sont protégés par des enveloppes à demi cornées qui les garantissent contre les aspérités du sol et donnent à l'animal un pas silencieux et sûr.

D'ailleurs, en dépit de sa lourdeur apparente, l'éléphant est d'une agilité incomparable; il escalade des hauteurs escarpées qu'un cheval aurait peine à franchir et en descend avec la même aisance; il procède, il est vrai, avec précaution, déplaçant ses pieds les uns après les autres, avançant par flexion plutôt que par bonds, et ne quittant la position qu'il occupe qu'après s'être assuré d'un nouveau point d'appui.

L'*éléphant d'Asie* est célèbre pour l'intelligence et la docilité dont il fait preuve quand il a été convenablement dressé, et qui forment un singulier contraste avec son extérieur lourd et disgracieux.

Des centaines de ces animaux sont capturés chaque année par les Indiens, avec l'aide d'éléphants déjà dressés qui assument la tâche d'attirer leurs congénères dans le voisinage de vastes enclos préparés à l'avance, fermés par des rangées d'énormes troncs d'arbres entre lesquels une seule ouverture, relativement étroite, est ménagée. Une bande de rabatteurs pousse petit à petit le troupeau tout entier dans cette direction, en articulant des cris aigus et en brandissant des torches allumées; le bruit et la lumière affolent les pauvres bêtes qui se précipitent du seul côté où elles croient trouver un refuge et se trouvent bientôt prisonnières.

Cette première opération demande souvent plusieurs jours et le dressage proprement dit prend plus de temps encore. Quand la colère des captifs est calmée, et qu'ils ont pris quelque peu l'habitude de leur nouvelle existence, les éléphants apprivoisés entrent de nouveau en scène; on les accouple avec leurs nouveaux camarades et ce sont eux qui les forcent à suivre les ordres du cornac chargé de leur éducation. Généralement celle-ci fait des progrès rapides et l'éléphant, surtout s'il est jeune, est assez vite en état de rendre à son maître les nombreux services que celui-ci en attend.

Grâce à sa force et à son habileté, l'éléphant peut accomplir de dures besognes que nul autre animal ne pourrait mener à bien dans des pays incultes, au climat épuisant. Il n'est pas prudent de lui faire porter de lourdes charges sur le dos, car sa peau est relativement délicate et s'ulcérerait par le frottement; mais il transporte des objets de toutes sortes à l'aide de sa trompe; on voit des éléphants, non seulement enlever les arbres abattus dans les forêts, mais encore décharger des bateaux remplis de bois et déposer sur le rivage des poutres énormes dont ils font des piles parfaitement régulières; d'autres exercent habilement le métier de maçon.

On cite même à ce propos une anecdote fort curieuse : un éléphant, chargé de construire un mur, devait disposer une rangée de pierres et attendre que l'homme qui le surveillait en ait vérifié l'agencement avant de continuer sa besogne. À un certain moment, il se rangea devant la partie qu'il venait de bâtir et refusa obstinément d'en bouger; son maître insista par tous les moyens et enfin, voyant qu'il serait obligé de céder, l'animal se retourna et, de son propre mouvement, démolit la partie du mur qu'il avait faite d'une façon défectueuse et qu'il avait espéré par cette ruse dissimuler à son surveillant.

On emploie quelquefois l'éléphant dans la chasse au tigre, mais il faut alors lui faire subir un entraînement spécial, afin de l'aguerrir contre la frayeur que lui cause la vue du fauve.

On l'accoutume d'abord à jouer avec une peau de tigre, puis à suivre les mouvements qu'un enfant dissimulé à l'intérieur imprime à cette dépouille; enfin on le met en présence du cadavre de l'animal. Néanmoins sa répulsion instinctive pour l'animal redouté ne disparaît

ÉLÉPHANT AFRICAIN

jamais entièrement et bien souvent il tournerait bride au moment décisif s'il n'était excité
par les chasseurs.

L'éléphant est encore utilisé comme moyen
de transport dans un pays où l'absence de
routes rend les communications difficiles ; les
voyageurs s'installent dans une sorte de palan-
quin placé sur son dos et un cornac, accroupi
sur son cou, dirige ses mouvements au moyen
d'une baguette et surtout de la parole à laquelle
il est fort docile.

A l'état sauvage, les éléphants vivent volontiers en troupes peu nombreuses ; on les rencontre souvent dans le voisinage des fleuves,
car ils aiment beaucoup l'eau, prenant des bains
prolongés et même des douches au moyen de
leur trompe qui pompe une grande quantité de
liquide et la reverse sur leur corps. Ils se nour-

rissent de végétaux et de jeunes pousses d'arbres dont il font naturellement, eu égard à leur
taille, une grande consommation.

Ils témoignent, même quand ils n'ont reçu
aucune éducation, un naturel doux et paisible,
n'attaquant jamais personne et ne semblant
même pas soupçonner l'usage terrible qu'ils
pourraient faire de leur force ; cependant ils
sont sujets, en captivité, à des accès de rage
redoutables, mais qui se calment d'eux-mêmes
au bout d'un certain temps.

La couleur des éléphants est brun très foncé
et légèrement grisâtre ; l'éléphant blanc, considéré comme un dieu dans certaines parties de
l'Asie, n'est qu'un albinos comme on en rencontre dans toutes les espèces.

L'éléphant d'Afrique n'a jamais été domestiqué, on ne sait trop pour quelle cause, pro-

bablement par suite de l'insouciance des peuplades nègres qui occupent cette contrée. Néanmoins, il est poursuivi avec un tel acharnement, dans le but de le dépouiller de ses défenses dont l'ivoire a une très grande valeur, qu'il devient assez rare dans les pays où il vivait autrefois en troupes nombreuses.

D'ailleurs il fuit le voisinage de l'homme, se plaît au fond des forêts impénétrables du centre de l'Afrique et les parcourt avec tant de prudence que, malgré sa taille, c'est un des animaux que les explorateurs aperçoivent le moins souvent au cours de leurs voyages.

Les indigènes apprécient également l'éléphant au point de vue alimentaire, et c'est une bonne aubaine pour eux quand ils parviennent à en tuer un. Sa chair est assez appréciée également des Européens, surtout le pied et la trompe qui sont les morceaux les plus délicats.

L'éléphant d'Afrique est plus belliqueux que son congénère asiatique. Quand il est poursuivi et blessé, il se retourne contre ses agresseurs avec un courage que sa vigueur rend très dangereux pour les chasseurs, car c'est un jeu pour lui de les enlever avec sa trompe et de les rejeter sur le sol où il les broie sous ses pieds. Son odorat est très aiguisé et il reconnaît le passage des indigènes à la seule trace de leurs pas; aussi est-il difficile de l'amener à se prendre aux pièges préparés dans ce but au bord des fleuves. C'est là en effet que la plupart des animaux sauvages se rendent à la tombée de la nuit pour étancher leur soif : zèbres, girafes, antilopes défilent tour à tour ; mais dès que l'approche d'un troupeau d'éléphants est signalée par la trépidation qui ébranle le sol sous le poids de ces énormes masses en mouvement, une inquiétude sourde se manifeste parmi tout ce peuple, et l'on voit bientôt les bêtes apeurées abandonner la place et attendre, pour revenir prendre leur part de fraîcheur, que les géants de la forêt aient fini de se désaltérer.

Les indigènes, en observant les empreintes que laissent sur le sol les larges pieds des éléphants, apprennent assez facilement à connaître les endroits où ils ont l'habitude d'aller se désaltérer régulièrement, parce que l'abord du fleuve y est plus facile ou pour toute autre raison favorable à leur commodité. C'est donc aux environs de ces lieux qu'ils établissent les pièges au moyen desquels ils espèrent s'emparer d'un des membres du troupeau ; ces pièges consistent généralement, comme la plupart de ceux destinés aux animaux de forte taille, en une fosse large et profonde garnie de pieux pointus qui blessent le captif et empêchent ses tentatives de fuite. Mais le point difficile est de mettre en défaut la prudence avisée des éléphants. En effet, sauf de rares exceptions, ils ne cheminent point individuellement et au hasard ; réunis en plus ou moins grand nombre, ils mettent à la tête de leur bande un vieux mâle circonspect et expérimenté, qui s'avance lentement, la tête baissée, flairant soigneusement le terrain du bout de sa trompe, s'arrêtant devant tout objet suspect et prévenant ses camarades des dangers qui peuvent surgir sur leur chemin.

Ces qualités de prudence et de perspicacité rendent aussi à l'éléphant de grands services dans la lutte ouverte avec des hommes armés, et ne sont pas sans faire courir à ceux-ci des risques sérieux ; si les chasseurs ne font que blesser l'animal de manière à l'irriter sans cependant le mettre en état d'infériorité réelle, ils le voient se retourner contre eux avec fureur et n'ont plus guère d'autre ressource que de chercher leur salut dans la fuite. Mais ils ne parviennent que bien difficilement à faire perdre leur trace à leur puissant adversaire, qui les poursuit avec une agilité étonnante et une adresse plus curieuse encore, en manifestant surtout son agitation par les mouvements désordonnés qu'il imprime à sa trompe, laquelle se tord et s'enroule en tous sens comme un vrai serpent. Cependant la sagacité de l'éléphant est incomplète en un point : il borne ses recherches à la surface du sol et ne s'avise jamais de regarder ou de sentir les arbres à une certaine hauteur; ceux qui peuvent grimper et se réfugier dans les branches élevées sont donc à peu près à l'abri de ses atteintes.

Depuis que les Cafres ont des armes à feu à leur disposition, la chasse à l'éléphant leur est devenue beaucoup plus facile ; autrefois, en effet, ils devaient se contenter de le poursuivre de leurs flèches qui n'occasionnaient le plus souvent que des blessures insignifiantes, et il leur fallait en lancer un grand nombre pour espérer venir à bout du gigantesque animal.

Nous avons dit qu'ils étaient guidés dans leur lutte contre l'éléphant par le seul désir de s'approprier ses défenses qu'ils vendent aux Européens, et sa chair qu'ils consomment personnellement. Leurs ancêtres, au contraire, s'efforçaient de le prendre vivant, afin de le dresser à la guerre ou de l'employer aux travaux de force, ainsi que le font encore aujourd'hui les Indiens pour l'éléphant d'Asie.

CHEVAL SAUVAGE DE TARTARIE

JUMENTÉS

Les *jumentés* se distinguent en particulier par la forme de leurs pieds dont les doigts, ordinairement au nombre de trois, sont réunis dans une enveloppe cornée, le sabot, qui chez eux est arrondie et non fourchue comme chez les ruminants.

Ils comprennent plusieurs familles, assez différentes les unes des autres, dont une seule, celle des équidés, nous fournit des animaux domestiques : les chevaux.

Le *cheval* a été presque de tout temps le compagnon et le serviteur de l'homme ; son origine ne nous est pas connue d'une manière certaine, bien qu'on puisse supposer que l'Asie centrale fut son berceau et qu'il se répandit de là dans toutes les parties du globe.

Les *chevaux sauvages*, qui vivent encore librement dans certaines contrées, ne sont que les descendants d'animaux autrefois domestiqués et revenus peu à peu à l'existence primitive.

En Tartarie, on en rencontre des troupeaux considérables, admirablement disciplinés sous l'autorité d'un chef auquel tous les autres obéissent ; cette haute fonction est l'objet de la convoitise des mâles les plus expérimentés, qui se la disputent avec acharnement.

Les Tartares ont coutume de capturer les plus beaux et les plus forts de ces animaux, avec l'aide de faucons entraînés à s'abattre sur leur tête pour les étourdir par leurs battements d'ailes ; les prisonniers sont ensuite accouplés avec des chevaux déjà dressés et ne tardent pas à suivre docilement l'exemple de ceux-ci ; cependant c'est seulement quand ils atteignent l'âge de cinq ou six ans qu'ils servent de montures aux hommes.

Ces peuplades, à demi sauvages elles-mêmes, tirent encore un autre profit de leurs chevaux ; elles sacrifient les plus faibles ou les plus âgés pour se nourrir de leur chair et fabriquent avec le lait de jument la célèbre boisson fermentée connue sous le nom de koumiss ; ces ressources sont précieuses dans ce pays de steppes incultes où l'on parcourt des distances considérables sans rencontrer une habitation humaine.

Le cheval sauvage de Tartarie a le poil roux, marqué d'une bande noire le long de l'échine ; il est hardi, vigoureux et résiste vaillamment aux

MUSTANG

dures fatigues et aux privations de sa vie errante.

De nombreuses troupes de chevaux sauvages qui portent le nom de *mustangs* parcourent également les vastes prairies de l'Amérique. Confiants dans la force que leur confère leur nombre, ils ne redoutent point les attaques d'ennemis cependant puissants, tels que le puma, le loup, le jaguar; ils entraînent même parfois avec eux des animaux domestiques qui se confondent dans leurs rangs et se trouvent ainsi emmenés fort loin de leur demeure.

Le mustang peut devenir une excellente monture. On le capture le plus souvent au moyen du lasso, longue corde munie d'un nœud coulant et terminée par un anneau de fer qui sert à lui donner une forte impulsion; cet engin peut être lancé à une grande distance et, s'enroulant autour des membres de l'animal, paralyse ses mouvements et lui interdit la fuite.

Dès qu'il n'est plus maître de ses mouvements, le mustang entre dans une violente fureur qui se manifeste par des bonds désordonnés, mais il ne tarde pas à s'apercevoir que chacun de ses efforts resserre le nœud coulant qui emprisonne son cou et menace de l'étran-

gler; aussi finit-il par se calmer suffisamment pour que le chasseur puisse s'approcher peu à peu, sans lâcher l'extrémité du lasso dont il raccourcit progressivement la longueur; quand il est tout près du cheval, il lui saisit les narines d'un geste rapide et achève ainsi de le maîtriser. Au bout de très peu de temps, l'animal est conquis définitivement et ne manifeste plus aucune velléité de résistance.

On emploie quelquefois une autre méthode beaucoup plus hasardeuse; elle consiste à tirer un coup de feu dans la direction de l'animal de manière à ce que la balle passe juste derrière ses oreilles; étourdi par le bruit, il éprouve un moment de stupeur dont on peut profiter pour s'approcher de lui et le ligotter; mais on comprend que ce procédé exige un tireur exceptionnellement adroit, car la moindre erreur dans la ligne de tir occasionne la mort foudroyante du cheval.

Les mustangs vivent toujours en troupeaux très nombreux, soumis à l'autorité d'un seul chef qui leur transmet ses ordres, dans un langage connu d'eux seuls bien entendu, avec une rapidité surprenante; presque tous les chevaux sauvages d'ailleurs s'organisent de la même manière.

CHEVAL ARABE

Le *cheval arabe* est célèbre par l'élégance de ses formes, la rapidité de son allure, la douceur de son caractère; aussi les types de race pure sont-ils hautement appréciés comme chevaux de chasse ou de course et atteignent-ils une grande valeur.

Cet animal est effectivement un des plus beaux qu'on puisse voir, avec son corps élancé, son cou long et gracieusement recourbé, ses jambes fines et nerveuses, ses yeux remplis à la fois de feu et de douceur. Il s'attache fidèlement aux maîtres qui l'élèvent avec bonté et leur témoigne son affection d'une manière touchante; on a vu un de ces chevaux, démonté de son cavalier, attendre patiemment aux côtés de celui-ci que quelqu'un vienne à son secours ou qu'il reprenne assez de force pour enfourcher de nouveau sa monture.

Le cheval arabe demande de grands soins et doit toujours avoir à sa disposition de l'eau et un bon pâturage.

Les Arabes ont une façon curieuse d'éprouver la valeur des animaux nouvellement dressés : ils leur font exécuter une chevauchée très longue à une allure très rapide et, sans leur laisser le temps de se remettre, les lancent dans une rivière qu'ils leur font traverser à la nage ; les bêtes qui résistent sans faiblir à cette rude épreuve sont seules jugées dignes de leur servir de monture.

Ils témoignent du reste d'un grand attachement pour leurs chevaux et ne s'en séparent jamais volontairement, les traitant plutôt en amis qu'en serviteurs.

C'est probablement à l'éducation particulièrement intelligente et douce qu'ils reçoivent que ces animaux sont redevables de leur caractère affectueux et de la délicatesse de leurs instincts. D'ordinaire, en effet, ils grandissent au milieu de la tribu, de la famille même dans laquelle ils sont nés; ils y sont l'objet de soins attentifs et constants, et il est par conséquent tout naturel qu'ils s'attachent à des maîtres dont ils partagent l'existence durant de longues années.

C'est seulement lorsqu'ils ont atteint leur pleine croissance, que leurs muscles et leurs forces sont suffisamment développés, que ces chevaux sont astreints à servir de montures, et ils s'acquittent à merveille de ces fonctions.

CHEVAL DE COURSE

La plupart des chevaux de courses ont du sang arabe dans les veines, soit qu'ils descendent directement de chevaux de race, soit qu'ils leur soient alliés simplement par quelqu'un de leurs ancêtres. La rapidité et l'endurance sont des qualités indispensables au rôle qu'ils sont appelés à jouer, et ils ne sauraient les puiser à meilleure source.

L'élevage des chevaux de course est un art fort difficile, qui nécessite des connaissances spéciales et des soins multiples. C'est seulement grâce à des croisements judicieux et à une éducation méticuleuse qu'on arrive à obtenir ces bêtes merveilleuses de force et d'élégance, dont quelques-unes sont célèbres dans le monde entier par leur succès dans les champs de course et rapportent à leurs propriétaires la fortune et la gloire. Aussi de tels chevaux sont-ils des personnages d'importance, entourés de la sollicitude et de la considération générales, au moins dans le monde sportif; leur nom figure dans un armorial spécial, et ils ont un état civil complet, établissant la généalogie de leur famille qui compte généralement des membres non moins célèbres; malheureusement leur vogue est parfois de courte durée et, après avoir connu tous les triomphes, ils finissent souvent dans une situation plus que médiocre.

Un grand nombre des chevaux de course les plus célèbres sont parents, à un degré plus ou moins éloigné, du fameux étalon Godolphin Arabian, ainsi appelé du nom de son propriétaire, qui en fit l'acquisition d'une manière bien bizarre. Ce gentleman, c'était en effet un Anglais, se promenant un jour dans les rues de Paris, fit la rencontre d'un malheureux cheval, qui traînait péniblement un lourd tombereau et semblait fort maltraité par son conducteur. Pris de compassion, il acheta l'animal à un prix dérisoire, et fut tout étonné, au bout de quelques semaines de repos et de soins, de lui trouver meilleure allure qu'il n'avait pensé tout d'abord; il l'emmena en Angleterre, où l'élevage des chevaux était alors pratiqué sur une grande échelle, lui fit donner une éducation soignée et obtint ainsi un véritable spécimen de la race arabe, dont les merveilleuses qualités n'ont jamais été surpassées. Parmi la descendance de Godolphin Arabian, citons Eclipse, dont la carrière fut des plus brillantes et qui rapporta à son propriétaire des sommes invraisemblables; son nom prend rang sur la liste des chevaux célèbres.

CHEVAL DE CHASSE

Le *cheval de chasse* doit posséder des qualités différentes de celles du cheval de course et mieux appropriées à ses fonctions; il doit avoir le corps moins allongé et plus robuste, afin de résister à la fatigue de longues courses à travers des pays souvent accidentés, les pieds assez larges, car il doit galoper non sur une piste au sol uni, mais sur un terrain raboteux dont les inégalités blesseraient un organe plus délicat, les épaules légèrement saillantes afin de pouvoir marcher avec aisance.

Le cheval est un animal intelligent et bon; aussi est-il bien facile de le dresser en le traitant avec douceur. L'agitation qu'il manifeste tout d'abord, quand on essaie de le monter ou de l'atteler pour la première fois, résulte bien plutôt de l'effroi que lui inspire toute chose nouvelle que d'une mauvaise volonté réfléchie: nerveux et inquiet, le cheval prend peur devant les personnes ou les objets qui lui sont inconnus et, instinctivement, il s'efforce de se soustraire à leur contact; mais quand on est parvenu à force de patience et de ménagements à lui rendre confiance, on en fait à peu près tout ce que l'on veut. Le cavalier qui a su inspirer de l'affection à sa monture peut se passer d'éperons et de cravache; une simple parole, un léger attouchement seront compris. Ce fait est vérifié journellement dans les cirques où des écuyères, à la suite d'efforts patients, mais sans violence, parviennent à faire exécuter à leurs chevaux des exercices qui exigent non moins d'intelligence que d'adresse. Mais, dès qu'on le maltraite, le cheval se bute, s'entête dans sa résistance et, s'il est contraint par la force à une soumission apparente, saisira très probablement la première occasion favorable pour se venger cruellement; c'est ainsi que des palefreniers ou des conducteurs brutaux ont parfois payé de leur vie les mauvais traitements qu'ils ont infligés à leurs animaux.

Certains chevaux, qui ne sauraient fournir une allure très rapide, résistent cependant à de longs parcours sur routes; il leur suffit d'avoir les jambes solides, un trot égal et sûr, un tempérament exempt de caprices, d'être faciles à conduire et de ne pas présenter cette faiblesse particulière qui porte beaucoup de che-

CHEVAL TROTTEUR AMÉRICAIN

vaux à se laisser tomber sur les genoux. Ce sont en un mot de bonnes bêtes, capables de fournir une longue et utile carrière et qui, si elles ne possèdent pas le naturel impétueux des pur sang, ont cependant assez d'intelligence pour seconder adroitement leur maître; elles sont douées en général d'une mémoire singulière et d'un instinct très sûr, à tel point que le voyageur qui ne reconnaît pas sa route, ou hésite à choisir entre des chemins inconnus et souvent dangereux, peut sans crainte se fier à son cheval et le laisser se diriger suivant des indices connus de lui seul.

Les Américains ont réussi à obtenir par l'élevage une race de *trotteurs* doués de qualités remarquables. Le trot étant la seule allure appréciée en Amérique, toute l'éducation du cheval est dirigée de façon à lui faire acquérir la vitesse et la résistance nécessaires à cet exercice; aussi leurs trotteurs laissent-ils bien loin derrière eux leurs congénères européens.

Les avis sont assez partagés en ce qui concerne le plus ou moins d'intelligence des chevaux en général; les uns assurent qu'ils en possèdent une haute dose, les autres prétendent qu'ils en sont à peu près dépourvus. Cependant on raconte maintes anecdotes qui semblent donner raison à la première de ces deux opinions; nous en citerons quelques-unes.

Le propriétaire d'un verger s'étonnait de voir disparaître bon nombre de ses fruits sans pouvoir retrouver les moindres traces de voleurs; enfin, après bien des recherches, il finit par découvrir que ceux-ci n'étaient autres qu'une jument et son poulain qu'on avait enfermés dans l'enclos. La mère, attirée par le bel aspect des fruits, n'avait pas tardé à trouver le moyen de se les procurer; elle se dressait sur ses pieds de derrière, appuyait les autres au tronc d'un arbre et le secouait jusqu'à ce que les pommes ou les poires les plus mûres, et par conséquent les meilleures, s'en détachassent pour tomber sur le sol: les deux gourmandes bêtes n'avaient plus que la peine de les ramasser et de les manger.

Un cheval, non moins ingénieux que ceux-ci, avait remarqué la manière dont fonctionnait la fontaine placée dans la cour de son écurie et,

CHEVAL DE CLEVELAND OU CHEVAL DE TRAIT

lorsqu'il avait soif, allait lui-même y puiser l'eau dont il avait besoin ; il savait fort bien tourner le robinet avec ses dents, et prenait grand soin de le refermer lorsqu'il avait suffisamment étanché sa soif. Un autre cheval usait du même procédé, mais, moins intelligent ou moins soigneux, ne comprenait pas l'utilité de refermer le robinet et laissait l'eau couler à volonté après son départ.

On donne le nom de Cleveland à la race des *chevaux de trait*, parce que les meilleurs d'entre eux descendent d'une espèce particulièrement répandue dans le pays de ce nom. Ils ont besoin de moins de force que les chevaux appelés à traîner des véhicules lourdement chargés ; on recherche surtout en eux un port noble et élégant, dû en partie à la courbure gracieuse de leur cou, ainsi qu'un pas léger et sûr.

Le cheval de trait peut être mené à une vive allure et fournir de longs parcours, mais il est incapable de résister à l'effort pénible et continu qu'exige le transport des fardeaux pesants et ne saurait travailler plusieurs jours de suite sans de longs intervalles de repos.

Son existence, qui pourrait paraître fort enviable à des chevaux de condition plus modeste qui peinent durement chaque jour, n'est pas cependant exempte de mauvais côtés ; ses pieds délicats supportent souvent assez mal le contact violent du dur pavage des rues et, pendant les stations quelquefois prolongées qu'il fait pour attendre ses maîtres, il souffre des intempéries des saisons, car sa poitrine est assez délicate.

Aussi doit-on prendre autant de soins pour conserver ces chevaux en bonne santé que pour les élever convenablement. En réalité, ils tiennent beaucoup des chevaux de chasse, avec lesquels le plus souvent ils sont fortement alliés ; ils sont seulement plus élevés de taille, plus vigoureux et de formes plus amples. On reconnaît les meilleurs chevaux de trait à certains caractères assez difficiles à discerner pour qui n'est pas connaisseur en cette matière ; leur croupe doit être large et bien proportionnée, leurs genoux articulés d'une façon particulière, leurs pieds bien posés sur le sol.

CHEVAL DE SUFFOLK

Le véritable *cheval de Suffolk* est presque introuvable aujourd'hui, car tant d'autres races se sont mêlées à la sienne que son individualité a disparu à peu près par ces mélanges successifs.

Tel qu'il est cependant, c'est un des types les mieux doués pour fournir un travail de force avec continuité; aussi entre-t-il le plus souvent dans la composition des attelages destinés aux fardiers. Il est facile de se rendre compte de sa puissance, rien qu'en observant la façon dont il s'arc-boute sur les genoux, en pesant de tout son poids sur le collier, quand son conducteur donne le signal du départ; ses épaules basses et larges, sa croupe puissante sont de taille à résister à ces efforts considérables; de plus, il est doué d'une patience tenace et plusieurs tentatives infructueuses ne parviennent pas à le décourager, tant qu'il lui reste assez de forces pour mener sa tâche à bonne fin.

L'union du cheval de Suffolk et du cheval de chasse donne naissance à d'excellents chevaux de trait qui ont la force de résistance de l'un et l'allure vive de l'autre, qualités qui se mélangent heureusement.

Remarquons à ce propos que, toutes les fois que l'on unit des animaux de même espèce mais de races différentes, les caractères physiques des deux variétés mélangées ne subsistent pas toujours dans leurs produits, mais que leurs caractères moraux pour ainsi dire se retrouvent combinés et à peu près intacts. Nous avons déjà noté ce fait à propos, par exemple, du lévrier et du bouledogue, dont le croisement donne naissance à des chiens qui n'ont rien de l'aspect si caractérisé de ce dernier, bien qu'ils participent largement de son naturel hardi et courageux. On pourrait relever d'autres exemples très nombreux qui vérifient cette particularité, et c'est de là d'ailleurs que la science des mélanges de races tire sa plus grande utilité.

Les chevaux propres à effectuer convenablement le transport des fardeaux très lourds, tels que des pierres de taille, des bois de charpente, des pièces de fer, ont une grande valeur, car l'énorme somme de travail qu'ils peuvent fournir a, commercialement, un prix inestimable.

CHEVAL FLAMAND

Le *cheval flamand* se distingue par ses dimensions colossales et sa lourde carrure; il est généralement employé pour le transport des voitures chargées de fûts de bière, travail qui exige des bêtes fortes et résistantes.

C'est un animal assez lent, qui répugne à prendre une allure rapide, même quand il est faiblement chargé; son poitrail est large, ses épaules hautes et épaisses, son corps massif, ses jambes courtes et ses pieds très larges; il est paisible et doux et fournit sans murmure une grande quantité de travail.

Cependant il mène en général une existence relativement douce; sa tâche est lourde, il est vrai, mais régulière, et il est ordinairement bien traité par son conducteur, qui a recours, pour se faire obéir, plus à la persuasion qu'à la crainte; de plus il est bien nourri et bien soigné, afin que son aspect s'harmonise avec la bonne tenue que toute maison de commerce intelligente impose à ses équipages.

C'est aussi pour cette raison qu'on apprécie sa haute taille, les voitures qui transportent des marchandises étant d'ordinaire longues et larges.

Il existe cependant quelques variétés du cheval flamand dont les dimensions sont plus faibles, tandis qu'au contraire leur résistance est plus forte et leur allure sensiblement plus rapide.

Le cheval flamand donne naissance, à la suite de divers croisements, à plusieurs sortes de *chevaux de charrette*, toutes douées d'une force de résistance considérable et de muscles puissants; l'aspect général reste sensiblement le même, un peu lourd et dénué de vivacité. Cependant certaines espèces sont suffisamment affinées pour servir de chevaux de trait ou même de monture.

Un des meilleurs chevaux, pour les travaux qui n'exigent pas un déploiement de forces trop considérable, est le cheval de Clydesdale, ainsi appelé du nom de la localité anglaise qui lui a tout d'abord donné naissance. Au sang flamand qui coule dans ses veines, il doit des formes plus massives et une taille plus élevée que celles du cheval de Suffolk; aussi est-il capable de fournir sans fatigue un effort de quelque durée, grâce à sa vigueur et à sa patience inaltérable; il est d'ailleurs d'un naturel doux et tranquille et rend de grands services pour les charrois pesants qui se font à une allure assez lente.

PONEY DE SHETLAND

Les *poneys* sont différents des chevaux par leur petite taille et la pétulance de leurs mouvements. Celui que nous voyons représenté sur la gravure ci-jointe est un *poney de Shetland*, qui vit à l'état sauvage dans les îles voisines du nord de l'Écosse. C'est un petit animal étrange et charmant, avec sa tête fine, son cou robuste et bien arqué, sa queue opulente et l'épaisse crinière qui couvre ses épaules et retombe sur son front.

En dépit de ses proportions exiguës, il est doué d'une grande vigueur et peut porter un cavalier sans fatigue apparente ; cependant on l'attelle plus volontiers à de légères voitures de fantaisie qu'il traine avec une impétuosité pleine de grâce et de caprices.

Ce sont les poneys qui trainent ordinairement ces élégants véhicules de vannerie connus sous le nom de charrettes anglaises et d'un emploi agréable et commode à la campagne ; ce sont eux également qui servent ordinairement de premières montures aux enfants qui commencent très jeunes à apprendre l'équitation. Dans l'un ou l'autre cas, leur petite taille les rend mieux aptes que les chevaux à remplir un rôle qui n'exige pas beaucoup de vigueur.

Les petits chevaux corses, si vifs et si ardents, sont de tous points analogues aux poneys d'Écosse. L'élevage des chevaux est assez florissant en France, et on cherche avec raison à l'encourager par tous les moyens possibles, car c'est une véritable source de richesse pour un pays, étant donnés la grande valeur qu'acquièrent les chevaux de luxe et les éminents services que peuvent rendre les autres. C'est dans ce but que l'on a organisé les courses périodiques, institution dont l'utilité était, au début, très sérieuse et dont on a fait malheureusement un abus regrettable en les transformant en simples agences de paris.

C'est à la Normandie que revient le privilège d'élever et de dresser les meilleurs chevaux de courses ; ses riches pâturages sont pleins de jeunes poulains qui grandissent là dans d'excellentes conditions, et les courses de Caen, de Deauville, de Dieppe et d'autres villes normandes attirent toujours un grand nombre de sportmen et d'amateurs.

Les départements du Nord et du Pas-de-Calais nous fournissent d'excellentes bêtes de trait, chevaux flamands ou boulonnais, dont la vigueur fait le plus grand prix, et que l'on exporte un peu partout comme lardiers.

Pour les travaux moins pénibles et qui exigent moins de force, on recherche surtout les chevaux du Perche ou des Ardennes ; ceux de la Bretagne et des Landes ont aussi leur valeur, bien qu'ils soient plus délicats et plus nerveux. Les chevaux du Limousin sont également très estimés.

ANE

Les origines de l'âne ne sont pas connues d'une manière évidente, car les ânes sauvages que l'on trouve encore dans certaines contrées semblent descendre d'animaux que le hasard a enlevés à la vie domestique pour les rejeter dans l'existence primitive, dont l'homme les avait tirés.

Il y a plusieurs espèces d'ânes qui diffèrent légèrement les unes des autres suivant les pays qu'elles habitent. Ainsi l'âne d'Espagne est bien supérieur comme taille à son frère anglais et, d'une façon générale, ceux qui vivent sous un climat rigoureux ont un pelage bien plus fourni et plus laineux.

On ne s'explique guère la mauvaise réputation dont l'âne est généralement gratifié, ni la façon injuste et brutale dont on agit le plus souvent avec lui; c'est au contraire un animal doux et patient, assez robuste pour suffire à des travaux pénibles, doué d'une grande force de résistance, et fort peu exigeant sous le rapport des soins et de la nourriture. Son entretien est bien moins dispendieux que celui du cheval, et sa santé moins délicate, raisons qui, jointes à son modeste prix d'achat, permettent aux plus humbles de s'assurer ses services. On lui reproche ordinairement un caractère nonchalant et entêté; il accomplit cependant de dures besognes avec un grand courage, mais on lui impose souvent un fardeau au-dessus de ses forces; s'il refuse alors d'obéir, c'est qu'il est impuissant à le faire, et les coups dont on le gratifie en pareils cas sont aussi inutiles qu'immérités.

C'est sans plus de raison que le nom de cet animal est devenu synonyme de bêtise et d'ignorance. L'âne possède une dose très suffisante d'intelligence et, quand il est élevé avec douceur et entouré de soins, il devient pour ses maîtres, non seulement un serviteur dévoué, mais un compagnon agréable et docile; ce sont les mauvais traitements et la vie pénible auxquels il est trop souvent soumis qui l'abrutissent et lui font perdre ses gentilles qualités.

Nous avons dit que l'âne rendait de grands services aux petits cultivateurs, aux marchands ambulants, à tous ceux qui ont besoin d'une bête de somme pour les aider dans leur travail et qui ne peuvent s'offrir le luxe d'un cheval. Dans certains pays même, ce dernier serait de peu d'utilité, soit que le climat ou la nourriture ne conviennent pas à son tempérament, soit que

ONAGRE

les routes ne soient pas praticables pour lui ; c'est le cas de beaucoup de régions montagneuses où l'âne seul peut vivre et travailler sans difficultés.

Il est très répandu également dans les contrées orientales, l'Égypte en particulier. Les ânes du Caire sont célèbres pour leur vigueur, qui n'est pas diminuée par leur petite taille, et par l'usage constant qu'en font les habitants de cette ville.

Enfin il est tout désigné par son humeur paisible pour servir de monture aux enfants ou d'attelage aux personnes peu expérimentées dans l'art de conduire un cheval.

Par son union avec le cheval, l'âne donne naissance au *mulet* qui, réunissant les qualités des deux races, possède la force et l'agilité de l'un, l'endurance et la sûreté d'allures de l'autre ; il est au moins de la taille du cheval et porte les longues oreilles de l'âne.

Les *mules espagnoles* sont renommées pour leur élégance, et les *mulets du Poitou* pour leur vigueur.

L'*onagre* est une sorte d'âne sauvage qui habite la Mésopotamie, la Perse, les bords de l'Indus et autres pays avoisinants. Il est de taille moyenne ; son pelage, brun clair, est marqué d'une bande noire le long de l'épine dorsale ; en hiver, il prend une teinte grisâtre.

Il vit par troupes nombreuses, sous la conduite d'un chef qui se charge d'assurer la sécurité et le bon ordre de la communauté. Ces bandes descendent dans les plaines au commencement de l'hiver, mais dès que le printemps s'annonce, elles regagnent les régions montagneuses qui conviennent mieux à leur caractère indépendant et sauvage. Là, elles sont à l'abri des atteintes de leurs ennemis, car elles seules peuvent parcourir sans danger ces chemins escarpés dont tous les détours leur sont familiers.

Les chasseurs indigènes se lancent souvent à la poursuite de l'onagre dont la chair fournit un mets très estimé ; ils ne parviennent à l'atteindre qu'après de grands efforts, car son agilité est fort grande et il peut lutter avantageusement avec les chevaux et les chiens les mieux doués sous ce rapport.

TAPIR

En dehors des animaux, presque tous domestiqués, dont nous venons de parler, les jumentés comprennent encore un certain nombre de membres qui n'ont jamais été apprivoisés : ce sont les *tapirs* et les *rhinocéros*.

Les premiers se distinguent par le développement excessif de leur lèvre supérieure qui forme comme un rudiment de trompe; chez les espèces fossiles dont on a retrouvé des fragments, cette disposition était encore plus marquée et leur aspect rappelait celui de l'éléphant.

Les tapirs ont le corps lourd et disgracieux, la peau épaisse et presque dépourvue de poils, la queue à peu près nulle.

Le *tapir commun* est originaire de l'Amérique et habite les forêts qui couvrent la partie voisine de l'équateur; il recherche surtout la proximité des fleuves, car il est grand amateur de natation et plonge avec la plus parfaite aisance.

C'est, du reste, sa meilleure ressource contre des adversaires plus puissants que lui, tels que le jaguar, qui en vient facilement à bout sur terre, mais ne peut le suivre dans l'eau.

Grâce à la peau épaisse dont il est revêtu, le tapir a la facilité de se mouvoir à travers la végétation touffue et envahissante des forêts vierges, sans être incommodé par les branches ou les épines; il court ordinairement en baissant la tête en avant comme le sanglier.

C'est un animal inoffensif quand on ne l'attaque point, mais fort capable de se défendre au moyen de ses dents puissantes si on le poursuit de trop près. L'odorat, la vue et l'ouïe sont chez lui également bien développés; sa voix se fait entendre, assez rarement d'ailleurs, sous forme d'une sorte de gémissement.

Il se nourrit de jeunes pousses d'arbres et de fruits sauvages, tels que les gourdes et les melons qu'il va chercher pendant la nuit, car durant le jour il dort ou se tient caché à l'ombre des bois; il parcourt de grandes étendues sans se laisser arrêter ni par les accidents de terrain, ni même par les rivières.

Le tapir adulte est d'un brun uniforme; mais le pelage des jeunes est strié de bandes et de taches d'une teinte fauve; son cou est garni d'une courte crinière noire, dressée verticalement. Les rares essais de domestication faits à son sujet ont réussi assez bien. Il conserve en tout temps une humeur paisible et se montre très sociable, au point même d'en devenir encombrant, car les familiarités par lesquelles il témoigne son affection sont plutôt gênantes de la part d'un animal presque aussi gros qu'un âne.

TAPIR BLANC INDIEN

Le *tapir de Malayan*, ou *tapir indien*, habite plus spécialement Sumatra et la presqu'île de Malacca; il est un peu supérieur comme taille au tapir commun et présente un étrange aspect, car la partie postérieure de son dos et de ses flancs est complètement blanche, tandis que le restant du corps est de teinte foncée. Chez les jeunes animaux, la disposition du pelage est encore plus bizarre et présente un bariolage compliqué de raies et de taches alternativement fauves et blanches.

Le tapir indien a la trompe assez développée et point de crinière; ses habitudes sont sensiblement les mêmes que celles des autres variétés; cependant, il n'aime pas beaucoup le contact de l'eau et préfère suivre le bord des fleuves sans essayer d'y nager.

On l'aperçoit rarement, même dans les contrées où il est le plus répandu, car son naturel sauvage le porte à vivre de préférence au fond des forêts inexplorées. Les indigènes emploient sa dépouille à différents usages, mais font peu de cas de sa chair qui est sèche et sans goût.

Comme il est facile de s'en rendre compte en jetant un simple coup d'œil sur les deux gravures ci-jointes, les deux ou trois variétés de tapirs que nous connaissons présentent sensiblement le même aspect général, en tenant compte bien entendu des différences de coloration dans le pelage, différences qui, si grandes soient-elles, n'ont jamais qu'une importance secondaire au point de vue de la structure d'ensemble.

Cet examen permet de faire encore une autre remarque; c'est que ces animaux participent à la fois des éléphants et des jumentés, et présentent certaines ressemblances avec les uns et les autres. Des premiers, en effet, ils ont la peau épaisse et rugueuse, véritable carapace qui ne se laisse entamer qu'avec la plus grande difficulté; ils en ont aussi les formes massives, la croupe arrondie, le pas pesant. En revanche, la courbure de leur cou est plus souple et plus élégante; enfin la forme générale de leur tête, abstraction faite de tous les détails, et notamment du museau, rappelle grossièrement celle du cheval.

RHINOCÉROS INDIEN

Les *rhinocéros*, autrefois répandus sur les diverses parties du globe, existent encore en abondance dans l'Hindoustan et les îles qui en dépendent et dans certaines régions de l'Afrique. Leur signe distinctif le plus connu est l'étrange excroissance en forme de corne qui orne leur nez et qui, bien que très résistante, est dépourvue de matière osseuse; elle est encastrée dans la peau, sans connexion intime avec le crâne, de façon à ce que le cerveau ne souffre point des chocs qu'elle est appelée à éprouver, puisqu'elle est offensive et défensive.

La peau des rhinocéros forme sur leur corps une multitude de plis; elle est si épaisse que les indigènes l'emploient à la confection de leurs boucliers; on la travaille avec beaucoup de soin et l'on parvient à en faire des sacs de dames, des portefeuilles, des carnets, des porte-monnaie, non seulement d'une solidité à toute épreuve, mais d'un très bel aspect et qui, du reste, coûtent très cher.

Les rhinocéros vivent de préférence sur les rives des fleuves qui traversent les vastes forêts de l'Inde et de l'Afrique; ils prennent plaisir à s'ébattre dans l'eau et même à se rouler dans la vase dont ils sont parfois entièrement couverts; peut-être cherchent-ils à se protéger par ce moyen contre les rayons brûlants du soleil et la piqûre des moustiques. Ils ont la vue assez défectueuse, mais y suppléent par l'ouïe et l'odorat qui sont très développés.

Le rhinocéros est d'humeur brutale et sauvage; il mène une vie solitaire et se livre parfois, sans raison apparente, à de violents accès de rage; il tourne alors sa colère contre les animaux qui ont la mauvaise chance de se trouver sur son passage, et les maltraite rudement à grands coups de corne.

Le *rhinocéros indien* est remarquable par les énormes replis de peau qui lui pendent sur les épaules et sur les flancs; l'épiderme de l'abdomen est beaucoup plus sensible et c'est là que les insectes, si nombreux dans les marécages avoisinant les fleuves des tropiques, l'attaquent de préférence.

Sa couleur, assez pâle dans le jeune âge, devient plus tard d'un brun très foncé, légèrement rougeâtre quand il est mouillé. La corne qu'il porte sur le nez est large et courte, assez forte pour lui permettre de lutter, à armes égales, contre l'éléphant lui-même, ce géant en apparence inattaquable.

RHINOCÉROS BICORNE

L'espèce la plus connue en Afrique est celle du *rhinocéros bicorne*, qui porte une excroissance assez longue, légèrement recourbée en arrière et, plus près du front, une autre corne courte et conique ; sa lèvre supérieure est extensible et dépasse toujours de beaucoup la lèvre inférieure ; ses yeux sont petits et très enfoncés ; de plus, la vision est gênée par les protubérances du nez, de sorte qu'il ne peut distinguer nettement les objets placés juste en face de lui. Néanmoins, il est peu facile de le surprendre, car il est toujours aux aguets et, même en mangeant, né cesse d'inspecter l'horizon. Il se nourrit exclusivement de végétaux, de pousses d'arbres qu'il brise d'un coup de dents et de racines qu'il déterre à l'aide de sa corne.

Le rhinocéros africain est aussi sauvage que son congénère asiatique ; en dépit de sa lourde stature, il a les mouvements rapides et sûrs et comme d'autre part il est doué d'une force considérable et muni d'une arme solide, il est très redouté des bêtes et des gens. Il prend souvent l'offensive sans aucune provocation et, s'il est blessé, devient tout à fait furieux. Enfin la plupart des armes n'ont point de prise sur sa peau qui est lisse et non disposée en feuillets, mais très épaisse. Les rhinocéros ne s'épargnent même pas entre eux et se livrent souvent des combats acharnés.

C'est principalement durant la nuit qu'ils prennent part à ces luttes gigantesques ; car ils passent la majeure partie des heures brûlantes du jour endormis dans quelque retraite obscure, et gardent pendant leur sommeil une immobilité si complète, qu'on les prendrait volontiers pour d'énormes blocs de rochers écroulés sur le sol. Dès que la température est devenue plus supportable, ils se secouent et partent en expédition pour chercher la nourriture à leur convenance.

La chair de ces animaux est susceptible de servir à l'alimentation, surtout dans un pays où l'on est forcé de ne pas se montrer trop difficile sous ce rapport ; néanmoins, elle est assez coriace et possède une saveur amère et peu appétissante, due sans doute au régime qu'a suivi la bête. Celle des rhinocéros blancs, qui se nourrissent exclusivement d'herbes, est de beaucoup meilleure ; elle est plus tendre d'abord, et a surtout un goût bien plus délicat.

RHINOCÉROS KEITLOA

Le *rhinocéros keitloa* est également pourvu de deux cornes, mais elles sont toutes deux assez longues et de forme analogue; son cou est relativement long et sa lèvre supérieure très développée. Il est plus grand et plus vigoureux encore que celui dont nous venons de parler et, comme il ne lui cède en rien sous le rapport de la férocité, ses attaques sont des plus dangereuses. Il les répète coup sur coup avec une grande rapidité qui ne laisse pas à son adversaire le temps de reprendre haleine et telle est sa force de résistance que, blessé mortellement, il trouve encore assez d'énergie pour continuer la lutte jusqu'à ce qu'il tombe définitivement vaincu.

En dehors de ces deux variétés, connues aussi sous le nom de rhinocéros noirs, on trouve en Afrique des rhinocéros blancs qui sont d'une taille bien supérieure encore; heureusement ils sont aussi d'un naturel plus paisible et, même lorsqu'ils sont blessés, cherchent plutôt à échapper par la fuite qu'à entamer une lutte directe.

Cependant il leur arrive quelquefois de prendre l'offensive, probablement lorsqu'ils ont des petits à défendre, et ils sont alors plus redoutables que les rhinocéros noirs. Ce fait est confirmé par un explorateur africain qui faillit un jour être victime d'une attaque de ce genre. Il revenait d'une chasse à l'éléphant, monté sur un excellent cheval, lorsqu'il aperçut un rhinocéros blanc à une courte distance devant lui; cette proie superbe le tenta et il s'approcha de l'animal pour lui envoyer une balle, qui malheureusement manqua son but. Au grand étonnement du chasseur qui, connaissant les habitudes de cette espèce, s'attendait à voir la bête s'enfuir au plus vite, elle se retourna et, résolument, marcha sur lui : il voulut lui échapper en forçant son allure, mais son cheval, probablement déconcerté par la rapidité de cette scène, hésita à lui obéir, si bien que le rhinocéros, d'un formidable coup de corne, envoya rouler à terre la monture et le cavalier. Celui-ci, cette fois, se crut bien perdu, et il l'eût été en effet si son adversaire, trouvant sans doute la vengeance assez forte, ne s'était éloigné sans plus s'occuper de lui.

HIPPOPOTAME

PORCINS

Les porcins se rapprochent déjà des ruminants par quelques caractères, notamment par la forme de leurs pieds qui sont fourchus et non point enfermés, comme ceux des jumentés, dans un sabot unique. Ils comprennent plusieurs groupes d'animaux parmi lesquels les *hippopotames* se distinguent par leurs proportions colossales.

Leur corps énorme et disgracieux est supporté par des pattes relativement très courtes et couvert d'une peau noirâtre, fendillée et dépourvue de poils; cette peau laisse toujours transpirer un liquide huileux qui en lubréfie la surface et garantit l'animal du contact de l'eau dans laquelle il passe la plus grande partie de son exis-

HIPPOPOTAME

tence. La bouche est excessivement large et meublée de très grosses dents dont la fonction principale est de broyer les herbes et les jeunes troncs d'arbres dont l'hipoppotame se nourrit. Il est doué d'un grand appétit, qu'expliquent sa taille et la capacité de son estomac : aussi est-il un véritable fléau pour les plantations situées dans le voisinage des fleuves qu'il fréquente. Non seulement il prélève un tribut de tiges et de feuilles en vue de son repas, mais il cause des dégâts plus sérieux encore par son seul passage à travers les champs cultivés : sa masse pesante et le volume considérable de son corps le forcent à s'ouvrir un large chemin, le long duquel les plantes sont broyées, le sol labouré, toute végétation anéantie.

Comme ces animaux vivent souvent en troupeaux nombreux, on comprend qu'il leur suffise d'une nuit pour bouleverser une étendue de terrain considérable. Aussi les planteurs s'efforcent-ils de les détruire au moyen de pièges. Quand ils parviennent à en capturer un, c'est un double gain pour eux : ils se débarrassent d'un animal nuisible et tirent profit de sa peau très estimée dans le commerce, de ses dents dont l'ivoire n'est pas à dédaigner et de sa chair qui fournit un mets délicat.

L'hippopotame, par ses habitudes, est presque un animal aquatique : il peuple les immenses fleuves africains, de préférence dans les parties où le courant est peu prononcé, se meut dans l'eau avec la plus grande facilité, nageant, plongeant ou se laissant porter, endormi, à la surface. Les mères portent leurs petits sur le dos jusqu'à ce qu'ils soient assez expérimentés pour se mêler aux ébats de leurs compagnons. Ils accompagnent leurs exercices de mugissements profonds.

Ces énormes bêtes ne sont pas, heureusement, d'un caractère agressif : elles vivent paisiblement par troupeaux de vingt ou trente et, si on ne trouble pas leurs habitudes, ne cherchent querelle à personne ; mais quand on les force à se défendre, leur vigueur les rend fort redoutables et plus d'une fois les explorateurs voyageant sur les fleuves d'Afrique ont eu leurs pirogues chavirées ou transpercées par les défenses d'hippopotames dont leur passage avait éveillé la fureur.

Nul animal ne défie avec plus de raisons les poursuites des chasseurs : d'un côté l'épaisseur de sa peau le rend presque invulnérable et il faut beaucoup d'adresse pour l'atteindre aux deux ou trois endroits qui présentent seuls

SANGLIERS

quelque sensibilité ; d'autre part il échappe aux recherches en disparaissant au-dessous de la surface des eaux. Aussi le pourchasse-t-on le plus souvent au moyen du harpon en procédant suivant la méthode usitée pour les grands cétacés ; mais sa chasse est toujours dangereuse et rarement couronnée de succès.

Si les hippopotames sont cantonnés dans certaines régions de l'Afrique, les porcs et les sangliers sont beaucoup plus généralement connus.

Le *porc domestique*, dont on pratique l'élevage dans presque toutes nos campagnes, nous rend en effet les plus grands services ; il est facile à nourrir, car il se contente des débris de toutes sortes qui sans lui seraient inutilisés et il fournit d'excellents produits comestibles ; sa chair est particulièrement propre à être conservée sans rien perdre de ses qualités, et le porc salé, le lard, le saucisson sont de grandes ressources dans les villages où l'on n'a pas de viande fraîche à sa disposition.

Cependant cet animal si utile est calomnié presque toujours ; on lui reproche sa malpropreté qui n'est qu'une conséquence des mauvaises conditions dans lesquelles on l'oblige à vivre ; quand on le laisse libre de sortir et qu'on lui assure un gîte convenable, il prend au contraire le plus grand soin de sa personne.

Enfin son intelligence serait tout aussi grande que celle de bien d'autres animaux, si on s'attachait un peu plus à la développer ; ainsi les porcs que l'on emploie à la recherche des truffes et que l'on dresse à cet effet témoignent d'un instinct très délicat et très sûr.

Le *sanglier* n'est autre chose qu'un porc sauvage ; il a les mêmes formes lourdes et gauches, le même cou massif, la même tête au museau allongé, comme pour lui permettre de pénétrer plus facilement à travers les fourrés des bois qu'il habite de préférence. Son corps est couvert de poils durs et raides, sa bouche est pourvue de défenses assez fortes ; elle prend le nom de hure.

Le sanglier est encore assez commun dans certaines contrées forestières ; il y cause de grands dommages en brisant les jeunes arbres sur son passage et en les dépouillant des parties tendres qui servent à son alimentation. Aussi, quand sa présence est signalée, on organise contre lui des battues qui ne sont pas sans danger. Lorsqu'il est acculé et forcé de défendre sa vie, il se retourne pour faire face à l'ennemi et souvent nombre de chiens périssent, éventrés par ses défenses, avant qu'on puisse venir à bout de lui ; les chasseurs doivent prendre de grandes précautions pour se garantir de ses coups et ne réussissent pas toujours à les éviter.

Cette chasse était autrefois réputée comme une des plus dangereuses parce qu'on la pratiquait à l'arme blanche ; on comprend dès lors combien il fallait d'habileté et de souplesse pour choisir le moment le plus favorable et en profiter pour porter à l'animal un coup mor-

BABIROUSSA

tel ; car, si on lui laissait le loisir de revenir à la charge, on courrait risque de ne pouvoir échapper à ses coups. Avec les armes perfectionnées dont on dispose aujourd'hui, il est plus facile d'atteindre le sanglier tout en demeurant hors de ses atteintes ; cependant on hésite quelquefois à tirer sur lui parce que les chiens l'entourent ordinairement de tous côtés, et se confondent si bien avec lui qu'on craint de les atteindre en voulant le frapper.

Quelques naturalistes rangent dans une catégorie spéciale une espèce de sanglier, que l'on trouve seulement dans les Indes et qui est supérieure comme taille, comme force et agilité à notre sanglier d'Europe.

Cet animal est fort redouté des populations agricoles, car il exerce de très grands ravages parmi les champs cultivés dans lesquels il s'introduit, et qu'il saccage parfois complètement. Il recherche de préférence les plantations de cannes à sucre, dont il mange la meilleure part ; quant au reste, il le brise sur son passage ou le coupe en morceaux avec lesquels il confectionne une sorte d'abri pour ses petits. La femelle ne cause guère moins de dégâts que le mâle, car si elle est moins vigoureuse elle va plus vite en besogne. Les plantations fournissent au sanglier non seulement la nourriture, mais encore le gîte, car il y trouve bien souvent des cabanes abandonnées, à demi écroulées et tellement en-

vahies par la végétation puissante de ces contrées qu'on ne saurait les distinguer aisément ; il peut donc s'installer à l'intérieur et y demeurer en sécurité, à peu près certain qu'on n'y soupçonnera point sa présence. D'ailleurs, il ne serait pas facile de l'en déloger, car il devient très féroce lorsqu'on l'attaque.

Le *babiroussa* est une sorte de sanglier qu'on rencontre seulement dans quelques îles de l'Océan Pacifique.

Il porte quatre défenses disposées d'une façon très singulière ; celles de la mâchoire inférieure sont redressés comme celles de notre sanglier d'Europe ; mais les deux autres, implantées dans la mâchoire supérieure, traversent la lèvre pour ressortir de chaque côté du nez ; elles sont longues et si fortement recourbées en arrière qu'elles ne peuvent guère servir à la défense de l'animal ; leurs pointes se trouvent rabattues presque sur le front. Le mâle seul possède ces curieux ornements. Sa peau est lisse, à peine couverte de poils rares et courts.

Les babiroussas vivent en troupeaux nombreux dans les parties marécageuses de leur pays ; ils aiment beaucoup l'eau et prennent plaisir à faire de longues courses à la nage. De très grande taille, doués d'une vigueur remarquable, ils sont d'un naturel peu accommodant et infligent souvent de dangereuses blessures aux chasseurs qui les poursuivent.

SANGLIER D'AFRIQUE

Le *sanglier d'Afrique* est non moins redoutable et d'aspect non moins singulier; son corps massif est couvert de poils rudes, ses défenses sont longues et fortes, celles de la mâchoire inférieure dressées verticalement, les autres projetées suivant une ligne horizontale; enfin deux protubérances, placées de chaque côté du nez, achèvent de donner à sa physionomie un caractère féroce que ses mœurs et son caractère ne démentent point. Sa couleur est très variable, brune tachetée de jaune dans son jeune âge, presque noire avec des marques blanches ou fauves quand il devient adulte.

Les sangliers d'Afrique se réunissent pour parcourir les immenses forêts qui leur donnent asile et où ils trouvent une nourriture abondante en brisant les racines et les jeunes arbres. Ils se cachent souvent au fond d'excavations creusées dans le sol, d'où ils surgissent inopinément pour se jeter sur les adversaires desquels ils se croient menacés.

Les Cafres hésitent toujours à s'attaquer à ces terribles adversaires dont ils redoutent avec raison la vigueur et la férocité; de plus, ils prétendent que les blessures occasionnées par eux sont particulièrement dangereuses et fort difficiles à guérir.

Ils auraient cependant plusieurs bons motifs pour chercher à détruire ces animaux; en premier lieu, ils sont très friands de leur chair, goût assez bizarre en vérité chez des peuplades qui se refusent à manger la chair du porc domestique. D'autre part, ces sangliers sont d'un voisinage très dangereux pour les plantations de toutes sortes, ils s'introduisent sans peine à travers les palissades primitives qui entourent les champs cultivés et, une fois installés dans la place, saccagent tout autour d'eux, brisant aussi facilement les arbres de taille moyenne que les plantes plus délicates. Les indigènes, ne pouvant guère lutter avec eux par la force, cherchent à s'en défendre par la ruse; ils pratiquent de place en place, dans les clôtures de leurs domaines, des ouvertures juste assez larges pour donner passage au sanglier; celui-ci s'empresse de profiter de la facilité qui lui est offerte, mais c'est pour tomber dans un piège disposé de l'autre côté et auquel il ne peut guère échapper; dès qu'il est pris, les Cafres, qui se trouvent aux aguets, accourent en grand nombre et achèvent de le mettre à mort. Ses défenses sont ensuite employées en guise d'ornements et s'adaptent à une sorte de collier dont les indigènes se parent avec orgueil.

Le sanglier d'Afrique, comme la plupart des animaux vivant à l'état sauvage, se tient caché pendant le jour au fond de sa tanière, et n'en sort guère qu'à la tombée de la nuit pour se

PHACOCHÈRE

mettre en quête de nourriture. Il a une préférence toute particulière pour un fruit spécial à la flore africaine, dont la grosseur et l'aspect rappellent un peu notre orange, et qui est rempli d'une matière très succulente; les arbres qui portent ces fruits croissent en grand nombre dans les plaines voisines des immenses forêts du Natal; c'est là que les sangliers, lorsqu'ils se hasardent à sortir de leurs fourrés impénétrables, se rendent pour chercher à recueillir les fruits abattus par le vent. Même dans les régions où ils vivent en assez grand nombre, ces animaux se laissent rarement apercevoir; on trouve seulement leurs traces, bien faciles à distinguer des autres, parce que leurs empreintes présentent grossièrement la forme d'une M.

Le *phacochère* est aussi un habitant du continent africain; son pelage grossier est presque noir sur la tête, le cou et le dos, brun foncé sur le reste du corps, excepté sur l'abdomen qui présente une teinte grisâtre.

Il est remarquable par la longueur et la force de ses défenses qui peuvent presque couper un chien en deux d'un seul coup. D'ailleurs il est d'un naturel déterminé et ne craint pas la lutte pour laquelle il est si bien armé. Lorsqu'il est poursuivi, son plus grand soin est de s'assurer de la distance qui existe entre les chasseurs et lui; en effet il ne peut aisément regarder autour de lui à cause de la faible longueur de son cou et des excroissances qui gênent sa vue sur les côtés; il se trouve forcé de lever la tête en l'air et de jeter un coup d'œil par-dessus son épaule pour ainsi dire, ce qui ajoute à la bizarrerie déplaisante de son allure.

Un amateur de chasses mouvementées rapporte une anecdote qui implique de la part du phacochère une assez forte dose de sagacité. Il poursuivait cet animal depuis un certain temps et se croyait sûr du succès, car la bête se dirigeait justement vers le campement et ne pouvait manquer d'être acculée à cet endroit. Cependant, elle ne semblait pas se rendre compte du danger et trottait sans trop de hâte, de telle sorte que cheval et chasseur ne tardèrent pas à l'atteindre. Celui-ci, soupçonnant quelque stratagème et voyant que sa proie se laissait distancer sans manifester de crainte, voulut revenir en arrière pour lui couper la retraite, mais au même moment il se trouva dans un endroit où d'énormes excavations s'ouvraient de tous côtés et, avant qu'il eût pu prendre une résolution, le phacochère s'était enfoncé dans l'une d'elles et avait disparu. Évidemment il connaissait l'existence de ces refuges ignorés du chasseur et avait dirigé sa course en conséquence.

PÉCARIS

Le seul membre de la famille des porcins connu en Amérique est le *pécari*, qui est surtout très répandu au Brésil. Sa taille n'est guère supérieure à celle du porc domestique; sa couleur est d'un brun grisâtre, à l'exception d'un étroit collier blanc qui entoure son cou. Son régime alimentaire est assez varié : des fruits, des grains, des racines d'une part, des reptiles, des oiseaux et leurs œufs de l'autre; il rend par là quelques services en détruisant certains animaux nuisibles à l'agriculture.

En dépit de sa petite taille, le pécari n'est pas un adversaire à dédaigner; ses défenses, courtes et à peine visibles extérieurement, sont armées d'une double pointe tranchante qui rend leur blessure très dangereuse; de plus, il est prompt et hardi dans ses attaques et ne semble craindre aucun ennemi. Cependant cette audace est plutôt le résultat de l'ignorance que du courage car, lorsqu'une bande de pécaris a déjà subi des pertes dans ses rencontres précédentes avec des hommes, elle devient plus circonspecte et préfère la fuite à la lutte ouverte.

Ces animaux se réunissent ordinairement en groupes plus ou moins nombreux; ils cherchent un abri dans les terriers abandonnés ou dans les trous creusés dans les troncs des arbres abattus ou morts; c'est dans ces gîtes que les indigènes les surprennent habituellement et les massacrent sans trop de peine. Leur chair est comestible, bien que son goût prononcé ne convienne pas à tous les palais.

Celle du mâle notamment est souvent immangeable en raison de l'odeur que lui communique la sécrétion d'une glande, appendice qu'il faut d'ailleurs enlever aussitôt après la mort de l'animal si l'on ne veut pas qu'elle infeste le corps tout entier; celle de la femelle est plus délicate et comparable, dit-on, à la chair du lièvre, mais en tous les cas elle est dépourvue de graisse et, par conséquent, fort sèche.

Il existe une autre espèce de pécari, de taille un peu plus forte, et portant le nom de pécari à lèvres blanches, à cause d'une rangée de poils blancs qui surmontent la mâchoire supérieure et couvrent presque la totalité de la mâchoire inférieure. La couleur générale des adultes est un noir brun, mélangé de gris; une mince crinière orne leur cou, et leurs oreilles sont bordées de longs poils raides; les jeunes ont un pelage rayé.

Ces pécaris sont d'un naturel hardi et irritable et causent de plus grands dégâts que leurs petits congénères. Ils se réunissent en grands troupeaux et parcourent de vastes étendues de territoire, ravageant tout sur leur passage, brisant plantes et arbrisseaux et choisissant pour les manger les meilleurs d'entre eux. Ce sont aussi d'excellents nageurs, mais comme ils perdent dans l'eau leurs meilleurs moyens de défense, les Indiens profitent parfois de ce moment pour en massacrer quelques-uns, en les attaquant à l'improviste sans leur donner le temps de regagner la terre ferme.

RUMINANTS

GROUPE DE BŒUFS D'ÉCOSSE

BOVIDÉS

Les *ruminants* comprennent plusieurs familles, dont une des plus importantes est celle des *bovidés*, qui possèdent des cornes plus ou moins développées, mais toutes soutenues par une partie osseuse. C'est parmi eux que nous trouvons un grand nombre de nos animaux domestiques : les bœufs, les moutons, les chèvres, dont l'aspect nous est familier à tous.

TAUREAU DU LANCASHIRE

Les *bœufs domestiques* sont depuis tant d'années soumis à l'influence de l'homme et l'objet de ses soins les plus assidus que leurs mœurs, leur caractère et même leur aspect physique se sont modifiés profondément suivant le pays et les conditions d'existence.

Par l'éducation et des croisements raisonnés, on est arrivé à obtenir un nombre considérable de variétés qui diffèrent les unes des autres sur certains points de détail, tels que la taille, la forme, la longueur des cornes, mais qui présentent toutes les mêmes caractères généraux. On peut donc les étudier en bloc sans se préoccuper des distinctions secondaires; disons seulement qu'il y a des bœufs à longues cornes, d'autres à cornes courtes et d'autres encore qui n'ont pas de cornes du tout.

Peu d'animaux nous rendent autant de services que le bœuf; non seulement sa chair entre pour une grande part dans notre alimentation, et non seulement le lait de la vache, avec le beurre et le fromage qui en dérivent, ont une valeur nutritive appréciée de tous, mais encore cet animal, patient et robuste, nous donne son travail pendant sa vie et les produits tirés de sa dépouille après sa mort.

Dans les temps anciens, le bœuf était l'animal de trait le plus généralement employé; aujourd'hui encore il traîne les chariots pesamment chargés là où les chevaux font défaut ou ne possèdent pas la vigueur nécessaire, et nombre de laboureurs lui font conduire leur charrue. La peau du bœuf fournit un cuir très solide, ses cornes servent à la fabrication de divers objets et ses os sont utilisés dans l'industrie sous forme de dérivés nombreux.

Les bœufs sont de caractère paisible et très faciles à conduire; ils se forment volontiers en troupeaux et reconnaissent l'autorité du plus âgé d'entre eux; ils lui obéissent avec beaucoup de docilité, le suivent où il lui plait de les conduire et ne prennent aucune initiative sans sa permission. D'ailleurs, il suffit de voir avec quelle facilité un chien dirige un troupeau tout entier pour se rendre compte de l'ascendant que l'énergie et la décision exercent sur ces bêtes

TAUREAU DE SUFFOLK

un peu lourdes. Mais, bien qu'elles aient l'esprit lent comme leur allure, il ne faut pas croire qu'elles soient dépourvues d'intelligence ; elles apprennent très vite à connaître leur gardien, à le comprendre et à sympathiser avec lui s'il les traite avec bonté et prend bien soin d'elles. Les vaches surtout sont très attachées et témoignent leur affection d'une manière touchante, en prodiguant des caresses à leur façon.

Dans certains pays où les pâturages naturels sont très abondants et très vastes, on laisse les troupeaux de bœufs s'ébattre librement, après avoir seulement pris la précaution de les marquer au nom de leur propriétaire. Ils vivent là à leur guise, aussi bien que s'ils n'avaient jamais été domestiqués et, ayant beaucoup d'espace devant eux, n'occasionnent aucun dégât. Ce système est surtout pratiqué dans les plaines de l'Amérique ou de l'Australie. En Afrique, les bœufs sont de grande utilité pour les colons boers qui les emploient au transport de leurs chariots, durant les émigrations fréquentes qu'ils accomplissent ; nul autre animal n'aurait la vigueur nécessaire pour traîner les lourds véhicules dans ces régions où les routes sont inconnues et le sol semé d'obstacles qui rendent le travail très pénible.

On donne le nom de *zébu* à l'espèce de bœuf domestique que l'on trouve dans les Indes. Il se distingue par la présence d'une bosse graisseuse assez marquée entre les deux épaules ; de larges replis de peau tombent sur son poitrail, sa croupe est saillante et s'affaisse brusquement à la naissance de la queue, ses jambes sont plus élancées que celles du bœuf.

Le zébu est intelligent et docile et se prête volontiers à tous les services que l'on exige de lui ; c'est un excellent animal de trait, capable d'être attelé à divers véhicules et de les traîner convenablement même à une allure très rapide.

Il est très apprécié comme bête de somme, car sa vigueur lui permet de supporter les plus lourds fardeaux.

Il y a plusieurs variétés de zébus qui diffèrent principalement par leur taille.

Une des plus connues est celle qui porte le nom de *bœuf brahmine*, en raison du culte que les adorateurs de Brahma lui ont voué.

Pratiquant à son endroit, jusqu'à l'absurdité, le précepte religieux qui leur enjoint de traiter

BŒUF BRAHMINE

avec douceur tous les êtres vivants, ils considèrent cet animal comme un personnage sacré.

On peut rencontrer le bœuf brahmine dans
les rues de certaines cités indiennes, marchant
avec la dignité qui caractérise les représentants
de sa race, examinant sans embarras les personnes et les choses qui excitent sa curiosité,
forçant tout le monde à lui livrer passage et, s'il
aperçoit à la devanture de quelque boutique des
denrées à sa convenance, faisant son choix
parmi elles et les consommant sur place sans
que personne songe à s'en formaliser. Bien
mieux, s'il lui prend fantaisie de se coucher en
travers d'une ruelle étroite, comme il y en a tant
là-bas, nul n'osera le déranger, et les passants
se résigneront sans murmurer à prendre un
autre chemin.

Les *buffles* ou bœufs sauvages sont plus grands
et plus vigoureux que leurs congénères domestiques; on en trouve des spécimens dans les
Indes, le nord de l'Afrique et même certaines
parties du sud de l'Europe.

L'espèce indienne est presque toujours pourvue de très longues cornes, habite les contrées
marécageuses et humides et témoigne en toutes
circonstances d'un naturel hardi et agressif.

Ces animaux, soit qu'ils vivent à l'état sauvage,
soit qu'on les ait domestiqués en partie, vivent
en troupeaux, les mâles veillant avec soin à la
sécurité des femelles et de leurs petits. Comme
nous l'avons déjà dit, ils recherchent les rives
des fleuves, principalement quand elles sont
couvertes d'une végétation épaisse qui leur
fournit de l'ombre et un abri tranquille; ils passent de longues heures dans l'eau, ne laissant
voir à la surface que leurs yeux et leur museau,
de telle sorte que des voyageurs non prévenus
ont été surpris par l'apparition soudaine d'un
groupe de ces bêtes dont ils n'avaient point
tout d'abord soupçonné la présence.

Ils aiment aussi à se rouler dans la vase et s'y
enfoncent profondément pour ruminer tout à
leur aise. Les embarcations qui suivent le cours
du Gange, par exemple, tombent parfois au milieu d'un troupeau ainsi occupé qui, d'ailleurs,
ne trouble en rien leur passage, à moins qu'il
n'y soit provoqué; inutile d'ajouter que ses attaques sont alors fort dangereuses.

BUFFLE DU CAP

Le *buffle du Cap* est tout aussi imposant que son congénère indien ; de plus ses cornes, très élargies à la base, couvrent presque tout le front de leur masse, et ses yeux féroces lui donnent un aspect plus sauvage encore.

Le champ de sa vision se trouve rétréci par le volume des cornes, de sorte qu'il voit difficilement derrière lui, et qu'un chasseur prudent peut l'approcher assez facilement, s'il n'éveille son attention par aucun bruit.

Mais quand on engage la lutte avec lui, le buffle est un adversaire des plus redoutables, surtout quand on a affaire à un solitaire qui a longtemps mené au fond des forêts une existence bien faite pour accroître la sauvagerie de son naturel. Même quand il a mis sa victime hors de combat, il prend plaisir à la déchirer à coups de cornes jusqu'à ce que sa colère soit apaisée.

D'ailleurs il est sujet à des accès de rage irraisonnés pendant lesquels il court aveuglément au hasard, au risque de se blesser lui-même aux obstacles qu'il rencontre sur sa route ; des troupeaux entiers sont parfois saisis de cette frénésie singulière et parcourent de grands espaces dans leur galop insensé, passant sur le corps de ceux qui tombent en chemin et ne s'arrêtant que lorsque leurs forces sont épuisées.

Les buffles ne redoutent aucun autre animal ; le lion lui-même est souvent contraint de céder devant les charges formidables qu'ils exécutent contre lui. Quant à l'homme, s'il est bien armé, il peut engager la lutte avec quelque chance de réussite, bien que l'épaisseur de sa peau rende le buffle presque invulnérable. Sa tête est protégée par la masse osseuse des cornes et c'est au défaut de l'épaule qu'on doit s'efforcer de le frapper.

On lui fait sérieusement la chasse, non à cause de sa chair qui n'est guère mangeable, mais dans le but d'utiliser sa peau qui fournit un cuir très souple et très résistant. Les colons du sud de l'Afrique emploient généralement ce cuir à la confection des harnais de leurs bœufs de trait et de certaines parties de leurs chariots qui doivent avoir une grande solidité.

C'est à l'intérieur des forêts qu'il faut poursuivre le buffle, car il s'aventure rarement dans la plaine, sauf pendant la nuit. Dès que le soleil paraît, il retourne se cacher au fond des taillis épais où il peut reposer en sécurité.

AUROCH

Le *bœuf de Java*, par son aspect général rappelle beaucoup notre bœuf domestique, bien qu'il soit plus robuste et plus agile. Il vit dans les vallées boisées de son pays d'origine, en groupes peu nombreux, fort bien organisés, et placés toujours sous la surveillance de sentinelles vigilantes.

Bien que ce bœuf soit d'un naturel sauvage et redoute le contact des hommes, les habitants de Bornéo ont réussi à le domestiquer et à l'employer à divers travaux.

Le *gaur* est, par la taille, un des membres les plus considérables de la famille des bœufs; son pelage est brun foncé, plus pâle chez la femelle que chez le mâle et marqué de quelques taches noires; le bas des jambes est complètement blanc, de sorte qu'on le dirait chaussé de véritables bas; les vertèbres ont une structure particulière qui donne à l'épine dorsale une forme convexe assez prononcée.

Les gaurs forment des troupeaux qui vivent au plus profond des forêts dans une sécurité parfaite, car ni les tigres, ni les rhinocéros, ni même les éléphants n'osent s'attaquer à eux. Ils se tiennent cachés à l'abri des fourrés pendant les heures les plus chaudes du jour et profitent des moments qui suivent le coucher du soleil ou précèdent son lever pour aller pâturer dans les clairières de leur voisinage.

Très prudents et très circonspects, ils s'entourent de sentinelles et prennent de plus la précaution de se coucher en cercle, les têtes en dehors, de façon à surveiller l'horizon de tous les côtés à la fois.

La meilleure manière de les approcher est de prendre un éléphant pour monture, car ils ne se méfient pas de cet animal qui ne les attaque jamais.

D'ailleurs les troupeaux de gaurs sont d'humeur pacifique et peu redoutable; les isolés, qui vivent solitairement dans les bois, sont seuls à craindre car ils se jettent volontiers sur les voyageurs qui passent à proximité de leur retraite et on en a vu bloquer des chasseurs sur un arbre pendant plusieurs heures, jusqu'à ce qu'on vienne à leur secours.

L'*auroch*, autrefois assez connu en Europe, n'existe plus que dans certaines forêts de la Lithuanie qui renferment de vastes marécages où il peut mener l'existence qui lui convient le mieux. Il aime l'eau et, comme les buffles, se roule avec délices dans la vase.

BISON AMÉRICAIN

Sa taille est assez élevée, la crinière emmêlée qui couvre ses épaules et ses cornes courtes mais pointues lui donnent un aspect sauvage qui n'est pas démenti par ses habitudes.

Vigoureux et puissamment musclé, il ne redoute aucun ennemi et lutte même avec avantage contre des bandes de loups affamés. Il préfère éviter le voisinage des hommes et bat en retraite quand il soupçonne leur approche; mais quand il est blessé et contraint à la lutte, il y déploie beaucoup de courage et devient très dangereux. On n'a jamais réussi à le domestiquer en dépit des efforts qui ont été tentés sur de très jeunes animaux.

L'auroch dégage une odeur pénétrante et singulière qui participe à la fois du musc et du parfum de la violette; cette odeur est répandue sur tout le corps, surtout chez les mâles, mais elle s'exhale plus particulièrement sur la peau du front ou de la crinière.

Les *bisons,* qui errent en troupeaux considérables dans certaines parties de l'Amérique du nord, présentent à peu près le même aspect que l'auroch; toutefois leurs poils sont plus épais, plus laineux et plus emmêlés et leur crinière est plus fournie.

Ils sont encore très nombreux, bien que les Indiens d'Amérique en aient détruit des quantités considérables, sans parler des chasseurs de race blanche qui ne dédaignent pas non plus de les poursuivre.

C'est qu'en effet on tire grand profit de leur capture. Leur chair est tendre, savoureuse et digestive, leur graisse est particulièrement estimée et rappelle, paraît-il, la fameuse graisse de tortue; un autre morceau délicat est la masse charnue qui forme une sorte de bosse entre les épaules et que les chasseurs apprécient à l'égal de la langue.

Enfin, la chair du bison se conserve très bien et fournit ainsi des ressources précieuses pour les gens qui voyagent à travers ces régions peu peuplées; on lui fait subir une préparation dont le produit est connu sous le nom de pemmican, ou plus simplement on la découpe en lanières que l'on fait sécher au soleil et qui peuvent ainsi être gardées longtemps sans s'altérer.

D'autre part, la peau de cet animal donne un cuir excellent; les Peaux-Rouges le font servir à de nombreux usages et il entre dans la confection de leurs tentes, de leurs lits, de leurs chaussures et enfin de leurs boucliers. Dépouillé

YAK

de ses poils et convenablement travaillé, il devient imperméable à l'eau, souple et résistant tout à la fois.

La chasse au bison exige un coup d'œil juste et une main sûre; elle ne peut être menée à bien que par un bon cavalier, monté sur un cheval bien dressé et connaissant parfaitement les habitudes du gibier qu'il poursuit. Le chasseur doit choisir un animal parmi tous les autres et manœuvrer avec adresse pour le séparer du reste du troupeau; il se lance alors sur ses traces et tire sur lui sans arrêter la course de sa monture, ce qui exige un entraînement tout particulier, puisqu'il est impossible d'ajuster l'arme avant de tirer. Les Peaux-Rouges sont très adroits à cet exercice, bien qu'ils emploient pour toute arme leurs arcs et leurs flèches.

En dépit de leurs formes massives, les bisons sont très agiles et capables de se mouvoir avec aisance et rapidité sur un sol accidenté qui serait impraticable pour beaucoup d'autres animaux. Ils recherchent, comme tous leurs pareils, les contrées marécageuses et creusent dans la vase d'énormes trous où ils se cachent entièrement, probablement pour se garantir contre les piqures des insectes.

En été ils trouvent une nourriture facile et abondante au milieu des pâturages naturels qui s'étendent sur de vastes étendues de pays, mais en hiver une couche épaisse de neige fait disparaitre toute trace de végétation, et il leur faut écarter cette enveloppe glacée avec leur museau, afin d'atteindre les herbes qu'elle recouvre.

Le *yak* habite exclusivement les plateaux les plus élevés de l'Asie, dans les monts du Thibet, l'Altaï et l'Himalaya. Comme il a été en partie domestiqué, il a subi diverses modifications suivant les climats auxquels il a été exposé et le genre de travail qu'on l'a forcé d'accomplir; aussi en compte-t-on plusieurs variétés.

Le yak noble, par exemple, est un bel et grand animal, à l'allure fière, à la croupe large, vêtu de poils longs et abondants. Sa magnifique queue blanche est très recherchée par les indigènes du pays et employée en guise d'ornement. Au point de vue du caractère, il est sauvage et fantasque, prompt à menacer de ses

BŒUF MUSQUÉ

cornes ou à envoyer de solides ruades avec ses pieds de derrière. Le yak de labour est, comme il convient, d'aspect plus humble que son superbe congénère; sa démarche est moins hardie, son port de tête plus modeste et il est presque entièrement dépourvu des poils touffus et soyeux qui font la beauté du yak noble. Ses jambes sont très courtes relativement aux proportions du corps et ses propriétaires ont la mauvaise habitude de lui couper la queue, le privant ainsi de la plus belle partie de sa personne. Quelques espèces sont noires avec le dos blanc, ainsi que la queue.

Quand il est chargé, le yak a l'habitude de traduire son mécontentement par une sorte de grognement sourd, monotone et mélancolique qui rappelle celui du porc.

Le *bœuf musqué* se distingue par la forme particulière de sa tête et de son museau, la courbure bizarre de ses cornes et la longue et épaisse toison qui tombe de son corps presque jusqu'à terre, et sous laquelle ses jambes disparaissent en partie. C'est grâce à cette opulente parure qu'il paraît de haute taille, car ses proportions réelles ne sont pas très grandes.

Son museau est couvert de poils, à l'exception d'une bande étroite autour des narines. Chez la femelle, les cornes sont simplement recourbées à leur extrémité; mais chez le mâle elles sont très larges à la base, formant sur la tête une sorte de casque osseux, qui s'abaisse brusquement et se redresse ensuite suivant une ligne verticale. Sa couleur générale est brun jaunâtre, un peu plus foncé sur les flancs.

Le bœuf musqué est très agile et défie toute poursuite sur les territoires rocailleux et semés de précipices qu'il fréquente de préférence. Doué de plus d'une vue très perçante, il échappe facilement aux chasseurs et prend même souvent l'offensive pour son propre compte, profitant des efforts que font ses adversaires en se dirigeant à travers les obstacles de son domaine pour s'élancer sur eux et les menacer de ses cornes. Cependant la détonation d'une arme à feu ne l'effraie pas, à moins qu'il n'ait aperçu ou senti celui qui s'en sert. Sa chair exhale une forte odeur de musc, d'où le nom qu'on lui a donné.

On ne trouve cet animal que dans l'extrême nord de l'Amérique, dans les contrées déjà presque voisines du pôle.

BOUQUETIN

Nous en avons fini avec l'importante famille des bœufs; voyons maintenant celle des chèvres et des moutons.

Nous trouvons d'abord parmi eux un animal sauvage, le *bouquetin*, qui habite uniquement les sommets presque inaccessibles des Alpes ou des Pyrénées.

Il est remarquable par la force et la longueur de ses cornes, gracieusement recourbées en arrière et striées de lignes transversales formant des saillies prononcées; chez la femelle elles sont plus petites et plus unies.

Son pelage est brun roussâtre en été et gris brun en hiver; une ligne noire coupe la face et suit la direction de l'épine dorsale; l'abdomen et la face interne des pattes sont légèrement teintés de gris clair.

Les bouquetins forment de petites troupes de cinq ou dix membres au plus, disciplinés sous l'autorité du plus âgé d'entre eux.

Ils sont très défiants et leurs sentinelles, toujours sur le qui-vive, donnent l'alarme dès qu'elles aperçoivent, sentent ou entendent quelque chose de suspect; aussitôt toute la bande détale avec une rapidité incroyable et se réfugie dans la partie la plus élevée de son domaine.

Il n'est point facile d'atteindre ces farouches gardiens des neiges éternelles, car les régions où ils demeurent ne sont accessibles qu'au prix de grands efforts et, s'ils bondissent sans difficulté à travers les rochers et les précipices, il n'en est point de même des chasseurs, si agiles soient-ils.

Enfin, quand on les serre de trop près, les bouquetins, faisant violence à leur naturel craintif, se retournent contre leurs agresseurs et leurs attaques peuvent suffire à leur faire perdre pied dans les passages dangereux. D'ailleurs ils sont doués d'une endurance exceptionnelle et peuvent fuir pendant fort longtemps sans reprendre haleine, et même se passer de nourriture pendant plusieurs jours.

Les *chèvres* se distinguent des moutons par la forme de leurs cornes qui sont rapprochées l'une de l'autre, dirigées en arrière et formant sur le front une espèce de crête assez marquée.

On compte plusieurs variétés de chèvres, parmi lesquelles la chèvre d'Europe nous est la mieux connue; on la rencontre en effet dans les pays les plus divers et elle prend rang parmi les animaux domestiques que l'on trouve dans toutes les fermes, même les plus modestes.

CHÈVRE DE CACHEMIRE

Alerte et vive, elle s'accommode à merveille d'un séjour accidenté et prend le plus grand plaisir à sauter au milieu des rochers et à se dresser contre les arbres dont elle ronge les jeunes pousses avec un appétit insatiable.

Elle a l'humeur nerveuse et fantasque, regimbe volontiers contre les obligations qu'on lui impose. mais se calme ordinairement très vite et, au demeurant, est assez douce et facile à conduire.

Elle ne contribue guère à notre alimentation, car sa chair est coriace et sans saveur; dans certains pays on consomme volontiers les jeunes chevreaux, mais ce mets, s'il est tendre, n'a que fort peu de goût et on s'en lasse vite.

Le véritable produit de la chèvre se trouve dans son lait qui est doué de qualités particulières et avec lequel on fabrique d'excellents fromages. Les chèvres sont particulièrement prisées dans les pays montagneux où elles s'élèvent dans de très bonnes conditions et s'accommodent d'un climat et d'une nourriture dont d'autres animaux se trouveraient beaucoup moins bien.

Parmi les innombrables espèces de chèvres, la *chèvre de Cachemire* est remarquable pour la beauté de ses longs poils soyeux, qui servent à la fabrication des étoffes connues sous le nom de poils de chèvre, et principalement des châles cotés autrefois, quand ils étaient à la mode, à des prix très élevés.

On n'est pas très fixé sur les origines premières du *mouton*, car il n'existe plus depuis bien longtemps aucun exemple d'animal de ce genre vivant en état de liberté. Et cependant on trouve des moutons dans presque toutes les parties du globe, et partout ils sont appréciés en raison du profit que l'on retire de leur élevage. Chaque partie de l'animal, en effet, a sa destination particulière; sa chair est essentiellement comestible et alimente nos boucheries pour une part très importante, ses os sont utilisés pour la préparation de certains produits industriels, sa peau nous fournit du cuir et surtout une épaisse toison frisée qui constitue une fourrure chaude et à bon marché, et dont les poils nous donnent la laine dont nous faisons mille emplois divers.

On comprend que les troupeaux de moutons constituent une des principales richesses d'une exploitation agricole et soient très nombreux dans les pays capables de leur offrir des pâturages.

Bien qu'ils ne possèdent pas le tempérament agité des chèvres, les moutons sont aussi fort agiles et se plaisent à errer librement dans les régions montagneuses; on est surpris de la hardiesse et de la facilité avec lesquelles ils trouvent leur chemin au milieu des terrains les plus accidentés. Mais ils agissent plutôt par instinct que par raisonnement, sont enclins à suivre leur chef de file, quel que soit le but vers

MOUTONS BRETONS

lequel il les entraîne et sans se rendre compte des dangers de la route, de telle sorte qu'un troupeau tout entier peut être ainsi en péril par l'imprudence d'un seul.

Ils sont doux et faciles à conduire; ils obéissent avec beaucoup de docilité aux ordres de leur berger ou même de son chien, à condition qu'on ne les traite pas brutalement; quand ils se révoltent, ils apportent une grande obstination dans leur résistance et il n'est pas facile de les remettre à la raison.

Les variétés de moutons sont extrêmement nombreuses, car les soins dont ils sont l'objet tendent à leur faire acquérir des qualités différentes, suivant les résultats qu'on se propose d'obtenir. Une des plus connues est celle du *mouton mérinos*, qui est originaire de l'Espagne et fournit une laine très fine. C'est là son produit le plus important, car il exige une nourriture très abondante et beaucoup de soins pour atteindre le degré d'embonpoint nécessaire à la qualité de sa chair.

Sa toison est souvent mélangée de noir et tous les efforts des éleveurs tendent à atténuer le plus possible cette particularité nuisible à la valeur de la laine.

Le mâle porte des cornes enroulées en spirales qui existent chez la femelle à l'état rudimentaire.

On trouve en Espagne de nombreux troupeaux de moutons mérinos qui passent l'été sur la montagne, où ils vivent en liberté. Chaque commune envoie un gardien pour surveiller les siens. Dès que les premiers froids se font sentir, ils descendent dans la plaine où ils trouvent un climat plus doux et une nourriture abondante, même en hiver.

Nous avons dit que la laine du mouton mérinos était tout particulièrement estimée; on l'obtient en opérant chaque année sur l'animal adulte une tonte qui le dépouille de sa toison, sans qu'il paraisse souffrir de cette opération si elle est pratiquée au bon moment et dans les conditions voulues.

Bien différents de leurs vigoureux congénères sont les *moutons bretons*, qui se distinguent entre tous par leurs proportions minuscules et la délicatesse de leurs formes.

Plusieurs espèces de moutons étrangers sont remarquables par une tendance très marquée à l'engraissement qui se manifeste surtout à la partie postérieure de leur corps. Chez le mouton de Tartarie, par exemple, cette région est enveloppée d'une énorme masse de graisse qui altère grandement la forme de l'animal; la queue finit par être englobée presque complètement et se distingue à peine du corps.

Chez d'autres variétés, la graisse se dépose au contraire autour de la queue, qui prend ainsi un développement considérable, à tel point que

MOUTON DE VALACHIE

son poids gêne grandement la marche de l'animal et qu'on est parfois obligé de la soutenir artificiellement; tel est le cas du mouton de Syrie et de celui du Cap de Bonne-Espérance.

Ce dernier fournit en outre une fourrure très chaude et de très joli aspect, qui sert à la confection de vêtements confortables et même élégants dans leur genre.

La graisse de mouton est utilisée de diverses manières et entre dans la fabrication de produits variés.

Le *mouton afghan* constitue une espèce analogue à ces dernières et se recommande par les mêmes qualités : graisse fine et abondante autour de la queue, toison délicate et soyeuse dont la laine est employée à faire des vêtements, des tapis et objets du même genre; elle est exportée en grandes quantités.

Le *mouton de Valachie* est originaire de l'Asie occidentale et assez répandu dans la Crète, la Hongrie et le pays dont il tire son nom. Il est remarquable par le magnifique développement de ses cornes, dont la forme diffère un peu suivant les individus, mais qui se dressent généralement en ligne verticale au-dessus du front, déroulant leurs élégantes spirales jusqu'à une grande hauteur. Sa toison est formée d'une couche laineuse, dissimulée sous de longs poils plus raides; la laine est extrêmement fine et sert à confectionner des vêtements assez chauds pour préserver leur porteur contre des froids très rigoureux; les bergers passent toute la mauvaise saison sans autres couvertures que des peaux de moutons encore pourvues de leurs poils.

Une espèce particulière à certaines régions de l'Asie possède jusqu'à trois paires de cornes, les supplémentaires étant beaucoup plus petites, placées sur la partie supérieure de la tête et dirigées verticalement. Cependant les dimensions de ces curieux ornements diminuent de plus en plus à mesure que l'espèce se domestique davantage.

Les *mouflons* appartiennent à la famille des moutons, mais ils vivent à l'état sauvage et sont de plus grande taille que leurs congénères domestiques; on en compte plusieurs espèces habitant, les unes certaines parties de l'Asie, d'autres la Sardaigne et la Corse, d'autres encore

MOUFLON A MANCHETTES

le nord de l'Amérique. Citons aussi l'*argali* de Sibérie qui se distingue par ses proportions voisines de celles d'un petit bœuf et par le développement de ses cornes. Celles-ci, très larges à la base, couvrent tout le front de leur lourde masse, s'abaissent en décrivant une courbe très prononcée, puis se relèvent brusquement en pointe; leur surface présente des cannelures régulières assez profondes.

Cet animal habite de préférence les régions montagneuses et ne descend guère au-dessous du niveau des hauts plateaux de l'Asie centrale et du sud de la Sibérie. Si par hasard il se laisse surprendre dans une vallée où l'appât de quelque gras pâturage l'a attiré, il a vite fait de regagner les hauteurs escarpées où la sûreté de son pied et l'agilité de ses mouvements lui assurent une sécurité à peu près parfaite. Il supporte sans en souffrir la température rigoureuse très fréquente dans ces parages, et s'en garantit le plus souvent en creusant dans la neige une excavation où il se blottit complètement; c'est pendant qu'il repose sans défiance dans ces refuges que les chasseurs parviennent quelque-

fois à le surprendre avant qu'il ait pu prendre la fuite.

Une autre variété de mouflon est connue sous le nom de *mouflon à manchettes*, à cause des poils très longs qui entourent la partie des pattes située juste au-dessus du genou. On l'appelle aussi *argali barbu* parce qu'il ressemble à l'animal précédent et porte en outre une sorte de crinière épaisse qui commence sous le menton et tombe jusqu'aux genoux.

Il est originaire du nord de l'Afrique, dont il habite les régions les plus inaccessibles et par conséquent les plus désertes; on le rencontre surtout dans les forêts des monts Atlas, où il mène l'existence aventureuse et libre qui lui convient, franchissant rochers et précipices avec une hardiesse dénuée de toute crainte.

Ce tempérament actif lui est d'ailleurs nécessaire pour assurer sa subsistance et préserver sa vie dans un pays où mille obstacles rendent la marche difficile et dangereuse. Le mouflon à manchettes est de plus petite taille que l'argali; comme lui, il vit volontiers par groupes peu nombreux.

ANTILOPES

La famille des *antilopes* est fort nombreuse et comprend une grande quantité d'espèces assez différentes les unes des autres ; elles présentent plusieurs caractères généraux uniformes, tels que la structure des cornes, qui sont fixées sur le front au moyen d'une sorte de plaque osseuse,

ANTILOPES OU GAZELLES DORCAS

se dressent verticalement suivant une ligne droite ou affectent la forme d'une lyre. Ces jolies bêtes sont renommées pour l'élégance de leur corps, la grâce et la vivacité de leurs mouvements, l'agilité de leurs pattes élancées terminées par de mignons sabots.

Telles sont les *antilopes ou gazelles dorcas* qui vivent au nord de l'Afrique en immenses troupeaux sur lesquels bêtes fauves et chasseurs prélèvent souvent leur proie.

Aussi ont-elles fort à faire pour se défendre contre ces puissants ennemis; lorsqu'elles sont averties, et il n'est pas facile de déjouer les regards et le flair des sentinelles dont elles s'entourent, elles trouvent leur salut dans la fuite, car nul animal ne peut rivaliser de vitesse avec elles sur les plaines sablonneuses qu'elles parcourent sans effort et sans fatigue. Aussi préfèrent-elles toujours ce moyen à une lutte ouverte dans laquelle elles sont souvent les plus faibles.

Contre les attaques puissantes du lion ou du léopard, elles sont tout à fait désarmées; s'il s'agit d'adversaires moins vigoureux, elles essaient de trouver dans l'union la force qui leur fait défaut isolément; elles se rassemblent en un groupe compact, les plus faibles au centre, les autres formant avec leurs cornes une ligne de défense assez solide pour effrayer et décourager les animaux de petite taille.

Le pelage de la gazelle est fauve sur le dos, brun foncé sur les flancs, blanc sur l'abdomen et le train de derrière; la face est curieusement marquée d'une ligne sombre qui va des yeux à la lèvre supérieure, et d'une bande blanche qui s'étend de la naissance des cornes au museau. Ses yeux sont larges et brillants, remarquables par leur douceur qui correspond bien au naturel craintif de ce charmant animal.

La *gazelle ariel* diffère très peu de la gazelle dorcas; les nuances de sa robe sont plus foncées, le dos prenant une teinte brune assez marquée et les flancs étant presque noirs.

Elle habite la Syrie et l'Arabie, et il n'est pas rare de la voir circuler librement dans les maisons, car son caractère est aussi docile et affectueux que ses allures sont fines et gracieuses. Il faut avoir été témoin de la façon dont elle prend la fuite devant un danger réel ou imaginaire pour se rendre compte de la rapidité et de la légèreté invraisemblables de sa course, quand elle s'élance, la tête rejetée en arrière, les pattes repliées sous elle, à travers les vastes étendues de la plaine ou du désert.

On chasse beaucoup la gazelle, afin de tirer parti de sa chair, qui est très délicate, et de sa peau qui sert à la confection de divers objets. On peut difficilement la rejoindre à la course, bien que l'aide du faucon et du lévrier soit très utile en pareil cas; la surprendre est tout aussi rare; aussi essaie-t-on souvent de la prendre, dans des pièges disposés à cet effet, et analogues d'ailleurs à la plupart des pièges usités contre les animaux sauvages.

PALLAH

Le *pallah* est une sorte d'antilope qui peuple le sud de l'Afrique de troupeaux innombrables. Son pelage est délicatement nuancé, depuis le gris fauve du dos jusqu'à l'éclatante blancheur de l'abdomen et de la partie voisine de la queue, ses pieds sont noirs et un demi-cercle de même couleur, dessiné sur la croupe, le distingue aisément des animaux de la même famille. Ses cornes sont fort longues, leur surface est marquée de cercles régulièrement disposés et elles affectent vaguement la forme d'une lyre.

Le pallah vit ordinairement sous le couvert des forêts, dans lesquelles il trouve en abondance les herbes tendres et les jeunes pousses d'arbres qui composent sa nourriture.

Bien que très doux, il est moins timide que la gazelle et, soit ignorance du danger, soit curiosité, se laisse approcher assez facilement sans prendre l'alarme. Quand il se croit menacé, il s'éloigne aussi prudemment et aussi silencieusement que possible, afin de ne pas éveiller l'attention de son ennemi, prenant bien soin de lever les pattes assez haut pour ne pas heurter les pierres qui se trouvent sur son chemin.

Ces animaux marchent le plus souvent sur une seule file, à la suite les uns des autres, selon un plan bien déterminé dont ils ne s'écartent point, quels que soient les obstacles qu'ils rencontrent en route.

L'Asie possède aussi plusieurs variétés d'antilopes, bien que l'Afrique soit, plus que tous les autres continents, leur terre de prédilection.

L'*antilope des Indes* présente à peu près le même aspect et les mêmes habitudes que la gazelle; son pelage est gris-brun ou noir sur la partie supérieure du corps, blanc sur l'abdomen, la poitrine et le museau; ses yeux sont entourés d'un cercle de même couleur, ses cornes sont très volumineuses relativement à sa taille; elles divergent fortement et sont enroulées en forme de spirale. Elle est agile et fort difficile à surprendre; d'ailleurs on la chasse sans profit, car sa chair est coriace et sans saveur.

Le *tchikara*, qui vit dans le même pays, est caractérisé par la présence de deux paires de cornes; les premières sont courtes et placées juste au-dessus des yeux, les autres, beaucoup plus longues, occupent sur le front la position normale qu'elles ont chez les autres espèces dont nous avons déjà parlé.

GEMSBOK

L'Afrique du Sud renferme, nous l'avons dit, d'innombrables variétés d'antilopes. Citons l'*antilope des marais* qui vit, comme son nom l'indique, dans les roseaux et les hautes herbes qui croissent sur les terrains marécageux; elle s'y tient ordinairement cachée, si bien qu'on peut passer tout près d'elle sans soupçonner sa présence; elle se laisse approcher sans trop de difficultés puis, lorsqu'elle s'aperçoit du danger, bondit hors de sa retraite, s'élance avec un cri plaintif destiné sans doute à invoquer l'aide de ses camarades, puis se retourne à une certaine distance afin de considérer la marche de l'ennemi, et reprend aussitôt sa course rapide. Cependant il n'est pas facile de l'abattre, car elle est douée d'une très grande force de résistance.

Le *gemsbok* est un grand et bel animal qui atteint les proportions moyennes d'un âne, et se distingue de plus par la longueur et la beauté de ses cornes.

Son pelage est gris, marqué de taches assez bizarres : la ligne de l'échine, les flancs et la croupe sont noirs; une ligne de même couleur dessine sur la face une sorte de muselière; sa queue est longue et lisse; une crinière très courte se hérisse sur ses épaules. Ses cornes sont longues et pointues, dirigées en droite ligne d'avant en arrière; elles constituent de solides armes défensives, car en inclinant la tête à droite ou à gauche le gemsbok peut infliger de sérieuses blessures à ses ennemis; il se débar-

rasse ainsi des petits carnivores et ne craint pas, en cas de besoin, d'engager la lutte avec le lion lui-même; les coups qu'il porte sont si violents que ses cornes demeurent parfois engagées dans la blessure, rivant ainsi l'un à l'autre les deux adversaires dont on peut, à grande peine, séparer les cadavres.

Le gemsbok vit dans les contrées les plus arides de l'Afrique, là où il semble qu'un animal de cette espèce ne doive trouver que de faibles moyens de subsistance. Il ne se préoccupe point, comme les autres, de s'assurer le voisinage d'une rivière où il puisse se procurer l'eau nécessaire à se désaltérer; c'est à certaines plantes renfermant une quantité variable de liquide qu'il demande ce service; une sorte de bulbe rempli d'eau, dont l'existence se traduit extérieurement par quelques maigres feuilles, lui est de grande ressource sous ce rapport.

L'*addax* est assez commun dans plusieurs contrées du nord de l'Afrique; contrairement à l'habitude la plus répandue chez les animaux de cette sorte, il vit par couples.

Afin de lui permettre les longues courses sur les plaines de sable, ses pieds sont enfermés dans des sabots larges et plats qui lui assurent une marche légère et sûre. Ses cornes sont longues, légèrement roulées en spirales; la distance qui les sépare à leurs pointes est à peu près égale à leur longueur; leur surface présente des cannelures bien marquées, en forme d'anneaux disposés obliquement.

CHAMOIS

Nous possédons en France, sur les sommets les plus élevés des Alpes et des Pyrénées, une sorte d'antilope, le *chamois*, qui devient malheureusement de plus en plus rare.

C'est une jolie bête, aux formes gracieuses, au pelage fauve légèrement teinté de noir et de blanc, suivant la disposition commune à presque tous les animaux du même genre. Ses cornes noires et polies, rayées longitudinalement, sont courtes, perpendiculaires au front et recourbées à leur extrémité en une sorte de crochet très pointu.

Le chamois fréquente, nous l'avons dit, les régions montagneuses à peine accessibles à l'homme; grâce à sa légèreté et à son adresse, il parcourt sans difficulté les parties les plus sauvages de son domaine, franchit les précipices, escalade les rochers abrupts, descend le long des pentes presque verticales; dans ce dernier cas, il avance avec les pattes de devant et se sert des autres pour ralentir sa marche, au moyen de faux sabots qui s'accrochent à toutes les aspérités du sol et lui permettent de choisir à loisir les endroits où il peut trouver un point d'appui solide.

Néanmoins, il garde difficilement son équilibre sur la surface unie de la glace et n'y chemine que lentement et avec effort.

On comprend que la chasse au chamois exige, pour être menée à bien, une longue expérience, non seulement de ses habitudes, mais aussi du pays dans lequel on doit le poursuivre; c'est une tâche ardue, pleine de fatigues et parfois de dangers, et qui n'aboutit pas toujours à un bon résultat, car ces animaux sont toujours en défiance et ont l'ouïe, la vue et l'odorat si développés qu'ils devinent de fort loin la présence du chasseur et prennent aussitôt la fuite; quand ils ont découvert un objet suspect, ils s'arrêtent pour l'examiner fixement et restent immobiles dans l'attitude qu'ils occupaient précédemment jusqu'à ce que leur curiosité soit satisfaite.

Les chamois vivent en troupeaux, sous la garde des sentinelles qui les avertissent en cas de péril et leur indiquent même, par des cris particuliers, la direction dans laquelle l'ennemi leur est apparu.

En été, les chamois trouvent une nourriture abondante dans les différentes herbes qui croissent jusqu'à une très haute altitude; pendant l'hiver, ils sont forcés de se contenter des bourgeons des quelques arbres qui résistent aux froids les plus rigoureux, tels que les pins, les sapins, le genièvre.

Ces plantes sont presque toutes aromatiques, ce qui donne à sa chair une saveur assez forte. Sa peau fournit un cuir très doux, bien que fort résistant, que l'on emploie surtout en maroquinerie ou pour l'entretien de certains objets délicats.

GNOU

Le *gnou* est un animal africain d'assez grande taille, dont l'aspect diffère sensiblement de celui des autres antilopes; ses allures sont décidées; la crinière qui couvre ses épaules et quelquefois sa poitrine, la touffe épaisse de poils qui surmonte son large museau lui donnent une physionomie presque sauvage; ses cornes sont fortement recourbées, la pointe en avant.

Bien qu'il soit méfiant et farouche, sa curiosité est grande et son caractère irritable. Quand ces animaux réunis en troupeaux prennent l'alarme, ils commencent à agiter en tous sens leurs queues touffues, puis ils bondissent en l'air avec force ruades et soubresauts et décrivent de larges cercles en courant de toutes leurs forces; s'ils se décident à l'attaque, ils s'élancent la tête baissée, les cornes en avant, ployant sur leurs genoux et exécutant toutes sortes de mouvements frénétiques dans les tourbillons de poussière qu'ils soulèvent sur leur passage.

Ils sont si curieux que ce sentiment leur fait souvent oublier leur prudence habituelle; s'ils aperçoivent un objet nouveau, ils s'enfuient d'abord à toute vitesse, mais ne tardent pas à s'arrêter et à se retourner pour l'examiner de loin; puis ils se décident à revenir sur leurs pas, suivant une ligne circulaire, qui les rapproche petit à petit de la chose qui a fixé leur attention.

Les chasseurs connaissent bien cette manière de procéder et attirent parfois le gnou en fixant au bout d'un bâton un morceau d'étoffe de couleur voyante.

On a souvent essayé de domestiquer cet animal et on y a réussi assez bien; mais il est sujet à certaines maladies préjudiciables au troupeau dans lequel on lui fait prendre place et qui, d'ailleurs, l'accueille généralement fort mal.

Cependant, à l'état de liberté, il vit souvent en communauté avec des espèces différentes, telles que le zèbre, l'autruche ou la girafe.

L'*hartebeest* atteint aussi de grandes dimensions; son pelage est gris-brun, marqué d'une ligne noire qui partage la face et suit l'échine dans toute sa longueur; ses cornes, larges à la base, affectent d'abord le contour de la lyre, puis se recourbent brusquement à angle droit, dirigeant ainsi leurs pointes en arrière.

Ces animaux vivent en petits groupes, dans les nombreuses forêts qui couvrent une grande

HARTEBEEST

partie du sol de l'Afrique, depuis le Cap jusqu'à l'Équateur. Ils peuvent parcourir à une allure rapide de longues distances, sans cependant être doués de l'agilité merveilleuse que la plupart des antilopes ont en partage; aussi leurs allures sont-elles plus circonspectes. Quand ils sont contraints de se défendre, ils se précipitent sur leurs adversaires avec impétuosité et usent de leurs cornes en guise d'armes de combat.

Le *sassaby* présente une assez grande ressemblance avec l'hartebeest; son pelage est brun rougeâtre, noir sur le museau et une partie des jambes; ces teintes sont plus ou moins marquées suivant les individus.

Il vit par petits groupes dans les plaines des régions tropicales de l'Afrique, où on lui fait une guerre sérieuse, car sa chair est très estimée; il n'est point d'une prise facile en raison de son caractère sauvage et méfiant.

L'approche de ces animaux est toujours joyeusement accueillie des voyageurs pour un autre motif; à l'inverse de maintes variétés d'antilopes qui puisent dans les racines et les plantes dont elles se nourrissent une quantité de liquide suffisante pour étancher leur soif, le sassaby a besoin de se désaltérer copieusement chaque jour; son apparition indique donc la présence, à une distance peu considérable, de quelque source d'eau où les voyageurs et leurs montures pourront, eux aussi, boire et se rafraîchir à leur gré.

L'*antilope bigarrée* doit son nom aux différentes couleurs qui forment sur sa robe des taches singulières; la teinte rousse y domine, mais les jambes sont mi-partie brun foncé, mi-partie blanches; la face et la partie postérieure du corps sont blanches également; chez la femelle, le blanc s'étend sur le ventre et sur la poitrine et les autres nuances sont moins accusées. Les cornes sont noires, rayées transversalement et cintrées suivant une forme régulière et gracieuse. Ces sortes d'antilopes habitent surtout les environs du cap de Bonne-Espérance, bien que plus au nord on en rencontre des troupeaux plus considérables comme nombre, mais aussi plus espacés les uns des autres.

KOUDOU

Le *koudou* est une des espèces d'antilopes les plus grandes et les plus vigoureuses ; son pelage est d'un gris roux coupé de plusieurs bandes blanches perpendiculaires à l'échine ; ses cornes sont longues et fortes, enroulées en forme de tire-bouchon et striées transversalement ; quand il court, il les rabat sur son dos, afin qu'elles ne s'embarrassent point dans les buissons ou les branches des arbres.

Sur un terrain plat, il peut être chassé sans trop de difficulté avec l'aide d'un bon cheval, car il est moins agile et moins résistant à la fatigue que la plupart de ses congénères ; cependant il est difficile à surprendre, étant d'un naturel très défiant ; ses larges oreilles sont toujours en mouvement pour se rendre compte des moindres bruits qui se produisent dans quelque direction que ce soit. Il vit d'ailleurs, le plus souvent, à l'intérieur des forêts et ne se hasarde guère dans le voisinage des habitations humaines.

La chair du koudou est excellente et la moelle des os est particulièrement appréciée par les indigènes. Quant à sa peau, elle fournit après une préparation convenable un cuir mince et cependant très résistant qui est employé pour la confection des chaussures, des harnais et d'autres objets analogues.

Le *canna* est de proportions encore plus imposantes et sa taille égale celle d'un gros bœuf ; comme son corps est lourd et fortement chargé de graisse, il n'est ni fort agile, ni fort résistant et les chasseurs en ont facilement raison, à tel point qu'ils dirigent sa poursuite à peu près à leur gré, de façon à abattre l'animal assez près de leur campement pour ne pas avoir à transporter au loin cette masse pesante.

Le pelage du canna est gris-brun ; ses cornes sont noires et se développent en droite ligne, la base seule étant enroulée en spirale.

Sa chair est considérée comme un mets des plus fins, car elle reste tendre, tandis que celle des autres animaux africains est le plus souvent sèche et coriace.

Il est doué d'un appétit formidable, même en tenant compte de sa taille, et engloutit des quantités énormes de végétaux ; mais il se passe aisément de boire, même au plus fort des chaleurs, quand il ne trouve pour se nourrir que des herbes si desséchées qu'elles se réduisent en poussière au moindre choc.

NYLGHAU

L'*antilope noire* est ainsi nommée à cause de la teinte foncée de son pelage, marqué seulement d'une ligne blanche le long de l'échine et de quelques points blancs disséminés au hasard; ses cornes sont longues, droites et légèrement contournées, ses oreilles larges et arrondies. La femelle est plus petite que le mâle, de couleur plus claire et dépourvue de cornes. Les antilopes noires vivent par couples et non en troupeaux mais on en rencontre parfois qui vivent isolées.

Ces gracieuses bêtes sont assez nombreuses aux environs de la baie de Delagoa, et cependant il est difficile de les capturer et même de les apercevoir; des voyageurs, familiarisés avec l'Afrique et tous les genres de chasses qui s'y pratiquent, racontent avoir passé des nuits entières à l'affût, sans réussir à surprendre une seule de ces antilopes, bien que les traces de leurs pas fussent abondantes aux alentours. Mais elles sont si avisées que le plus léger bruit suffit à les alarmer et à leur faire prendre la fuite à travers les bois épais où elles trouvent facilement asile.

Les antilopes ne sont pas très communément répandues en Asie; cependant on en trouve sur ce continent quelques espèces, entre autres une fort belle, qui porte le nom de *nylghau*, d'un mot perse signifiant bœuf bleu. La couleur dominante de cet animal est en effet bleu ardoise; sa face est marquée de brun, son long cou est couvert d'une crinière sombre, et de grandes touffes de poils raides retombent le long de sa gorge; ses pattes postérieures sont légèrement plus courtes que celles de devant. La femelle est dépourvue de cornes, elle est de moindre taille que le mâle.

C'est un animal très sauvage qui vit seul ou par couples au fond des forêts et dont on ne s'empare pas facilement; il résiste fort bien à la fatigue et aux blessures et, quand on le serre de trop près, se retourne contre ses adversaires avec une impétuosité et un courage qui rendent ses attaques assez dangereuses. Il suffit parfois d'une chose insignifiante pour exciter sa colère, même quand on le garde en captivité depuis longtemps, et il n'hésite pas alors à se jeter sur la personne qui a provoqué son mécontentement.

D'ailleurs, la chasse au nylghau est surtout intéressante en tant que sport, car on n'en retire que peu de profit.

ÉLAN

CERVIDÉS

La famille de ruminants connus sous le nom de *cervidés* est caractérisée par la structure des cornes qui diffèrent sous tous les rapports de celles des antilopes. Elles sont constituées par des prolongements des os du front recouverts d'une enveloppe de peau qui tombe lorsque les cornes ont atteint leur développement complet; ces dernières, qui portent le titre de *bois*, sont ramifiées de différentes façons et tombent chaque année pour repousser peu de temps après. Les femelles ne portent pas de bois, sauf chez les animaux de l'espèce du renne.

Un des membres les plus importants de cette tribu est l'*élan*, qui se distingue par ses proportions colossales et ne termine pas sa croissance en moins d'une quinzaine d'années. C'est un animal à la stature imposante, au pelage sombre, au museau large, dont la tête est surmontée de cornes élargies en forme de palmes et d'un tel développement qu'on s'étonne au premier abord que la tête en supporte le poids.

Bien que ses allures ne semblent pas empreintes d'une grande aisance, l'élan peut fournir des courses prolongées et rapides; sa marche ordinaire est un trot allongé qui lui permet de franchir à chaque pas une grande distance grâce à la longueur de ses pattes; aucune difficulté ne l'arrête et il avance avec la même vitesse sur un sol accidenté et semé d'obstacles qu'un cheval aurait grand'peine à franchir; il traverse les fourrés les plus épais sans être embarrassé de la masse de ses cornes qu'il rabat sur son dos de façon à ce qu'elles ne s'accrochent pas sur son passage; c'est aussi un excellent nageur. Ses sens sont très développés et le moindre bruit qui frappe son oreille, la plus faible émanation qui impressionne son odorat suffisent à lui faire prendre la fuite.

En dépit de la difficulté que, pour ces différentes raisons, sa capture offre aux chasseurs, ceux-ci lui font une guerre acharnée, car ils tirent grand profit d'une pareille proie.

Sa chair est particulièrement estimée, surtout le museau; on la consomme moins à l'état frais que fumée, comme le jambon. Ses cornes sont employées de diverses manières et sa peau est si résistante qu'elle sert à confectionner des vêtements presque impénétrables aux balles.

L'élan habite la partie septentrionale de l'Europe et de l'Amérique.

CERF WAPITI DU CANADA

En Amérique également, mais un peu plus au sud, au Canada principalement, vit un des plus beaux spécimens du groupe des cerfs, le *wapiti*, dont la tête est ornée de cornes très longues et plusieurs fois ramifiées, leur forme variant légèrement suivant les individus.

Ces animaux se réunissent en troupeaux, de nombre très variable, mais toujours soumis à l'autorité d'un chef qui transmet ses ordres aux autres par des moyens à eux connus et ne souffre pas la moindre infraction à la discipline établie. Ce poste élevé est l'objet de compétitions ardentes et les candidats se livrent à ce sujet de terribles batailles qui se terminent souvent par la mort du plus faible; parfois aussi leurs cornes s'enchevêtrent si bien dans l'ardeur de la lutte qu'ils ne peuvent plus les dégager et succombent ainsi misérablement l'un et l'autre.

Ils déploient le même courage contre les ennemis étrangers à leur race et, quand leurs blessures ne sont pas mortelles, ils se retournent contre les chasseurs, non sans danger pour ces derniers.

Les cerfs wapitis sont aussi bon nageurs que bons coureurs.

Ils se nourrisent d'herbes, de bourgeons de

DAIM

sapins ou de lichens, suivant les saisons et les ressources du pays. Leur chair est assez estimée et leur peau employée pour fabriquer un cuir souple et résistant.

Les cerfs proprement dits comprennent plusieurs variétés dont on trouve des spécimens à peu près dans tous les pays.

Le cerf *élaphe* est un des plus connus en Europe. Il y vivait autrefois en très grand nombre quand les forêts qui couvraient alors de vastes étendues de terrain lui offraient de nombreux refuges; mais on l'a chassé avec une telle opiniâtreté qu'il est devenu assez rare, sauf dans les propriétés privées où on prend des mesures pour sa conservation.

C'est un bel et robuste animal, dont la robe, fauve en été, grisâtre en hiver, est semée à sa naissance de taches blanches qui s'effacent bientôt tout à fait; ses allures sont nobles, sa marche rapide et sûre; il résiste sans faiblir à des pour suites de plusieurs heures et, près de succomber, se défend encore avec un courage énergique, repoussant ses adversaires à coups de cornes et de sabots; ces derniers, durs et pointus, consti-

tuent des armes aussi sérieuses que les cornes.

Le *daim* est de plus petite taille; son pelage fauve est semé de points blancs, ses cornes sont longues et aplaties: il est de mine moins imposante que le cerf, mais ses manières sont peut-être plus gracieuses.

Rien n'est joli à voir comme un troupeau de daims s'ébattant librement dans la clairière d'un bois, luttant entre eux par manière de jeu et sans se blesser, se dressant contre les arbres et tendant leur souple encolure pour atteindre quelque branche d'aspect engageant. Tous obéissent aux ordres d'un chef unique dont l'autorité est respectée même quand il s'éloigne momentanément, car il n'a qu'à reparaître pour reprendre sa place à la tête de ses fidèles sujets.

Le daim se nourrit ordinairement de végétaux, néanmoins il s'habitue en captivité à prendre d'autres aliments et se montre surtout très friand de pain; on a même, en lui en offrant, un moyen assuré de conquérir ses bonnes grâces, car son naturel doux et sociable lui fait rechercher l'affection de tous ceux qui lui témoignent quelque intérêt.

CHEVREUIL

Le daim est un gibier très estimé, bien supérieur au cerf dont la chair est souvent sèche et dure. Les cornes sont utilisées dans la fabrication de divers objets et sa peau fournit un cuir doux et souple dont la valeur est assez grande.

Le *cerf axis* est spécial à l'Asie et habite principalement l'Inde et l'île de Ceylan. Sa couleur est assez variable ; le plus généralement elle est d'un brun fauve, marqué d'une ligne noire le long de l'échine et de nombreux points blancs disposés suivant des courbes obliques. Ses cornes sont grandes, mais de forme assez simple, la base étant tout unie et l'extrémité se ramifiant en deux ou trois branches.

Cet animal ne semble pas doué de l'activité qui caractérise ses congénères européens ; il ne se montre guère que la nuit et, durant le jour, il reste caché et endormi au plus épais des fourrés ; si on le dérange dans sa retraite, il prend rapidement la fuite mais ne semble pas capable de résister à une poursuite prolongée.

Il cherche de préférence un gîte dans les forêts peu fréquentées, à proximité d'un fleuve ou d'une source où il puisse trouver de l'eau en abondance.

Le *chevreuil* nous est plus familier, car on le rencontre encore assez fréquemment dans notre pays, surtout dans les contrées un peu élevées qu'il préfère aux pays de plaine.

Les chevreuils vivent par couples, d'une existence active et quelque peu sauvage. Leurs proportions ne sont pas très grandes ; cependant ils sont doués d'une vigueur supérieure à celle du daim, peut-être surtout d'une énergie plus accusée.

Ils portent une robe brune, nuancée de roux et de gris ; l'abdomen, la naissance de la queue, l'extrémité du museau tranchent par leur blancheur sur ce fond uniforme ; la face interne des jambes est gris clair ; ces nuances cependant ne sont pas absolument identiques chez tous les individus. Les cornes ne sont pas réunies à la base par la plaque creuse qui existe chez beaucoup d'animaux du même genre ; elles se dressent verticalement sur le front, sont relativement courtes et peu ramifiées.

DROMADAIRE

CAMÉLIENS

Le groupe des *caméliens* ne comprend qu'un petit nombre d'animaux, parmi lesquels les plus connus sont le *dromadaire* et le *chameau*, fort semblables d'aspect ; cependant le premier porte sur le dos une seule bosse, tandis que le second en porte deux.

Bien qu'ils ne paient guère de mine, avec leur grand corps difforme, leurs jambes noueuses, leur tête trop petite pour le cou énorme qui la supporte, leur grossier poil brunâtre, ces animaux n'en rendent pas moins les plus grands services dans les contrées arides où nul autre monture ne pourrait subsister. Ils sont merveilleusement conformés pour résister aux marches pénibles à travers les déserts de sable, sous un soleil brûlant.

La première difficulté qu'ils aient à rencontrer est le manque d'eau. Heureusement leur estomac est construit de telle façon qu'il peut emmagasiner une grande quantité du précieux liquide, réserve indispensable dans laquelle l'animal pourra puiser au fur et à mesure de ses besoins.

Les chameaux, instruits par l'expérience et guidés par leur instinct, absorbent beaucoup plus d'eau qu'il n'en faut pour étancher leur soif. Lorsque leur provision est faite, ils peuvent vivre pendant plusieurs jours sans boire de nouveau, bien qu'ils se nourrissent des végétaux ordinairement desséchés qui croissent péniblement dans ce sol aride et dont l'âpre contact blesserait une bouche plus sensible que la leur.

Afin de ne pas enfoncer dans un terrain mouvant uniquement composé de sable et de pierres, leurs pieds sont larges et plats, bien protégés par un épiderme épais. Leurs genoux sont entourés d'une sorte de callosité qui existe aussi sur la poitrine, car ces parties sont soumises à un frottement continuel, puisque, étant donnée leur haute taille, ils sont forcés de s'agenouiller pour recevoir ou déposer leurs fardeaux.

Les chameaux sont utilisés comme bêtes de somme et même comme montures ; c'est à eux que les caravanes qui traversent les déserts de l'Afrique ou de l'Asie confient la tâche de transporter leurs marchandises et c'est sur leur dos que prennent place les voyageurs qui s'aventurent dans ces régions. Leur force est considérable et ils supportent sans fatigue des charges

ALPACA

lourdes et encombrantes ; leur allure n'est point extrêmement rapide, mais ils sont très résistants et capables de marcher pendant très longtemps sans s'arrêter. Leurs cavaliers sont fatigués avant eux, car leur trot dur et saccadé, le balancement excessif de leur corps sont fort pénibles à supporter et, quand on n'y est pas accoutumé, produisent des effets analogues à ceux du mal de mer.

Le chameau rend aussi des services appréciables au point de vue de l'alimentation ; sa valeur est trop grande pour qu'on le sacrifie afin de se nourrir de sa chair, mais le lait de chamelle est très apprécié des Arabes et entre dans la confection d'une sorte de beurre, obtenu en agitant fortement une outre en peau de chèvre dans laquelle le lait est enfermé. Ces aliments ont un goût prononcé qui ne plaît guère aux estomacs européens, mais dont les indigènes sont très amateurs.

Enfin, dans le cas d'absolue nécessité, quand l'eau contenue dans les outres est épuisée et que les sources du désert sont taries par une trop grande sécheresse, les Arabes se résignent à sacrifier leurs malheureux serviteurs dont l'estomac leur fournit assez de liquide pour prolonger leur vie de quelques heures, délai qui leur permet souvent d'atteindre le but de leur voyage. A vrai dire, cette boisson n'est ni très pure, ni très engageante, mais des gens qui meurent de soif ne se montrent pas difficiles, d'autant plus qu'ils sont accoutumés à consommer l'eau saumâtre qui reste au fond des puits à demi taris ou qui a séjourné plusieurs jours dans des outres mal garanties contre le soleil.

Chaque année, les poils des chameaux, qui sont assez longs sinon très fins, tombent pour faire place à une nouvelle toison ; les Arabes les recueillent et en confectionnent un tissu particulier avec lequel ils font certains vêtements d'un bon usage.

Les *lamas*, dont on connaît plusieurs variétés, sont de bien plus petite taille que les chameaux, et dépourvus de la bosse qui caractérise si nettement ces derniers ; leur aspect général rappelle plutôt celui d'un mouton. Leurs pieds sont formés de façon à ne pas souffrir du contact avec le sol rocailleux des montagnes qu'ils habitent de préférence ; les doigts sont séparés et protégés par un sabot dur et pointu capable de s'accrocher à toutes les aspérités.

L'*alpaca* est une espèce de lama remarquable par la longueur, la finesse et l'éclat soyeux de son poil qui fournit la matière première des étoffes connues sous le nom, légèrement altéré, d'alpaga. C'est un animal doux et tranquille qui s'apprivoise aisément, car on l'a acclimaté en assez grand nombre en Australie.

33

GIRAFES

GIRAFES. — Les *girafes*, qui se rapprochent par quelques caractères des cervidés, s'en distinguent par la nature de leurs cornes qui sont petites, recouvertes d'une enveloppe velue, et non caduques.

Ces animaux, assez différents de tous les autres ruminants pour constituer à eux seuls un groupe spécial, présentent un aspect fort singulier, qu'ils doivent surtout à la longueur démesurée de leur cou dont les vertèbres sont très développées et articulées de façon à se prêter à tous les mouvements.

Au premier abord, leurs jambes de devant paraissent beaucoup plus longues que leurs membres postérieurs; il n'en est rien cependant, mais la hauteur exagérée des omoplates donne à leur corps une inclinaison très marquée d'avant en arrière qui ajoute à la bizarrerie de l'ensemble.

Cette conformation trouve sa raison d'être dans le régime alimentaire de la girafe; elle se nourrit, en effet, exclusivement du feuillage des arbres et, comme ces derniers atteignent une grande hauteur dans les forêts africaines où elle passe son existence, elle se trouve dans la nécessité d'élever sa bouche jusqu'au même niveau.

La girafe est d'un naturel très doux; elle s'attache rapidement à ses gardiens.

ÉDENTÉS

PHATAGIN

PANGOLINS. — Les *édentés*, dont le système dentaire est tout à fait nul ou très simplifié, comprennent plusieurs groupes d'animaux dont nous allons examiner quelques spécimens.

Les *pangolins*, fort bizarres d'aspect comme tous les édentés d'ailleurs, ont le corps entièrement couvert de plaques cornées implantées dans la peau à la façon des écailles et terminées en pointe. Ils sont totalement dépourvus de dents.

Leur carapace leur sert en même temps de bouclier et d'arme défensive car, lorsqu'ils sont poursuivis, ils se ramassent en boule, comme les hérissons, cachent soigneusement leur tête, seule partie vulnérable de leur corps, et ne présentent plus qu'une surface piquante et dure dont le contact est fort pénible à qui s'en approche.

Les *phatagins*, qui appartiennent au même groupe, habitent le continent africain où ils acquièrent d'assez grandes dimensions. Ils se meuvent lentement et avec une certaine difficulté car leurs pattes très courtes, leurs griffes démesurées supportées par une épaisse semelle charnue sont peu propres à la marche.

En revanche, ils sont fort bien doués pour creuser le sol, y construire les terriers qui leur servent de résidence ou déterrer les insectes dont ils se nourrissent. Ils sont très friands de fourmis et de termites et les saisissent au moyen de leur langue flexible, longue et gluante.

Le *pangolin à courte queue* est originaire des Indes et de l'île de Ceylan et ne diffère pas sensiblement des animaux dont nous venons de parler. Il a mêmes mœurs et mêmes habitudes; il grimpe volontiers dans les arbres pour y chercher les fourmis et autres insectes qui s'établissent parfois dans les anfractuosités des vieux troncs d'arbres. On peut le garder en captivité; il y fait preuve d'un naturel assez paisible et point très sauvage.

Un naturaliste, qui avait eu occasion de capturer et de garder quelque temps près de lui deux pangolins de cette espèce, raconte que l'un d'eux notamment s'était pris pour lui d'une véritable affection; lorsqu'il avait satisfait son appétit avec une quantité suffisante de menus insectes qu'il cherchait lui-même à travers la maison et le jardin, il venait rôder autour de son maître, cherchant à attirer son attention, à se hisser sur ses genoux, et ne se montrait point satisfait avant d'en avoir obtenu quelque caresse.

TATOUS. — Les *tatous* sont particuliers aux contrées du sud et du centre de l'Amérique où on les rencontre aussi en grand nombre. Leur corps est protégé par une quantité considérable de petites plaques osseuses, disposées par rangées régulières et formant deux carapaces distinctes, une sur les épaules, une sur le restant du corps, afin que leurs mouvements puissent conserver quelque liberté. La tête et la queue sont également recouvertes de la même couche protectrice.

Le *tatou commun*, très répandu dans le Paraguay, répond tout à fait à cette description. Contrairement à ce que l'on pourrait déduire de son aspect, il est très vif et très agile, d'autant

TATOU

plus difficile à capturer que le moindre bruit est
perçu par ses oreilles et que, sitôt averti du danger, il s'enfuit vers son terrier avec une rapidité
surprenante qui lui permet presque toujours
de déjouer les poursuites. D'ailleurs il ne suffit
pas de le gagner de vitesse pour être maître de
lui ; quand il ne lui reste plus d'autre ressource,
il se met en boule sous sa carapace et se défend
avec ses pattes, dont la vigueur musculaire et
les griffes pointues qui les terminent font des
armes suffisamment puissantes.

Le tatou n'est pas difficile sur le chapitre de
la nourriture et accepte à peu près tous les aliments, soit végétaux, soit animaux, qui ne sont
pas trop durs pour ses dents petites et peu
nombreuses.

Il consomme principalement des racines, des
légumes, tels que la pomme de terre, des œufs,
des vers, des insectes et de menus reptiles : il se
rassasie également des débris souvent à demi
putréfiés que les chasseurs abandonnent lorsqu'ils tuent et dépouillent sur place un animal
de grande taille.

En raison de ce régime peu délicat, la chair
du tatou a un goût très fort qui répugne ordinairement aux Européens ; mais les indigènes
au contraire estiment fort cet animal et le mangent très volontiers.

Il y a plusieurs espèces de tatous qui vivent
toutes dans l'Amérique du Sud ou l'Amérique

centrale et se ressemblent beaucoup entre elles.

FOURMILIERS. — Les *fourmiliers* sont ainsi
appelés parce qu'ils se nourrissent principalement de fourmis, auxquelles ils ajoutent des
termites, et quelques insectes analogues. Il leur
serait difficile de varier beaucoup la nature de
leurs aliments, car ils sont tout à fait dépourvus
de dents ; en revanche, leur langue mince est
souple, longue, visqueuse, assez semblable d'aspect à un ver de terre ; elle peut pénétrer dans
les plus petites cavités, les explorer en tous
sens, grâce aux contorsions qu'elle s'impose
sans difficulté, et s'attacher aux animaux les
plus infimes qu'elle retient prisonniers et dépose à l'intérieur de sa bouche.

Le *tamanoir* est un des plus considérables
comme taille et des plus étranges comme aspect,
parmi les animaux qui composent ce groupe.
Sa tête, extrêmement étroite et démesurément
longue, forme contraste avec son corps pesant,
dont le volume est sensiblement accru par la
masse épaisse de poils qui couvre son dos d'une
sorte de crinière ; ses poils sont bruns, mélangés
çà et là d'un peu de blanc ; une tache triangu-
laire se détache en noir de chaque côté du cou ;
la tête est grisâtre. Ses yeux sont fort petits,
ce qui ne l'empêche pas d'avoir le regard vif et
rusé. Ses pattes sont pourvues de muscles vigoureux et terminées par des griffes longues et recourbées, qui peuvent devenir des armes dangereuses

TAMANOIR

en cas de besoin, mais servent le plus ordinairement à détruire les fourmilières. En effet, lorsque leurs galeries souterraines sont éventrées, les fourmis affolées et privées de leur refuge ordinaire se répandent dans le voisinage et, avant qu'elles aient pu prendre la fuite, leur ennemi a saisi et dévoré un grand nombre d'entre elles.

Le tamanoir, gêné par la conformation défectueuse de ses pieds, a la démarche lente et disgracieuse. Il ne s'aménage point de demeure particulière et se contente le plus souvent de reposer à l'abri de son abondante toison, sous laquelle il rassemble ses membres et sa tête, si bien qu'il prend l'aspect d'une masse informe de poils emmêlés que l'on ne soupçonnerait pas appartenir à un être vivant. Cet animal habite surtout la Guinée et le Brésil.

PARESSEUX. — Les *paresseux* n'ont pas du tout le même genre de vie que les autres édentés; ils passent à peu près toute leur existence dans les arbres, aux branches desquels on peut les voir suspendus, le dos en bas, les pattes en l'air, au moyen de leurs longues griffes recourbées; naturellement leurs membres sont très forts et très résistants, pour leur permettre de garder longtemps sans fatigue cette singulière position.

Autant les paresseux sont agiles à se mouvoir au milieu des branches, à grimper et à descendre le long des arbres, autant, lorsque par hasard ils sont forcés de se déplacer sur le sol, ils sont maladroits et malheureux; leurs pattes ne sont point faites pour supporter le poids de leur corps et, d'autre part, leurs griffes s'embarrassant dans tous les obstacles, ils en sont réduits à s'accrocher aux aspérités pour avancer péniblement. Leur régime alimentaire est exclusivement végétal; ils se nourrissent de feuilles et de bourgeons qu'ils arrachent et portent à leur bouche avec leurs pattes de devant.

L'*ai* est une espèce de paresseux que l'on trouve assez communément dans l'Amérique du Sud. Son corps est couvert de poils très fins à la racine, durs et plats à l'extrémité, dont la couleur est assez variable, généralement d'un brun grisâtre; la tête est plus foncée que les autres parties, de forme arrondie, avec un nez large et des yeux profondément enfoncés.

L'ai a reçu son nom à cause d'un cri plaintif qu'il pousse fréquemment et qui rappelle assez bien ce mot.

AMPHIBIES

GROUPE DE PHOQUES

PHOQUES

Les amphibies qui, nous le savons déjà, se distinguent avant tout par leur mode d'existence presque complètement aquatique, comprennent deux grandes familles : les *phoques* et les *sirénides*.

Les *phoques*, de même que tous les amphibies, ont le corps fusiforme et les membres plus semblables à des nageoires qu'à des pattes. En outre, comme ils vivent principalement dans les régions polaires, ils ont besoin d'être bien pro-

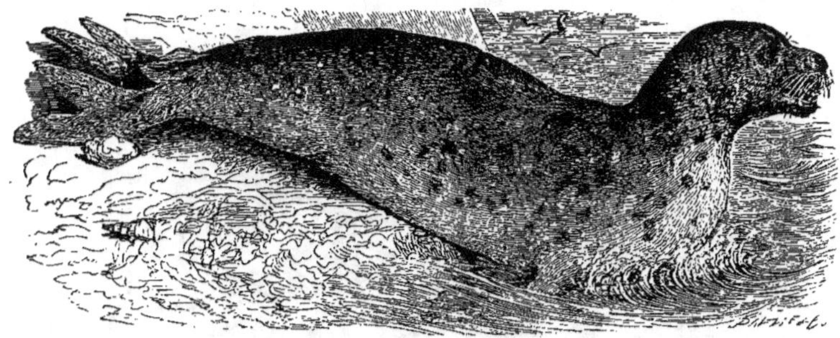

PHOQUE LÉOPARD

tégés contre le contact de l'eau froide et de la glace ; à cet effet, leur corps est recouvert d'abord d'une épaisse couche de graisse qui empêche la déperdition de leur propre chaleur, puis d'une sorte de fourrure très serrée et lubréfiée par une sécrétion huileuse de la peau, sur laquelle l'eau glisse sans pouvoir pénétrer plus avant.

Ils se meuvent dans l'eau avec autant de grâce et d'aisance que les poissons, nageant avec leurs courtes pattes aplaties et plongeant de longs moments sans en éprouver aucune fatigue. Lorsqu'ils veulent sortir de l'eau, ils s'accrochent aux aspérités du rivage et se hissent comme ils peuvent jusque sur le bord ; leurs mouvements deviennent alors lents et pénibles, ils rampent plutôt qu'ils ne marchent et c'est avec joie qu'ils regagnent la mer et se laissent tomber dans leur élément naturel où ils retrouvent aussitôt leur liberté d'allure.

Les phoques se nourrissent naturellement de poissons, avec lesquels ils rivalisent de vitesse et qu'ils capturent facilement en les guettant quand ils se rapprochent de la surface de l'eau ; ils mangent aussi des mollusques et des crustacés.

Leurs sens sont très développés, particulièrement l'odorat ; en effet, leurs narines sont faites de telle sorte qu'elles s'ouvrent largement pour la respiration et se referment dès que l'animal plonge dans l'eau ; leurs oreilles sont disposées de la même façon ; leurs yeux sont très beaux, très expressifs et très doux. D'ailleurs, les phoques ont l'intelligence bien développée, un naturel docile et s'apprivoisent très facilement.

Leurs dents sont conformées en vue de leur régime spécial : les canines sont longues, dures et pointues, les molaires hérissées d'aspérités

qui retiennent aisément leur proie, quelque mobile et souple qu'elle soit.

Il y a de nombreuses espèces de phoques que l'on peut ranger en deux catégories principales : les phoques pourvus d'oreilles externes qui vivent dans l'hémisphère austral et portent le nom d'*otaries*, et les phoques privés de cette partie de l'organe de l'ouïe qui sont répandus à peu près dans tous les océans.

Citons parmi ces derniers le *phoque léopard*, ainsi appelé en raison des nombreux points blanchâtres disséminés sur le fond gris pâle de sa fourrure. Il est d'assez petite taille, son cou est élancé, son corps large au milieu et effilé à l'extrémité, sa bouche bien fendue. Ses pattes de devant ont les doigts séparés et terminés par des griffes noires, recourbées et pointues ; les pattes de derrière sont dépourvues de griffes et ressemblent assez bien à la queue d'un poisson.

Les mœurs de cet animal sont peu connues, mais on peut supposer qu'elles se rapprochent beaucoup de celles du phoque ordinaire. On le rencontre surtout dans la partie du sud de l'Océan Pacifique.

Le *stemmatope* ou *phoque à capuchon* est remarquable par la structure singulière de sa tête, large et arrondie par suite du faible développement du museau ; du milieu de celui-ci, s'élève une sorte de crête cartilagineuse qui sert de support à un sac de peau affectant la forme d'un capuchon et provenant des membranes nasales démesurément agrandies ; en effet les narines s'ouvrent de chaque côté de cet étrange appendice, qui n'existe d'ailleurs que chez les adultes mâles.

Ce genre de phoque est très commun sur les

PHOQUE ORDINAIRE

côtes sud du Groënland et descend en hiver jusque sur les rivages de l'Amérique du Nord. On le recherche à cause de sa fourrure qui est presque noire sur le dos, jaunâtre sur la partie inférieure du corps, avec des taches grises disséminées çà et là ; elle est employée dans la fabrication de divers objets, mais rend surtout de grands services aux Groënlandais qui en font des vêtements chauds et solides et utilisent la peau pour couvrir les frêles esquifs insubmersibles dans lesquels ils s'aventurent si hardiment.

Aussi y a-t-il lutte continuelle entre les phoques et les habitants des régions polaires. Ceux-ci emploient deux procédés de chasse, basés sur ce fait que les phoques se ménagent toujours dans les champs de glace un certain nombre de trous circulaires au moyen desquels ils peuvent respirer et se hisser à la surface quand ils veulent sortir de la mer. Les chasseurs reconnaissent facilement ces ouvertures et, lorsqu'ils en ont déterminé l'emplacement, viennent s'embusquer à proximité à l'abri d'un bloc de glace qui les cache aux regards de l'animal convoité. Celui-ci, après un temps plus ou moins long, finit toujours par apparaître à l'orifice et par s'avancer quelque peu sur la glace ; dès qu'il est suffisamment engagé pour ne pas pouvoir revenir aisément en arrière, l'homme se montre, lui coupe la retraite et le tue à l'aide de ses armes.

D'autres fois, le chasseur attend que le phoque soit endormi et s'efforce de le surprendre avant qu'il ait pu se rendre compte du danger ; il s'approche avec précaution, s'arrêtant si l'animal semble faire mine de se déplacer et se tenant immobile contre terre jusqu'à ce que ce dernier ait repris son sommeil ; il peut ainsi parvenir assez près pour le frapper à coup sûr. Les Groënlandais sont très adroits à cet exercice et abattent généralement leur victime du premier coup ; cependant parfois les phoques, qui semblent morts, sont seulement étourdis et, quand ils reprennent leurs sens, luttent courageusement à coups de griffes et de dents, non sans danger pour le chasseur.

Le *phoque ordinaire* est répandu dans un grand nombre de contrées diverses ; on le rencontre même sur les bords de l'Océan et de la Manche. Il est de taille moyenne et porte une fourrure grise parsemée de taches plus foncées ; ses pattes sont courtes et armées de griffes puissantes, surtout les pattes postérieures.

C'est un pêcheur émérite qui cause de grands ravages parmi les bancs de poissons voisins des côtes ; intelligent et adroit, il apprend également à se rendre compte de l'usage des filets et à les visiter pour s'approprier sans effort une partie de leur contenu. Les pêcheurs de profession redoutent naturellement son voisinage et lui font une guerre sérieuse, bien que dans certains pays le meurtre d'un phoque soit considéré comme un mauvais présage pour celui qui s'en rend coupable. Le procédé employé consiste toujours à lui couper la retraite ;

PHOQUE GROENLANDAIS

il réussit parfois cependant à s'échapper en dépit de sa lenteur maladroite. Quand il prend assez de courage pour soutenir la lutte, ce n'est pas un adversaire commode et, de plus, celui qui le poursuit doit se garder des pierres qu'il projette violemment derrière lui dans sa course pénible.

La chasse au phoque est faite très activement à Terre Neuve ; on tire de leur graisse une huile abondante et leur peau est employée soit comme fourrure, soit comme cuir.

Le phoque est, nous l'avons dit, fort intelligent ; de plus son caractère est doux et affectueux, à tel point qu'on le compare souvent au chien sous l'un et l'autre rapport. Lorsqu'il est capturé jeune et traité avec bonté, il s'attache d'une manière touchante aux personnes qui prennent soin de lui, recherche leur société et vit avec bonheur dans leur habitation sans chercher à regagner son élément favori. Il est aussi fort docile, qualité que l'on exploite souvent pour lui faire exécuter en public certains exercices variés qui n'exigent pas moins d'adresse que d'intelligence. Même en dehors de toute contrainte, il se livre de sa propre volonté à une mimique amusante et expressive ; il suffit de voir avec quelles manifestations d'impatience, puis de joie, les phoques gardés dans les jardins publics devinent et accueillent la venue du gardien chargé de leur apporter leur ration de poissons, pour se rendre compte de leurs gracieuses et gentilles manières.

On leur donne le nom de veaux marins, parce que leur cri ressemble un peu au mugissement du veau.

Le *phoque groënlandais* se distingue des autres par la façon bizarre dont sa fourrure est tachetée : sur un fond gris clair, presque blanc, se détachent deux larges bandes noires qui s'étendent en demi-cercle depuis les épaules jusqu'à la naissance de la queue, où elles se réunissent par leurs pointes ; le museau est également noir. Cette disposition, il est vrai, est seulement celle des adultes ; chez les jeunes, les nuances sont plus claires et se transforment d'année en année ; au moment de sa naissance, le petit phoque est couvert d'une fourrure laineuse et toute blanche ; elle devient moins éclatante à la fin de la première année et grise après la seconde ; à la troisième, les taches commencent à apparaître et s'accentuent jusqu'à la cinquième année, époque de son complet développement.

Les phoques groënlandais ont des habitudes assez différentes de celles des autres espèces ; ils ne recherchent pas le voisinage de la terre ferme, ni même des immenses champs de glace qui en tiennent lieu dans certaines régions, mais s'installent de préférence sur des glaçons flottants avec lesquels ils se déplacent. Ils vivent là en assez grand nombre, réunis sous la conduite d'un chef et sous la sauvegarde de sentinelles ; en dépit de cette organisation, il est très facile de les approcher sans

MORSE

éveiller leur méfiance, surtout quand ils flottent endormis à la surface des flots, comme il leur arrive souvent de le faire. On les massacre en quantité considérable pour s'approprier leur fourrure et la graisse abondante qui protège leur corps et dont on extrait une huile excellente.

Ces phoques témoignent généralement une grande frayeur à la vue des hommes qu'ils ne sont point accoutumés à rencontrer souvent dans les contrées désolées où ils vivent. Mais ils s'apprivoisent très vite quand ils sont bien traités et deviennent aussi affectueux et aussi sociables que leurs congénères.

Le *morse* a un aspect beaucoup plus redoutable, en raison de sa grande taille d'abord et ensuite des deux énormes canines, véritables défenses, qui sortent de sa mâchoire supérieure; celle-ci est naturellement très développée pour pour pouvoir offrir un appui solide à ces dents monstrueuses, de sorte que le museau se trouve élargi par la même raison. Les autres dents sont petites et leur nombre varie avec l'âge de l'animal. La peau est noire et lisse presque partout.

Les morses vivent en troupeaux considérables qui présentent un coup d'œil vraiment étrange lorsque ces animaux, au nombre de plusieurs milliers parfois, s'ébattent ensemble sur le rivage, se bousculant les uns les autres pour sortir de la mer ou y retourner, traînant péniblement leurs corps massifs, s'aidant de leurs défenses pour s'arc-bouter sur le sol et accompagnant leurs mouvements d'une espèce de hennissement rauque.

En capturer quelques-uns n'est pas chose facile, car à la première alarme la troupe entière s'ébranle et se met en marche vers la mer, menaçant de culbuter ou de frapper tout ce qui se trouve sur son passage; aussi les efforts des chasseurs expérimentés tendent-ils à séparer quelques individus du reste de leurs compagnons, afin d'en avoir plus facilement raison.

On les poursuit aussi quelquefois dans l'eau, mais ce procédé est dangereux, car le morse

ÉLÉPHANT DE MER

irrité ou blessé se retourne contre l'embarcation et n'a pas de peine à la briser entre ses défenses ou à la faire chavirer. Les mères sont terribles quand on attaque leurs petits qu'elles mettent sur leur dos pour mieux les protéger ; elles les défendent avec un courage féroce.

Néanmoins le morse est très poursuivi car ses dépouilles sont utiles à plus d'un titre. Les défenses d'abord fournissent un ivoire, inférieur il est vrai à celui des dents d'éléphant, mais dont la valeur est encore très grande, d'autant plus qu'il jaunit moins que ce dernier. La peau et la graisse trouvent aussi leur emploi sous forme de cuir et d'huile, et les Esquimaux tirent parti de presque toutes les autres portions du corps.

Le phoque à trompe ou *éléphant de mer* a reçu ce nom en raison de ses énormes dimensions, sensiblement égales à celles de ce pachyderme, et de la forme de son nez qui peut s'allonger démesurément lorsque l'animal est inquiet ou irrité. Les femelles ne présentent pas la même particularité ; elles se distinguent aussi des mâles par la couleur de leur fourrure qui est très foncée, à peine marquée de quelques reflets jaunâtres, tandis que chez leurs compagnons elle est simplement grise ou brune.

Les éléphants de mer ne vivent pas exclusivement dans l'océan, mais aussi dans certains lacs d'eau douce et même sur les bords humides des marécages. On les rencontre dans différentes régions de l'hémisphère austral ; pendant l'été ils s'avancent dans le voisinage des terres antarctiques, jusqu'à ce que le retour des froids trop rigoureux les oblige à remonter plus au nord pour retrouver des contrées plus hospitalières.

Ils vivent en troupeaux et se nourrissent de poissons et d'algues marines. En dépit de leur force et du râtelier formidable dont ils sont pourvus, ils sont moins redoutables que le morse, étant d'humeur apathique et peu belliqueuse ; quand on les trouble dans leur sommeil ou leurs promenades à terre, ils ouvrent démesurément leur bouche énorme, mais sans songer à se servir des dents nombreuses et puissantes qu'ils exhibent ainsi d'une manière peu rassurante ; si l'intrus continue d'avancer vers eux, ils s'empressent de fuir devant lui et s'efforcent de regagner la mer au plus vite.

Ils fournissent, en raison de leur taille exceptionnelle, une grande quantité de graisse et de peau, l'une et l'autre employées comme celles des autres espèces, sous forme d'aliment et sous forme de cuir.

OURS MARIN

Le *lion de mer* présente aussi un aspect imposant, bien que ses proportions soient moins considérables que celles du phoque à trompe. Il doit son nom à une masse de poils rudes et emmêlés qui couvre son cou et ses épaules, formant ainsi une sorte de crinière ; sa fourrure est d'un brun roux et devient plus pâle quand il avance en âge ; les femelles n'ont pas de crinière et sont d'une nuance plus claire.

Ces animaux se nourrissent de poissons et même de phoques de petite taille, auxquels ils inspirent une crainte justifiée. Cependant ils ont des mœurs paisibles et offrent une proie facile aux chasseurs, car leur apathie est si grande qu'ils se laissent approcher et même frapper sans manifester l'intention de résister ou de s'enfuir ; les femelles elles-mêmes ne défendent point leurs petits avec la ténacité dont les autres espèces font preuve et les abandonnent parfois aux mains de l'ennemi. Aussi en fait-on de véritables massacres dans les terres voisines du détroit de Behring et sur les rivages septentrionaux de l'Amérique, régions où on les trouve en grandes quantités.

Les lions de mer signalent leur présence par un ensemble de cris particulièrement bruyants : les mâles rugissent d'une façon peu harmonieuse, les femelles leur répondent par des sons moins éclatants mais tout aussi sonores, et les petits font également leur partie dans ce concert, fort peu agréable à des oreilles humaines.

L'*ours marin* est de taille moyenne ; ses pattes sont plus larges et mieux conformées que celles des autres phoques, de sorte que ses mouvements sont plus vifs et plus aisés. Sa fourrure est douce, chaude et d'un joli aspect ; elle se compose d'une couche laineuse de poils fauves, à demi recouverts par d'autres poils plus longs et gris-brun qui n'existent plus sur les peaux préparées par les fourreurs. Les épaules sont couvertes aussi d'une sorte de crinière assez rugueuse, mi-partie noire et blanche.

Les ours marins vivent à peu près dans les mêmes régions que les lions de mer, par troupeaux nombreux qui ont chacun leur territoire déterminé et ne souffrent pas que les autres empiètent sur leur domaine ; l'imprudent qui enfreint cette loi, généralement respectée, est vite chassé par les légitimes propriétaires et, si un homme commet le même délit, la troupe entière s'avance sur lui avec des cris si menaçants et une mimique si expressive qu'il est forcé de battre en retraite au plus vite.

Il est difficile d'approcher l'ours marin, en raison de son caractère sauvage et de l'agilité relative de ses mouvements.

Sa nourriture se compose de poissons, de loutres et autres carnivores analogues que l'on peut rencontrer dans les contrées polaires.

LAMANTIN

SIRÉNIDES

Les *sirénides* présentent un ensemble de caractères si bizarrement réunis qu'ils ont donné lieu dans l'antiquité à maintes légendes et que le nom de sirène est encore employé aujourd'hui dans un sens symbolique. Les sirènes, disait la Fable, étaient des déesses de la mer, moitié femmes, moitié poissons, qui attiraient les nautoniers par leurs chants mélodieux et les entraînaient dans l'abîme des eaux où ils trouvaient la mort.

Le corps de ces animaux est allongé et terminé par une queue semblable à la nageoire terminale des poissons, mais disposée horizontalement; ils n'ont que des pattes antérieures, dont les doigts sont réunis en forme de rame; leurs mamelles sont pectorales, les dents sont réduites aux incisives et aux molaires.

Les animaux de cette espèce sont peu nombreux. Citons le *lamantin*, qui vit à l'embouchure de certains grands fleuves de l'Amérique et de l'Afrique se déversant dans l'Océan Atlantique. Sa forme générale est celle de tous les sirénides; son museau est terminé par une excroissance de chair arrondie dans laquelle s'ouvrent les narines.

Il se nourrit exclusivement de végétaux, herbes marines et algues, très abondants en ces parages. Il n'abandonne jamais complètement l'élément liquide, mais se tient souvent debout dans l'eau, la tête et les épaules dépassant la surface dans la plus étrange attitude.

La chair du lamantin est tendre et savoureuse et peut se conserver longtemps quand elle a été bien salée et séchée au soleil. Sa peau est excessivement épaisse et fournit un cuir très résistant. L'huile que l'on retire de sa graisse est fine et ne rancit pas. Aussi cet animal est-il très recherché des indigènes de l'Afrique et des tribus indiennes qui déploient beaucoup d'adresse et de courage pour le capturer, tâche difficile car son épiderme est à peu près à l'épreuve des meilleurs harpons.

CÉTACÉS

BALEINE

Les *cétacés* mènent une existence complètement aquatique, par conséquent leur structure se rapproche plutôt de celle des poissons que de celle des autres mammifères.

C'est dans l'eau qu'ils cherchent leur nourriture, se livrent au sommeil, mettent au monde et allaitent leurs petits; ils sont complètement incapables de se mouvoir sur le sol et périssent rapidement, quand ils s'y trouvent jetés par hasard. Ils ont des membres antérieurs en forme de nageoires et dépourvus d'ongles ; à peine trouve-t-on quelques vestiges des membres postérieurs ; la locomotion s'effectue surtout au moyen de la queue dont la puissance est extrême.

Néanmoins leur respiration est aérienne et ils sont obligés de revenir à la surface de l'eau pour renouveler la provision d'air indispensable à leur existence.

On trouve parmi les cétacés les animaux les plus volumineux de la création et, notamment, les *baleines* dont on connaît plusieurs espèces.

Elles atteignent pour la plupart des proportions colossales ; leur corps est lourd et épais, la tête s'y attache directement, sans démarcation apparente entre les deux parties. Leur peau est nue, excessivement épaisse et doublée d'une couche de lard qui aide à la protection des organes intérieurs.

Leurs yeux sont fort petits. Par leurs narines, placées au sommet de la tête, elles rejettent quand elles respirent une colonne d'eau et de vapeur qui s'élève souvent très haut, en faisant un bruit retentissant. Leur bouche, démesurément élargie, est dépourvue de dents, mais garnie d'une double rangée de lamelles cornées qui portent le nom de fanons et sont destinées à retenir les menus poissons dont elles se nourissent ; car, chose curieuse, elles ont le gosier fort étroit et ne peuvent avaler que des animaux de très petite taille ; il est vrai qu'elles les trouvent par bancs et en engloutissent rapidement des quantités considérables.

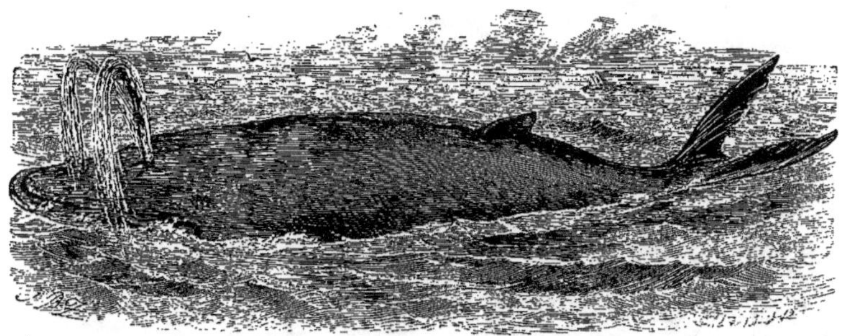

BALEINE MÉGAPTÈRE

Les *baleines franches* comprennent plusieurs variétés, répandues à peu près dans toutes les mers; l'une d'elle, spéciale aux mers du Nord, pullulait autrefois dans ces parages; malheureusement on lui a fait une guerre si acharnée qu'elle est devenue excessivement rare. Son corps énorme est noir sur la partie supérieure, gris à la base de la queue et des nageoires, blanc sur l'abdomen et une partie de la mâchoire inférieure; sa peau est constamment humectée d'une matière huileuse qui lui donne un aspect velouté et facilite le glissement de l'eau à sa surface. Sa tête est très large, sa bouche extrêmement fendue.

Cette baleine est particulièrement recherchée parce qu'elle fournit abondamment les deux produits principaux que l'on retire de son corps : l'huile, qui provient de l'épaisse couche graisseuse qui l'enveloppe, les fanons désignés en langage courant sous le nom de baleines, et utilisés dans la fabrication de certains objets en raison de leur flexibilité et de leur légèreté jointes à une grande force de résistance.

Sa chair est considérée par les habitants des contrées polaires comme un mets appréciable, bien que sa coloration foncée et l'odeur rance qui s'en exhale ne soient guère appétissantes; mais ces pauvres gens sont accoutumés à des aliments plus grossiers encore et préfèrent d'ailleurs les viandes huileuses qui sont d'un usage nécessaire dans les climats rigoureux.

La pêche à la baleine se fait au moyen d'embarcations spéciales, montées par des hommes expérimentés dans ce genre d'exercice; il faut approcher suffisamment de l'animal pour pouvoir lui lancer un harpon, ce qui exige une grande habileté et beaucoup de prudence, car il plonge généralement dès qu'il est atteint, entraînant avec lui la barque reliée au harpon par un câble solide; lorsqu'il reparaît pour respirer, on le frappe à nouveau et cette manœuvre se renouvelle jusqu'à ce que la pauvre bête soit épuisée et succombe à ses blessures.

Mais quelquefois elle se débat sous l'influence de la douleur et d'un seul coup de sa queue formidable réduit l'embarcation en pièces et en projette les débris en l'air, pêle-mêle avec ceux qui la montent.

En dehors de ces circonstances désespérées, la baleine est d'un naturel doux et timide et s'enfuit à l'approche de l'homme sans essayer de combattre un ennemi cependant bien inférieur si on les compare tous deux. Elle chérit tendrement ses petits et les élève avec un soin touchant.

Les *mégaptères* sont caractérisés par le grand développement qu'atteignent leurs nageoires pectorales, dont la longueur est parfois égale au cinquième de la longueur totale du corps; une autre nageoire plus petite est placée sur le dos, dans le voisinage de la queue. Leur tête est large et aplatie, leur museau arrondi, la partie antérieure de leur corps rayée de lignes longitudinales qui s'étendent jusqu'aux nageoires.

Cet animal est moins poursuivi que la véritable baleine, car les produits qu'il fournit sont de qualité secondaire. Il est moins pourvu de graisse et ses fanons sont courts et difficiles à diviser en lamelles de l'épaisseur convenable à leur emploi; ils prennent en séchant une forme légèrement recourbée.

Les mégaptères sont assez communs dans le voisinage du Groënland.

BALEINE ROSTRÉE

La *baleine rostrée* fréquente à peu près les mêmes parages; elle s'aventure quelquefois jusque sur les côtes de Norwège, mais ne dépasse jamais cette latitude.

Ses dimensions sont relativement peu considérables pour l'espèce; sa peau est noire sur la partie supérieure du corps et d'un blanc jaunâtre sur le ventre et la gorge, qui présentent des replis longitudinaux capables de se dilater fortement. La tête est allongée, la bouche a une capacité remarquable, grâce à une sorte de poche ouverte sous la mâchoire inférieure et dans laquelle l'animal accumule des provisions d'aliments; la langue est libre et non adhérente à la bouche, comme chez la baleine franche; les fanons sont relativement courts et légèrement teintés de rose.

Cet animal se nourrit de poissons assez gros, tels que le saumon et le chien de mer. Sa chair et son huile sont très délicates, et les Groënlandais en sont grands amateurs; mais ils parviennent difficilement à capturer une proie aussi volumineuse et plus active que les autres genres de baleines.

Ces différents animaux sont groupés souvent sous la dénomination générale de *rorquals* afin de les distinguer des véritables baleines. Le *rorqual physalus* est remarquable par sa taille, aussi considérable que celle de la baleine des mers du Nord, avec laquelle il est facile de le confondre. Il est parfois harponné à sa place par des pêcheurs inexpérimentés qui reconnaissent leur erreur en voyant la hardiesse avec laquelle leur proie résiste; le rorqual souffre peu d'une première blessure et, entraînant l'embarcation après lui à une vitesse considérable, nage en droite ligne dans la direction de quelque banc de glace où cette dernière se brise infailliblement.

Aussi les pêcheurs évitent-ils de s'attaquer à un adversaire aussi redoutable, d'autant plus que le profit qu'ils en retirent est assez médiocre. La graisse du rorqual est peu abondante, ses fanons sont courts, cassants et presque sans valeur.

Cet animal a le gosier plus large que les vraies baleines et par conséquent se nourrit de poissons plus gros.

MARSUPIAUX

GROUPE DE MARSUPIAUX

PHALANGERS. — Les *marsupiaux* comprennent plusieurs groupes d'animaux, vivant presque tous en Australie, car ils semblent à peu près confinés dans cette île, dont à eux seuls ils composent en grande partie la faune.

Les *phalangers* doivent ce nom à la manière curieuse dont deux des doigts de leurs pattes postérieures sont réunis jusqu'aux phalanges. La structure de leurs membres leur permet de grimper dans les arbres avec une grande faci-

35

GRAND PÉTAURISTE D'AUSTRALIE

lité; c'est là qu'ils cherchent leur nourriture et passent la majeure partie de leur existence.

On distingue parmi eux les *phalangistes proprement dits* qui sont munis d'une longue queue préhensible; les *pétauristes* dont les flancs présentent une membrane pouvant s'étendre et jouer le rôle de parachute, enfin les *koalas* qui sont dépourvus de queue et de membrane supplémentaire.

L'*opossum* ou *souris volante* appartient au second de ces groupes. C'est une gracieuse petite bête qui a sensiblement la même taille et le même aspect que notre souris d'Europe; la partie supérieure de son corps est d'un gris roussâtre, la partie inférieure d'un très beau blanc; les deux teintes sont nettement séparées par une ligne brun foncé. Quand elle est au repos, la membrane de ses flancs se replie sur elle-même en raison de son élasticité. Sa queue est presque aussi longue que son corps, mince, flexible et garnie de poils qui sont fixés dans la peau sur deux rangs, à la manière des barbes d'une plume; ils sont gris fauve et plus durs que la fourrure des autres parties.

Les molaires pointues de cet animal rappellent un peu celles des insectivores et lui permettent de se nourrir des mêmes animaux, bien qu'il vive surtout de feuilles, de fruits et de bourgeons.

Les *pétauristes* se servent de leur membrane supplémentaire pour sauter plus aisément d'une branche à une autre; ils la développent en étendant leurs pattes et n'ont plus qu'à se laisser tomber à travers l'espace, sans crainte de faire une chute trop rapide; ils peuvent diriger leur élan dans une certaine mesure, mais non s'élever en l'air ni se passer de l'impulsion que leur donne un point d'appui solide.

Le *grand pétauriste d'Australie* est d'une taille supérieure à celle de l'opossum, mais présente à peu près les mêmes caractères. Sa couleur varie beaucoup suivant les individus; elle affecte généralement la disposition suivante : la partie supérieure du corps est brune, avec une bande plus foncée le long de l'échine et quelques reflets gris çà et là, l'abdomen et le revers de la membrane des flancs sont blancs teintés de jaune, la tête est foncée, les pieds presque noirs et abondamment couverts de poils. La queue est longue et bien fournie et présente une nuance plus foncée à l'extrémité qu'à la base.

Quelques spécimens de pétauristes sont entièrement blancs, mais ce sont évidemment des albinos.

La tête de cet animal est petite, ses oreilles sont relativement larges et couvertes de poils, elles ajoutent beaucoup à l'expression de sa physionomie.

Les membres du groupe des pétauristes présentent, comme il est facile de s'en rendre compte, une ressemblance assez marquée avec certains animaux classés ordinairement parmi les rongeurs sous le nom d'écureuils volants; leur aspect extérieur est en effet sensiblement le même, si bien qu'on les a longtemps confondus et qu'ils sont encore parfois désignés sous le même nom.

PÉTAURISTE ÉCUREUIL

Le *pétauriste écureuil* est plus petit, vêtu d'une fourrure fine et soyeuse dont la délicate teinte gris-brun lui donne un aspect fort élégant, la partie inférieure du corps est blanche; une ligne foncée suit la direction de l'épine dorsale et borde la membrane supplémentaire.

La queue est longue et paraît volumineuse en raison du grand nombre de poils longs, doux et soyeux dont elle est couverte; elle joue le rôle de balancier et aide puissamment l'animal à diriger et à régler sa chute à travers l'espace.

Comme tous ceux de son espèce, il mène une existence nocturne; pendant le jour, il se tient caché au fond de quelque trou creusé dans le tronc d'un arbre et n'en sort qu'après le coucher du soleil pour se livrer au milieu des branches à toute sortes d'exercices adroits et hardis.

Les pétauristes écureuils se réunissent généralement par groupes pour exécuter leurs jeux, car ils sont d'humeur sociable, du moins entre compagnons de la même espèce; ils répondent mal en effet aux avances des autres animaux et aux témoignages d'attention qu'on leur prodigue en captivité.

Ils y conservent néanmoins leur goût pour le mouvement et les exercices acrobatiques, bien qu'une cage, si grande soit-elle, leur semble toujours trop étroite pour y déployer leur activité.

Notons que leur pouce est opposable aux autres doigts, ce qui explique en grande partie leur adresse et leur agilité.

Quand on a occasion d'observer un de ces petits animaux en captivité et que l'on désire se rendre compte de l'adresse et de la grâce avec lesquelles il peut se mouvoir dans les conditions d'équilibre les plus périlleuses en apparence, il faut attendre le moment où il se tient sur une branche longue et mince, lui offrant un point d'appui bien étroit, et lui présenter alors un fruit dont il est friand; on le voit aussitôt se redresser, lever ses pattes de devant et, maintenu seulement par les deux autres, se diriger vers l'objet de sa convoitise en faisant pendre sa queue alternativement à droite et à gauche, afin qu'elle lui tienne lieu de balancier et rende sa marche plus sûre.

Le *pétauriste ariel* ne dépasse pas la taille d'un rat ordinaire; son pelage est brun clair sur le dos et prend une teinte plus foncée sur les flancs et sur la membrane qui y est attachée; l'envers de celle-ci est blanc ainsi que l'abdomen, et le contraste de ces deux nuances opposées l'une à l'autre est du plus joli effet. Ce petit animal est très agile et très gracieux dans tous ses mouvements.

Le *taguan* est confiné dans certaines parties de l'Australie, où il vit en assez grand nombre, bien qu'on l'aperçoive très rarement dans les forêts qui lui servent d'asile. Il ne sort que la nuit et dort tout le jour à l'intérieur des vieux troncs d'arbres; les naturels du pays, qui mènent une existence tout à fait primitive dans laquelle leurs sens et leurs instincts de chasseurs se développent d'une manière étonnante, ont seuls assez d'habileté pour découvrir sa

TAGUAN

retraite. Une éraflure de l'écorce, quelques poils qui s'y sont accrochés au passage leur suffisent pour deviner l'endroit où il repose ; ils grimpent à l'arbre à leur tour, en frappant le tronc pour déterminer la place exacte occupée par l'animal, pratiquent une ouverture par laquelle ils le saisissent vivement, l'étourdissent avant qu'il ait eu le loisir de résister et l'achèvent ensuite sans difficulté.

Il est nécessaire de procéder sans hésitation, car le taguan a des dents pointues et des griffes solides dont il saurait parfaitement se servir comme armes défensives. On le recherche cependant beaucoup car sa chair est estimée aussi bien des Européens que des indigènes.

Le taguan est d'assez grande taille relativement aux animaux de la même espèce et de couleur assez variable ; en général, il a le dos brun foncé, les pattes et le museau presque noirs, la partie inférieure du corps toute blanche ; les nuances sont plus ou moins foncées suivant les individus, et les spécimens entièrement blancs se rencontrent assez fréquemment. La queue est longue et touffue et présente une teinte graduée, plus foncée à l'extrémité qu'à la base.

La fourrure du taguan est longue, douce et soyeuse ; son brillant éclat lui donne une réelle beauté et les poils en sont si fins qu'ils ondulent et se soulèvent gracieusement à chaque mouvement de l'animal.

La nourriture du taguan se compose de feuilles, de bourgeons, et de jeunes pousses d'arbres ; il quitte rarement son séjour aérien où il trouve à vivre largement et à se nourrir dans le milieu qui lui convient le mieux ; mais quand, par hasard, il descend à terre il ne dédaigne pas de chercher d'autres aliments propres à varier son régime ordinaire.

COUSCOUS MOUCHETÉ

Chez les *couscous*, la queue, au lieu d'être touffue comme chez les animaux précédents, est dépourvue de poils, sauf à la base, et couverte de petites protubérances. Ils habitent les îles Moluques et la Nouvelle-Guinée.

Le *couscous moucheté* atteint et dépasse même quelquefois les dimensions d'un chat; sa fourrure est fine et soyeuse, assez belle pour être utilisée avec succès dans la fabrication de divers articles d'habillement; sa couleur est variable, le plus souvent grise avec un certain nombre de larges taches brunes plus ou moins espacées. Sa queue est préhensible et joue un grand rôle dans la façon dont il se déplace au milieu des branches des arbres, son domicile habituel; avant de quitter la place qu'il occupe, il n'oublie jamais d'enrouler cet appendice autour d'un rameau susceptible de lui fournir un point d'appui; ses mouvements sont empreints, par suite de cette particularité, d'une certaine hésitation qui alourdit son allure et la rend bien différente de la gracieuse vivacité dont témoignent les autres animaux du même genre.

Quand il est alarmé par quelque bruit suspect, il se suspend par la queue au milieu des feuilles avec lesquelles son corps se confond presque et garde la plus grande immobilité jusqu'à ce que toute menace de danger ait disparu.

Il se nourrit de fruits, de feuilles et autres substances végétales; cependant il consomme également des insectes et des œufs d'oiseaux quand il en rencontre.

Cet animal est assez recherché pour sa fourrure et aussi pour sa chair qui fournit un mets apprécié, en dépit de l'odeur pénétrante dont elle est imprégnée.

En captivité, il se montre apathique et mène une existence très monotone, bien qu'il fasse preuve d'un caractère irritable quand il est excité violemment.

D'ailleurs il ne semble pas supporter volontiers la présence d'autres animaux, ceux-ci fussent-ils même ses congénères; on raconte à ce propos qu'un couscous, vivant depuis plusieurs mois en captivité et témoignant d'un naturel paresseux et inoffensif, changea subitement d'attitude le jour où on lui donna un compagnon de cage de la même espèce; les deux animaux s'abordèrent en grondant avec colère et ne cessèrent de se disputer, de se mordre et de se griffer jusqu'à ce qu'on eut pris le parti de les séparer l'un de l'autre.

Parmi les phalangers proprement dits, nous trouvons le *tapoa* ou *phalanger fuligineux*, ainsi appelé en raison de la couleur rappelant celle du noir de fumée que présente sa fourrure, d'ailleurs fort belle et fort chaude; bien entendu cette teinte n'est pas accentuée de la même façon chez tous les individus; elle varie du brun assez clair au noir, mais reste chez tous à peu près uniforme.

Les oreilles sont allongées, triangulaires, garnies de poils à l'extérieur et nues sur leur face intérieure. La queue est longue et très volumineuse, grâce aux poils longs et épais qui la garnissent; cependant l'extrémité en est dépourvue sur une petite longueur, bien qu'on ne le remarque pas au premier abord, les autres parties étant assez bien fournies pour que cette particularité disparaisse dans la masse.

Le phalanger fuligineux habite particulièrement la Tasmanie.

PHALANGER FULIGINEUX

Les *koalas,* qui, ainsi que nous l'avons déjà dit, sont dépourvus de queue, portent quelquefois le nom d'ours d'Australie, à cause de leur vague ressemblance avec les animaux de cette famille.

On les trouve dans le sud-est de l'Australie, où d'ailleurs ils ne sont jamais bien nombreux. Bien qu'ils passent une partie de leur existence dans les arbres où ils se meuvent sans difficulté, leurs mouvements sont lents et incertains ; leurs pattes de devant sont conformées d'une façon bizarre et terminées par deux sortes de pelotes provenant de la réunion l'une de deux doigts, l'autre de trois ; cette disposition gêne beaucoup l'animal pour se mouvoir sur le sol où il semble plutôt ramper que marcher. Il se nourrit exclusivement de végétaux.

Sa taille n'est guère supérieure à celle d'un chien terrier. Sa fourrure est grisâtre, presque blanche dans son jeune âge, légèrement teintée de fauve chez les adultes ; ses oreilles sont garnies d'une touffe de longs poils blancs ; ses griffes sont noires et fortement recourbées ; sa mâchoire supérieure est proéminente ; son museau présente une partie où la peau est nue mais douce et veloutée.

Le koala est d'un naturel paisible et inoffensif ; il se laisse capturer presque sans difficulté et s'habitue très bien à la vie domestique ; cependant il est sujet, comme la plupart des animaux sauvages, à des accès de colère subits, pendant lesquels il pousse des hurlements aigus, tout différents de son cri habituel qui est une sorte d'aboiement timide.

KANGUROU DES ARBRES

MACROPODES. — Les animaux qui composent ce groupe et qui sont plus connus sous la dénomination de *kangurous,* sont remarquables par la longueur démesurée de leurs pattes postérieures; cette structure leur permet de franchir par bonds des distances considérables; en revanche ils marchent difficilement sur leurs quatre pattes et dans ce cas prennent sur leur queue un point d'appui supplémentaire.

Le *kangurou des arbres* appartient à cette catégorie de marsupiaux, bien que la dimension relativement courte de ses pattes et certaines particularités du système dentaire le différencient des kangurous proprement dits. Comme son nom l'indique, il passe une partie de son temps dans les arbres, sur les branches desquels il se déplace avec une facilité que son aspect ne permettrait guère de soupçonner. Son régime alimentaire est végétal et comprend des feuilles, des baies, de jeunes pousses.

Sa fourrure est très foncée mais très brillante; elle se compose uniquement de longs poils raides et ne possède pas la couche laineuse et douce qui protège immédiatement la peau des autres kangurous; la partie supérieure du corps est noire, la poitrine présente une belle teinte fauve, le reste est d'une nuance jaunâtre. La queue est longue et remplit le rôle de balancier pour équilibrer les mouvements du corps.

Cet animal est un habitant de la Nouvelle-Guinée.

On trouve en Australie plusieurs espèces de kangurous, parmi lesquelles le *kangurou géant* qui est remarquable par sa grande taille; le mâle surtout atteint des proportions considérables. Sa structure est celle de tous les animaux du même genre, son corps est couvert d'une fourrure brune mélangée de gris qui devient plus foncée avec l'âge et plus épaisse aux approches de l'hiver.

Les kangurous vivent ordinairement par petits groupes de six ou de huit qui se bornent à se rapprocher les uns des autres sans se solidariser intimement. De caractère paisible et doux, ils sont néanmoins difficiles à capturer en raison de leur vigueur et de la rapidité avec laquelle ils prennent la fuite; c'est le parti qu'ils choisissent d'abord lorsqu'ils sont poursuivis par les chasseurs, ordinairement accompagnés de chiens spécialement dressés à cet exercice. Mais quand ils s'aperçoivent qu'ils vont bientôt

KANGUROU ROUGE

être rejoints, ils se retournent bravement pour faire face à l'ennemi et se défendent à peu près de la même manière que les sangliers. Adossés à un arbre qui les garantit par derrière d'une attaque imprévue, ils attendent que les chiens soient à leur portée, et les frappent alors avec leurs pattes de derrière dont les griffes acérées occasionnent de sérieuses blessures ; les hommes eux-mêmes doivent procéder avec prudence, car ils ne seraient pas sûrs de conserver l'avantage dans une lutte corps à corps avec un adversaire aussi robuste.

Les indigènes organisent contre les kangurous de véritables battues, en s'efforçant de les enfermer dans un cercle de gens bien armés qui les écrasent sous leur nombre et profitent d'ailleurs de l'affolement où les jette une poursuite prolongée. Leur chair est très estimée et fournit des aliments sains et agréables au goût.

Le *kangurou rouge* ou *kangurou laineux* compte également parmi les plus grands spécimens de l'espèce ; sa taille égale et surpasse même quelquefois celle du kangurou géant. On le trouve en abondance dans le sud de l'Australie.

Les deux noms sous lesquels il est le plus souvent désigné lui ont été donnés en raison de l'aspect de son pelage ; sa fourrure n'est point lisse et brillante comme celle des autres espèces, mais elle est formée au contraire de poils assez courts, ternes et d'apparence laineuse. Sa teinte générale est un jaune roux, tirant vers le gris sur les épaules et sur la tête, qui présente de plus quelques ombres brunes ; la bouche est bordée de blanc et ornée d'une moustache noire, courte et serrée ; la femelle porte en outre une large tache blanche de chaque côté de la face et les parties claires sont plus étendues chez elle que chez le mâle. La queue est large et forte et sert en réalité de membre supplémentaire à l'animal, qui trouve un solide point d'appui sur sa base quand il veut s'asseoir ou se dresser sur ses pattes postérieures ; il l'emploie aussi pour maintenir son équilibre dans les bonds prodigieux qu'il exécute ; les poils qui la recouvrent sont assez courts et n'ont pas l'aspect laineux qui caractérise les autres parties du corps.

HALMATURES

Les *halmatures* se distinguent des autres macropodes en ce qu'ils ont le museau dépourvu de poils. Leur taille est bien inférieure à celle des animaux précédents. Leur fourrure est longue et dure au toucher; elle est généralement de nuance foncée, teintée de fauve en certains endroits, de gris-blanc ailleurs, et jaune pâle sur les régions inférieures du corps; la queue semble divisée en trois parties sensiblement égales, l'une de même couleur que le dos, les deux autres tout à fait noires; l'extrémité des pattes est noire également.

Le *kangurou-gerboise*, ainsi nommé en raison de sa ressemblance avec l'animal de ce nom, se distingue par la forme courte et large de sa tête; il est à peu près de la taille d'un lièvre; son pelage est brun pâle, teinté de blanc sur les parties inférieures et traversé d'une bande foncée sur l'échine et le dessus de la queue.

C'est un petit animal vif et adroit, peu facile à gagner de vitesse, d'autant plus que, lorsqu'il est poursuivi de trop près, il se jette de côté par un bond soudain et disparaît dans quelque crevasse suffisante pour dissimuler son corps menu.

La meilleure manière de s'en emparer est de le surprendre au gîte, tâche peu aisée, car son nid ne peut guère être découvert que par les yeux merveilleusement exercés des indigènes.

Il semble difficile de construire un refuge suffisant pour abriter toute une famille, et cependant invisible aux regards, sur les petites hauteurs aux pentes sèches ou gazonnées que cette espèce de kangurou habite de préférence. Voici comment il procède : il cherche dans le sol une dépression naturelle, l'agrandit jusqu'à ce qu'elle soit capable de contenir la mère et ses petits et la recouvre d'un toit formé d'herbes et de feuilles sèches qui, de la sorte, se trouve au même niveau que le sol et se confond avec lui; de plus, ce nid est presque toujours placé à côté d'une touffe d'herbe ou d'un petit arbuste qui l'abrite complètement et la mère, lorsqu'elle s'absente, a soin de boucher l'entrée avec quelques brins de verdure. Afin de transporter aisément les matériaux qui lui sont nécessaires, ce singulier architecte les réunit en une seule masse, autour de laquelle il enroule sa queue, et gagne ensuite par bonds, avec son fardeau, l'endroit qu'il a choisi pour y édifier son œuvre.

36

KANGUROU DES ROCHERS

Le *kangurou des rochers* habite de préférence, comme son nom l'indique, les territoires accidentés qui lui offrent un abri facile et sûr ; il est doué d'une agilité merveilleuse qui lui permet de se mouvoir sans difficulté sur les pentes escarpées, semées de crevasses et d'obstacles de tout genre ; il grimpe même aisément dans les arbres dont les troncs présentent une inclinaison légère. Ses allures rappellent sous ce rapport celles de certaines espèces de singes, avec lesquelles il pourrait rivaliser d'adresse et de vivacité.

Ces qualités lui sont d'autant plus précieuses qu'il est en butte aux attaques continuelles de nombreux ennemis, dont les plus redoutables sont les indigènes du pays en première ligne et aussi le dingo, sorte de chien sauvage dont nous avons parlé précédemment et qui abonde en Australie. Contre ce dernier, le kangurou trouve un refuge assuré dans les parties les plus élevées de son domaine où le dingo est incapable de le suivre ; mais s'il commet l'imprudence de choisir pour son gîte une crevasse de rocher d'accès relativement facile, son ennemi parvient parfois à le surprendre pendant son sommeil et il n'a d'autre ressource en ce cas que de chercher à s'enfuir par une autre issue de sa demeure, qui en possède généralement plusieurs. C'est

grâce à ce fait qu'il échappe souvent aux recherches des Australiens, en dépit de la ruse et de la ténacité que ceux-ci déploient à la conquête d'un gibier si succulent.

Cette sorte de kangurou mène une existence nocturne ; il ne s'aventure guère au dehors pendant le jour, à moins qu'il ne soit tenté par le plaisir de s'étendre sur les rochers exposés aux rayons brûlants du soleil de midi.

On ne le trouve que dans certaines régions du sud de l'Italie, dont le sol est favorable à ses goûts et à ses habitudes.

Sa fourrure, bien que longue, est trop rude pour avoir grande valeur ; elle est d'un gris fauve, nuancé de roux et de blanc à différentes places. Sa queue est assez bien fournie et ses pattes garnies de poils épais qui cachent presque complètement les griffes. Il est vigoureux de corps et de caractère assez hardi.

Le *kangurou-rat* est un petit animal brun foncé, légèrement tacheté de blanc, porteur d'une longue queue couverte d'espèces d'écailles entre lesquelles sortent des poils noirs, courts et raides.

Vif et agile, il est toujours en mouvement, soit pour se livrer à ses jeux favoris, soit pour chercher les racines de tout genre dont il se nourrit de préférence et qu'il déterre en creusant le sol

KANGUROU-LIÈVRE

au moyen de ses griffes antérieures ; il se montre surtout très friand de pommes de terre et cause de grands dégâts dans les jardins potagers qui en contiennent.

Il se livre à ses expéditions aussi bien pendant le jour que pendant la nuit et ne semble pas incommodé par la lumière comme beaucoup de ses pareils.

Son attitude et son allure diffèrent sensiblement de celles des autres kangurous ; il se tient bien assis sur ses membres postérieurs et sur sa queue, mais il ne peut prendre sa nourriture dans cette posture, ni la porter à sa bouche avec ses pattes de devant. Enfin il est incapable d'exécuter des bonds successifs et son allure la plus rapide est une sorte de galop inégal.

Il est d'un naturel timide et craintif et se laisse prendre presque sans résistance, se contentant d'exprimer son mécontentement par des cris aigus.

Le *kangurou-lièvre* se distingue des animaux précédents par son museau couvert de poils. Sa fourrure est courte et rude et rappelle par sa couleur celle du lièvre ordinaire ; la partie supérieure du corps est plus foncée que les côtés qui ont une teinte fauve en contraste avec le blanc grisâtre de l'abdomen ; les pattes sont noires et blanches, la queue de nuance claire ; d'ailleurs

ce n'est là qu'une disposition générale qui varie beaucoup suivant les individus.

Cet animal est très commun dans l'intérieur de l'Australie, mais on ne le rencontre pas à proximité des côtes ; il n'a point de demeure réelle et se contente pour dormir de se mettre en forme dans un repli du terrain, à la manière du lièvre ; comme lui encore, il dépiste les chiens lancés à sa poursuite en exécutant des détours compliqués ou des volte-faces déconcertantes.

Il serait bien en peine d'ailleurs de se confectionner un abri véritable, car il est incapable de creuser le sol avec ses pattes.

PÉRAMÈLES. — Les *péramèles* présentent des caractères tout différents de ceux que nous avons observés chez les macropodes ; leur aspect rappelle plutôt celui des rongeurs ; leur museau est long et pointu, leurs pattes postérieures ont le second et le troisième doigt réunis jusqu'à la naissance des griffes, la poche où ils mettent leurs petits s'ouvre en arrière. Enfin leur allure emprunte à la conformation de leurs pattes une singularité particulière ; ils ne courent ni ne sautent, mais leurs mouvements participent des deux à la fois et, quand ils marchent, leur dos est fortement arqué.

PÉRAMÈLE RAYÉ

Le *péramèle rayé* doit son nom aux bandes noires qui se détachent, à la partie postérieure de son corps, sur le fond jaunâtre de sa fourrure ; une étroite ligne sombre suit également le dessus de la queue, qui est mince et relativement courte. On trouve communément ce spécimen de l'espèce dans l'est et le sud-est de l'Australie, mais seulement à l'intérieur des terres ; il préfère surtout le séjour des collines pierreuses qui abondent dans ces régions. Sa nourriture est à la fois animale et végétale et se compose d'insectes et de larves, de racines et de tubercules. Sa chair est assez estimée.

Le *péramèle à long nez* diffère de son congénère par la forme beaucoup plus allongée de son museau ; la couleur de son pelage dur et rugueux est brune sur la tête, la face et le haut du corps, plus pâle et plus rousse sur les côtés ; les pattes antérieures et la pointe formée par la lèvre supérieure sont blanches ainsi que l'abdomen.

Le museau et les dents de cet animal ressemblent beaucoup à ceux des insectivores et il doit vraisemblablement se nourrir de la même façon ; il gratte le sol avec ses griffes pour déterrer les racines des plantes et peut-être aussi pour s'emparer des larves d'insectes que renferme la terre, aussi fait-il de grands dégâts dans les plantations.

DASYURES. — Les *dasyures*, ainsi que l'indiquent leurs dents fortes et pointues, ont un régime essentiellement carnivore.

Le plus grand et le plus puissant d'entre eux porte le nom de *thylacyne* ou *loup de Tasmanie* et mérite ce dernier titre par ses habitudes sauvages et meurtrières.

Sa taille, relativement peu considérable, lui permet heureusement de se contenter d'animaux de petites dimensions ; il cherche souvent sa nourriture sur le bord de la mer, parmi les débris de tout genre que les vagues rejettent sur le rivage ; aux poissons déjà morts qu'il trouve ainsi, s'ajoutent les mollusques qu'il détache des rochers où ils abondent et les crabes qu'il se procure à marée basse. Il fait aussi la chasse aux kangurous et à certains insectivores et, quand il est affamé, se repaît des matières animales les plus coriaces et les moins propres en apparence à servir d'aliments.

Son voisinage est des plus dangereux pour les propriétaires de troupeaux et de basses-cours ; aussi les colons lui font-ils une guerre acharnée qui a pour effet de le reléguer de plus en plus dans les régions les plus élevés et les moins fréquentées de la Tasmanie.

Le thylacyne fixe ordinairement son domicile au fond de quelque caverne de rochers assez profonde pour que la lumière n'y pénètre pas ; c'est là qu'il élève ses petits et se repose pendant le jour, car il affronte rarement l'éclat du soleil dont ses yeux semblent blessés ; quand il est forcé de s'y exposer, il cherche à s'en garantir en fermant à demi ses paupières et cette

THYLACYNE OU LOUP DE TASMANIE

habitude donne alors à ses mouvements une lenteur hésitante, bien différente de l'activité qu'il déploie dans ses courses nocturnes.

Sa taille est sensiblement égale, parfois même supérieure, à celle du chacal; les os marsupiaux qui soutiennent la poche dans laquelle les animaux de cette espèce mettent leurs petits sont remplacés chez lui par une membrane cartilagineuse; ses pattes ont la forme de celles du chien et ne lui permettent pas de grimper; ses yeux sont larges et brillants. Son pelage présente une disposition assez bizarre : le fond est gris-brun mélangé de jaune, le dos est rayé de lignes transversales presque noires qui commencent sur les épaules où elles sont très courtes, se suivent en augmentant de longueur jusqu'au milieu du corps et recommencent à diminuer graduellement jusqu'à la naissance de la queue.

Cet animal est hardi et courageux quand il est attaqué et se défend avec avantage contre les chiens et même contre des hommes armés.

Le *sarcophile ourson,* plus connu en Tasmanie sous le nom de *diable,* mérite bien ce qualificatif par son caractère intraitable et sauvage. Ceux qui ont eu occasion de l'observer en captivité l'ont vu continuellement en proie à une irritation sans motif, qui se manifeste par des cris de rage et des tentatives d'attaques contre toutes les personnes qui paraissent devant lui.

Physiquement, c'est un animal d'assez faible taille, couvert d'une fourrure noire, dépourvue d'éclat; quelques taches blanches sont semées capricieusement de loin en loin, principalement sur la poitrine et le dos; les yeux sont surmontés d'une touffe de très longs poils raides. Sa tête est courte et large, sa bouche fortement fendue; son corps lui-même est d'ailleurs lourd et sans grâce, ce qui, joint au peu de longueur de ses pattes, lui donne une allure embarrassée et lente, surtout quand, par hasard, il s'aventure en plein jour.

Il recherche en effet l'obscurité et se retire de préférence dans les parties les plus sombres des forêts où il se creuse un terrier dans le sol, à moins qu'il ne trouve une excavation naturelle suffisante pour lui servir d'abri.

Il se nourrit comme le loup de Tasmanie.

PHASCOGALE

ANTÉCHINE A PATTES JAUNES

Le *phascogale* n'est guère plus gros qu'un rat ordinaire et présente un aspect tout différent des deux derniers animaux, bien qu'il appartienne à la même famille.

Son corps est couvert d'une fourrure longue, douce, laineuse et si légère qu'elle se déplace au moindre souffle d'air ; sa couleur est grise sur le dos, la tête et les flancs, blanche sur les autres parties avec quelques poils noirs disséminés çà et là. Sa tête est déprimée brusquement vers le museau et pourvue d'oreilles fort larges. Sa queue est à elle seule aussi longue que la totalité du corps ; elle se termine par de très longs poils noirs qui ajoutent beaucoup à sa beauté.

En dépit de ses manières gracieuses et de son apparence inoffensive, ce petit animal est des plus sanguinaires et par conséquent des plus nuisibles. Les dégâts qu'il cause dans les exploitations agricoles sont comparables à ceux dont la fouine et ses semblables se rendent coupables ; ses proportions minuscules, sa souplesse, son agilité à grimper, même sur une surface verticale, pourvu qu'elle présente quelques aspérités, lui permettent de s'introduire sans peine à l'intérieur des habitations ; là, il fait un choix parmi les provisions qui ne sont pas rigoureusement enfermées et s'attaque aux volailles qu'il égorge sans bruit pendant leur sommeil. Quand on le surprend et le chasse, il se défend avec ses dents et ses griffes de manière à faire reculer les adversaires les plus déterminés,

Il profite ordinairement de l'obscurité pour se livrer à ses déprédations, mais il sort aussi pendant le jour et ne témoigne nul embarras à se mouvoir en pleine lumière.

Il loge le plus souvent dans des trous creusés à l'intérieur des eucalyptus et circule sans peine au milieu des branches de ces arbres.

Il est très commun dans presque toutes les régions de l'Australie et se plaît aussi bien dans les parties montagneuses que dans les terrains de plaine.

Les *antéchines* ont des proportions encore plus petites et ressemblent beaucoup à des souris. Ils vivent d'insectes et passent la majeure partie de leur existence dans les arbres où ils déploient une activité infatigable ; sans cesse ils grimpent, descendent, sautent de branche en branche, suivent même leur chemin sous les rameaux horizontaux qu'ils parcourent les pattes en l'air, le corps renversé. Ils sont très prolifiques et pullulent dans certaines parties de l'Australie.

On en compte plusieurs variétés, parmi lesquelles l'*antéchine à pattes jaunes*, qui se distingue par la coloration délicate de sa fourrure ; la face, la partie supérieure de la tête et les épaules sont gris foncé, les flancs teintés de fauve, le restant du corps est blanc, sauf l'extrémité des pattes qui est jaune ; la queue, qui est noire, est souvent terminée par une légère touffe de poils qui produit un assez bizarre effet,

CHIRONECTE OYAPOCK

Les quelques marsupiaux que l'on rencontre en Amérique, seule partie du monde qui partage avec l'Australie le privilège de donner asile aux animaux de ce genre, sont classés sous le titre général de *sarigues*.

Ces animaux ont un système dentaire assez compliqué et sont remarquables par leur agilité. Leurs pattes de derrière, dans lesquelles le pouce est opposable aux autres doigts, en font d'excellents grimpeurs et, grâce à leur queue préhensile, ils peuvent se suspendre dans les arbres et y prendre les positions les plus inattendues.

Chez quelques-uns d'entre eux, la poche abdominale n'existe pour ainsi dire pas et est simplement marquée dans un repli de la peau du ventre; ils suppléent à son absence d'une façon parfois singulière.

Le *chironecte oyapock* se distingue suffisamment des autres sarigues pour former à lui seul une variété spéciale; c'est un animal de taille moyenne dont le pelage est traversé de larges bandes noires qui coupent perpendiculairement la ligne sombre de l'échine, formant ainsi une sorte de croix compliquée.

Ses mœurs sont très différentes de celles des autres marsupiaux; il mène une existence presque complètement aquatique et, par conséquent, sa structure se trouve modifiée de façon à s'adapter à ce genre de vie particulier.

L'oyapock n'est pas très commun, même au Brésil, son pays d'origine; les rares spécimens que l'on rencontre vivent à proximité des rivières, dans des trous qui communiquent généralement par un tunnel avec le lit du cours d'eau voisin.

On a classé sous le nom de *monotrèmes* un très petit nombre d'animaux qui, tout en conservant les principaux caractères distinctifs des mammifères, se rapprochent déjà, par certains côtés, des ovipares.

Ils ne comprennent que deux genres : les *échidnés* et les *ornithorhynques*.

Les premiers sont dépourvus de dents, comme les fourmiliers, et ont le corps couvert de piquants analogues à ceux du hérisson ou du porc-épic; leurs pattes sont armées de griffes parfaitement aptes à creuser le sol.

Les seconds ont un aspect des plus bizarres : au lieu de lèvres, ils possèdent un bec corné, aplati, à peu près de la forme du bec du canard; leurs dents sont également faites de substance cornée; enfin leurs pattes de devant sont palmées et ils mènent une existence en partie aquatique.

Ils vivent en Austral

TABLE DES MATIÈRES